建筑的语言

中国建筑学会
建筑科普丛书

[加] 王其钧 著

触摸西方建筑

秩序与统一

EXPOSURE TO Western Architecture

机械工业出版社
CHINA MACHINE PRESS

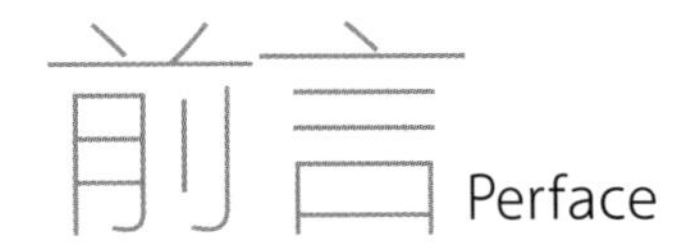

前言 Perface

西方古典建筑之美，是在重视构成要素数量的比例、色彩的和谐、结构形式的统一，以及空间节奏的舒缓等手法的基础上而构成的，这些原则使平凡的建筑实体升华成一种美的意识境界。

西方建筑之美倾向以形式作为艺术的基本，当然形式并不是简单地指建筑的外表，这其中包括哲学的含义，甚至可以上升到生命的境界、心灵的一致和精神的意义。这是我们静观西方建筑，尤其是古典建筑，领略其艺术价值时所能感受到的一种心灵的互动。

在西方国家，至今许多建筑学院仍然设在艺术院校中，其目的就是为了使培养出来的建筑师能够以精神和生命的表现作为建筑设计的艺术价值而予以追求。回顾西方建筑语言的确立过程，我们能够看到，建筑的发展与建筑思想、艺术思想的发展是分不开的。

我们都知道，早在古希腊时期，建筑就包含着“和谐、数量、秩序”等意义。毕达哥拉斯把“数”作为世间一切事物的原理，认为美就是数，数也是宇宙的结构方式。他还对此不断地进行探索。当他发现音的高度与弦的长度是以相同的比例整齐呈现时，他惊奇道：数的永久定律与至美和谐是以同一秩序而存在于世界上的！

与古希腊人相同，中国古人也用数的概念来描述事物。中国人很早就有了易经、有了五行、有了阴阳。中国古人认为，只要是几种事物，就一定有自然赋予的一定序列，并可以用数字来表示和解释。这似乎就是用一种数字式的美感方式阐述一种物理现象，所以李约瑟说中国哲学家猜测自然的奥妙与古希腊思想家不相上下。但有人持不同意见。黄仁宇在《赫逊河畔谈中国历史》中说：“希腊思想家还只认为自然法则须待不断发现，才能不断展开。汉代思想家，如董仲舒等则以为，人类应有知识都已在掌握中，并且自然的现象，正常与非正常，都与人事有关，凡人一眼即可看穿。”可惜的是，中国古代思想家用数来提示事物时，往往都卷入朝政去预测未来事件，而很少用此去分析艺术。

中西方在思维方法上的不同，也导致了中国古代建筑和欧洲古代建筑的发展沿着完全不同的两个轨迹在运行。

当然，建筑不只简单的是上面所提到数的形式的构造，也同时表现了人类心灵深处的情调与追求。早在古希腊时期，哲学家苏格拉底与一位大艺术家谈话，听这位艺术家说美是基于“数”与“量”的比例时，苏格拉底就说道：“艺术的任务可能还是在表现出心灵的内容吧！”这说明，哲学家所重视的是艺术的精神内涵，而艺术家却更重视艺术的构成形式。平心而论，艺术的外在形式与心灵内容，这两者的确是建筑师设计时都需要考虑的。

我是在工科院校学习的建筑设计专业，因此我的硕士与博士学位都是“工学”。对比我所学习和工作过的艺术院校，其中艺术与工学两者之间最大差异就在于工科院校建筑系往往重点在教授学生“形式”，而艺术院校的建筑系，学生往往追求的是“情调”。我自己的观点认为，建筑的“情”与“形”两者同样重要。

中国建筑系的教学，在20世纪前半叶并不是以纯粹的工科形式出现的。20世纪50年代，当时的南京工学院（现东南大学）建筑系就有国内最知名的水彩画家李剑晨教授绘画，一大批学生都受到老画家艺术造诣的熏陶，那时培养出来的建筑系学生，都有参观美术作品展览、自己画画的雅兴。但现在就连国内许多最知名的建筑系的硕士、博士，不要说是能画画，就连当代国际美术思潮的发展都一无所知，他们对于绘画的理解，最晚也就是西方的印象派，能讲出印象派之后有哪些世界当代著名画家的人都不多。这说明工科院校建筑学的教育需要加强艺术知识的传授。

本书是从建筑的原始美开始谈起，沿着艺术创造这条主线向下介绍，到新古典主义之后，建筑进入“白话”时代结束。我的目的，不仅仅是让读者了解西方建筑语言的发展，而且是让读者从中悟出艺术的发展轨迹。当然，我自己的知识也有限，但我尽量把自己的感受与读者分享，也请同行给予指正。

王其钧

目录 Contents

01 古埃及建筑语言

古埃及历史及建筑语言产生的背景

举世闻名的金字塔建筑语言

初级语言马斯塔巴

逐步脱离初级语言的左塞尔金字塔

语言尝试失败的折线形金字塔

最辉煌的语言吉萨金字塔群

神庙和祭庙建筑语言

神庙建筑

祭庙建筑

古埃及历史及建筑语言产生的背景

古埃及位于中东内陆地区，其境内绝大部分地区都被撒哈拉大沙漠覆盖。但因临红海，还有尼罗河连接着地中海与阿拉伯海，因此，这里历来是商船往来的必经之路，是文明的诞生地，也是第一个有着连续、统一发展进程的国家。来自东非和赤道附近的白尼罗河与从埃塞俄比亚高原而来的青尼罗河汇聚到一起，在沙漠中形成了一条四季都不干涸的尼罗河，尼罗河沿岸也成为古埃及的生命带。

由于尼罗河贯穿领域的不同，早期古埃及又分为上（北）埃及与下（南）埃及，两个王国于前3100年左右被美尼斯所统一，并建都于孟菲斯（Memphis）。历史上将这一时期称为早王朝时期，约前2686年，埃及进入古王国时期，由于法老不断被神化，金字塔开始被修建，举世闻名的吉萨（Giza）金字塔和斯芬克斯像（Sphinx）就是在此时修建完成的。此外，在这一时期人们还掌握了解剖术、防腐的药料及用法，用此种方法进行处理过的尸体千年不坏。此后，古埃及又经历了中王国时期、新王国时期，直到古希腊亚历山大王征服古埃及，古代的埃及王朝才彻底结束。这期间，前后有约三千年的发展史。其中最值得一提的是，古埃及产生了自己的建筑语言。

由于古埃及地处内陆地区，因此除了干旱以外几乎没有什么自然灾害，虽然尼罗河每年都发洪水，但是古埃及人并不把它当成灾难，而是当成神的馈赠。他们早已掌握了洪水涨退的规律，因而所有的建筑与人的活动场所都在涨水线以外，在洪水泛滥的季节，古埃及人的正常生活也丝毫不受影响。尼罗河是孕育古埃及文明的摇篮，如果没有尼罗河的灌溉，古埃及不过是一片毫无生机的红土地，而每年的洪水则为古埃及带来了上游的沃土，埃及的本意就是“黑土地”的意思。所以，古埃及人民也希望自然的神明与他们的法老，能够永远庇护着他们富足的生活，从神庙到金字塔都是人们祈求和平富足生活的产物。因为人们相信法老的灵魂是永远都不会死的，死去的法老在一定的时候会再复活，因此必须保护好他们的身体，保持死者活着时的生活原貌，并修建他永恒的存在之所。

在古埃及遗留的一些壁画和雕塑作品中，人们已经开始按照一定的比例关系来表现人体了（图1-1-1）。古埃及的这种艺术语言是非常具有其独特性的，迥异于世界其他地区的艺术。首先，人体被分为18个均匀的格子，然后身体的各个部分都按照固定的比例画在格子当中，如头和脖子各占两格、脚占三格等。而通过当时对于人物的雕刻，也可以看出当时的解剖与透视学都已经运用得相当熟练了。最著名的如古王国木雕的《村长像》、中王国色彩艳丽的《王妃尼菲尔提蒂头像》等，都是由写实手法雕刻而成的，人物神态十分生动。

此外，古埃及的雕刻有着共同的语法特点——“正面律”，即人的头部无论是正面或侧面，但眼睛和双肩都是正面地呈现给观者的；而且在描述人体尤其是法老和等级较高的人像时，通常都具有如下特征，头向上微昂、肩膀宽大、髋部则较狭窄。“正面律”作为经典的艺术表现语法，一直被后世所沿用着，这种语法现象在壁画中尤其普遍。对表现力、比例、尺寸的严格把握与运用，说明古埃及人对数字已经相当敏感，这在以后的建筑中尤其得到了淋漓尽致的表现，如果没有高超的工艺，高大的金字塔也不会只有几毫米的误差。

从中王国时期起，古埃及的文明已经相当发达。虽然古埃及已经统一，但在人们的意识中对生活中一些对立的事物，如黑暗与光明、洪水与干旱、生与死等概念，还是根深蒂固的，这就决定了尼罗河东西两岸不同的景致：东岸是人们日常生活的区域，临岸有码头、造船区、各种生活服务店铺等，接下来是平民住宅与商业工作区，尽头是高大的神庙区；西岸则是死者的国度，这里遍布着举行丧礼的神庙和坟墓。但考古工作者还是在西岸发现了有人居住过的村落痕迹，又是什么人在此居住呢？

原来，在此居住的只是一些建造这些建筑的工匠村落。古埃及人的历法由尼罗河水的涨退而定，分为洪水期、消退期、干旱期三季。当尼罗河涨水时，法老便把大批闲下来的劳动力集中组织起来，去做

图1-1-1　壁画比例图　古埃及人有在墙壁上作画、记叙宗教和日常活动的习惯，所以今天的人们才得以了解古埃及人的生活、服装、发型等内容。古埃及的人们制作壁画的方法十分科学，先由画匠在木板或草卷上绘好图样，再由工匠把一面经过灰泥粉饰的墙分成许多均等的小方块，然后再按照比例放大事先绘制好的设计图，最后填充颜色。古埃及壁画的题材非常广泛，自然中的动植物、神话故事、人们的日常生活，无所不包，其风格也是写实性的。虽然古埃及壁画在形式上严守“正面律”，色彩上也很简单，但熟练的笔法和单纯的颜色仍具有很高的欣赏价值，其中的内容更是我们研究当时社会状况的重要依据

大规模的建筑工作，主要就是为法老建造陵墓和神庙。但这些季节性的劳动者也只是负责修建陵墓或神庙整体的外围建筑，内部建筑则由另一部分专业的工匠负责，像艾西斯（Isis）神庙大门廊一样神庙的内部装饰已经形成某种模式，主要由各种标志物占据主导地位（图1-1-2）。建筑在这里成为宣扬神力的语言。这也是古埃及建筑语言最显著的特点，通过高大的建筑体量，精美的外部装饰和各种突出的标志，向人们展示着人类文明所取得的巨大成就。这些工匠及其家属就居住在所修建陵墓或神庙的附近。而且出于保密性的需要，工匠村落外都有高大的围墙使之与外界隔绝。从外表上看，这个村落与一般的村落没有什么不同，男人们出去为法老的陵墓绘制壁画，而妇女、儿童和老人则在家中种植粮食以维持生活。一些人们不能通过自力更生得到的东西，像布料、盐等生活必需品则由政府供给，作为工匠们工资的一部分。总的来说，就是工匠村中的人不能与外界有任何接触，生活和工作都是在严密的监视之下。这种传统从古王国时期建造金字塔一直延续到新王国时期建造大规模的神庙建筑，都仍在执行着，这也是为什么会在金字塔和神庙建造的周围还能发现人们生活的村落的原因。

图1-1-2　艾西斯神庙大门廊 门廊也是由巨大的柱子组成的。在进入门廊的正中天花上，都画有飞翔的鹰隼图案，中间圆盘代表太阳。这是法老所专有的徽记，在皇家建筑中随处可见。门廊中柱头用纸莎草的形式进行装饰。除地面外，墙壁和天花以及所有的柱身上都布满了浮雕和圆雕，并且饰以鲜艳的色彩。柱廊中所有部分的体量都是超大型的，以此烘托出神的伟大，让进入其中的人们感到自身的渺小

举世闻名的金字塔建筑语言

在古埃及地区，对神的崇拜逐渐演化为国家的宗教，而宗教与王权的统治也有着不可分离的关系。法老被认为是神在人间的代表，代替神灵管理与治理国家，而其死后也将回到诸神当中，并在千年之后得到重生，再次统治国家。这种人死后灵魂不灭、还能重生的信念也被古埃及全民所信仰，不光是法老修建规模巨大的陵墓，贵族和富人们也争相效仿。正是由于这种耗费巨资修造陵墓的传统，才逐步发展成为后来的金字塔建筑语言。

据考古发现，古埃及从统一的王朝刚建立时起，法老的陵墓就已经发生了变化。为了充分体现出法老对上下埃及的统治，法老的陵墓也演变为两座。一座象征性的衣冠墓建在早期法老共同的圣地，而真正的陵墓则建在政治与宗教中心孟菲斯西部的高原上，一个叫作萨卡拉的地区。

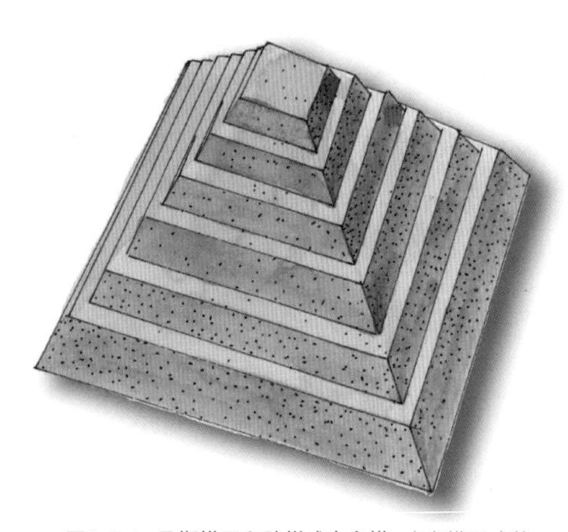

图1-2-1 马斯塔巴和阶梯式金字塔 金字塔形式的法老陵墓只是古埃及早期的一种陵墓形式，最早的金字塔原形称为马斯塔巴，是一种阶段式的陵墓形式。第一、二王朝的古埃及法老陵墓采用的就是此种形式，底部为方形土基，上部为稍向内弯的土台，犹如一个长方形的石凳。到了第三王朝时期，左塞尔金字塔出现，也就是马斯塔巴上面的层数不断增加，形成阶段式金字塔，法老的陵墓就采用了此种形式。但随着金字塔外形的不断变化，最初的几种形式都被淘汰了

初级语言马斯塔巴

早期古埃及法老及贵族的陵墓大都使用比较简单的语言，只是在一个墓穴上盖一个土堆，称为“马斯塔巴”（Mastaba）。早期的马斯塔巴多以晒砖砌成，平面为长方形，平顶，而陵墓的规模和其他建筑，则视墓主的身份而定。这种墓被看作是金字塔的早期形式。马期塔巴多由砖或石制，有些部分还填入沙子和碎石加固，但仍然很脆弱，即使不被盗墓者所破坏，也会受强烈的风沙侵蚀而使内部暴露在外。于是人们采取了加固措施，除了在砖层内填入沙子和碎石外，还在其四周用坚固的墙体围合成另一个更为牢固的平台。为了支撑平台，还要在平台四周以倾斜的墙体支撑，这层墙体又被砖包砌起来。这样，作为一种支撑加固的措施，在台地四周就形成了一个阶梯状向上收缩的建筑形象——阶梯式金字塔（Step Pyramid），最典型的代表作品之一是美杜姆金字塔（Meidum Pyramid）。语言总是不断发展的，马斯塔

巴也是一样，其后期的语言更加成熟，词汇也更加丰富。

现在发现形制较大的马斯塔巴其地面部分已经有了几层向上递减的阶梯（图1-2-1）。陵墓的扩大也同时意味着更引人注目，所以墓内的设施也在发生着变化。原来的墓室变成一个地上的厅堂，而为了保护尸体和随葬品，真正的墓室则移入地下密室之中。在坟墓地下部分，除了有藏棺室以外，还设有几个不同用途的小房间，在这些小房间里还发现了刻有墓主名字的遗物，以及参与建造陵墓的工匠人名。此外，在墓壁上，还刻有放置着墓主雕像的假门、表现死者生前场景的浮雕等，这些也为考古研究工作提供了非常重要的资料。可以说，马斯塔巴就是金字塔最早期的原型。

图1-2-2 左塞尔金字塔 传说由伊姆霍特普设计和主持建造的左塞尔金字塔。这是最早的一座由加工后的方石建造的建筑物，而这些石头则由船运自阿斯旺。古老的金字塔有许多未解之谜，甚至曾传言金字塔是天外来客所建的。在几千年以前，人们手拉肩背地将几十万块巨石打磨平整，在不用任何黏结剂的情况下筑成金字塔，这确实是个奇迹。而更诡异的是，一直被当作法老陵墓的金字塔却没有发现一具法老的尸体，或是其他的陪葬品。基于此，又有人说金字塔其实是古埃及的神庙，是法老登入天界的阶梯。金字塔有着精确的方位，还可以确定四季的更替时间，划分位置，求得圆周率……总之，金字塔藏着太多的谜题，人类不知何时才能真正揭开它神秘的面纱

逐步脱离初级语言的左塞尔金字塔

世人皆知的金字塔的语言形式大约出现并流行于从第三王朝到第六王朝之间的古王国时期。在这一段时间内，古埃及也进入到了一个创造辉煌建筑的金字塔时代。古王国时期的金字塔建造高峰阶段，也

是最为辉煌的作品诞生年代都在第三、四王朝时期，也就是著名的吉萨金字塔群的建造年代。从第四王朝以后，虽然金字塔也还在不断地建造当中，但无论在规模、气势还是形制上，都没能出现更突出的新作品，而只是对前朝的模仿罢了。

最有代表性的早期金字塔，是位于古埃及萨加拉地区的左塞尔金字塔（Step Pyramid of Djoser，Sakkara）（图1-2-2）。这座金字塔建于第三王朝早期，是现存最早的一个陵墓建筑群，也是第一座使用磨整加工后的方石建造的金字塔。从建筑的语言形式来分析，这是从马斯塔巴到金字塔的过渡形式。左塞尔金字塔由地上六层的阶梯式金字塔和迷宫般的地下部分组成，这两部分构成整个左塞尔王陵墓的主体。

左塞尔金字塔的主体是一座与传统的马斯塔巴相近的建筑，但其平面为正方形，而且主要采用石料建成，并以雕琢过的石头覆盖，这些都呈现出与以往马斯塔巴很大的不同，也是向金字塔形制迈进的重要转变。现在所形成的门层阶梯式形象，很可能是几次扩建后才形成的。因为考古研究表明，左塞尔金字塔在主体建筑完成后，其护墙又被扩建了多次，每次扩大的部分都要低于最初的马斯塔巴实体，最初的方形平面也逐渐变成现在的长方形。在加建护墙的同时，对这些扩大的部分也用石材进行了饰面，所以当最后的修建工作完成时，大体上就形成了现在人们看到的形象。与外形一起改变的还有金字塔内部的墓室部分，墓室内由不同的深井、廊道和房间组成，深井与底部围绕的廊道和通道相连接，这种内部的布局方式也是在古王国诸金字塔中较为特别的设置。

左塞尔金字塔也第一次留下了建筑师的姓名。金字塔是由当时一位名为伊姆霍特普的大臣发明并主持建造的，这位传说中精通多门学科的大臣被后世的人们奉为神。由于当时还未发明滑轮，因此人们是如何将这些平均重达2.5吨的石料运到施工现场，又精确地加以垒砌的，至今还是一个谜。也有人猜测，随着金字塔的长高，其周围用泥土做成的坡道也随之增高，待完工后再移走这些泥土。但是从金字塔巨大的体积来看，光建泥土的坡道就是一个很大的工程了，更何况金字塔本身的建造呢?

这时的法老陵墓除了金字塔以外还有其他的建筑。左塞尔王陵墓就是由若干小礼拜堂、神庙柱廊以及公主坟墓和神庙等组成的综合区域。金字塔周围不仅有各种功能的院落，还分布着其他官员与权贵们的马斯塔巴墓。当然金字塔是整个陵墓区的主体，统率着其他建筑。除了金字塔，在周围的神庙和柱廊中已经出现了最早的柱式，这些柱子都由当地所产植物的纹样进行装饰，有纸莎草和莲花装饰的柱头等。

语言尝试失败的折线形金字塔

在金字塔的成长之路上，还有一种过渡的金字塔形式，这就是折线形金字塔（Bent Pyramid）（图1-2-3）。折线形金字塔在西方建筑语言的发展中具有重要意义，尽管这不是一种流行开的语言，而仅仅是一个失败的实例，但正是这种大胆的尝试，才为后来产生完美的金字塔建筑语言奠定了基础。这个实例给

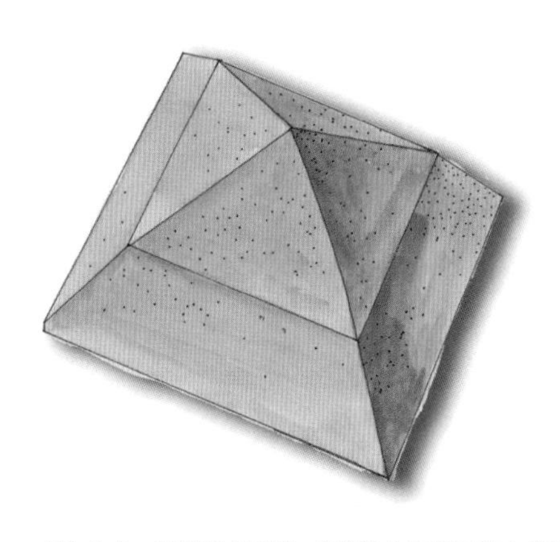

图1-2-3 折线形金字塔 折线形金字塔又被人们称为“弯曲金字塔”或“钝金字塔”“偏菱形金字塔”，是向成熟金字塔过渡的重要金字塔形式。这种折线形金字塔以位于达舒尔附近的两座为代表，在这两座金字塔中，墓室已经从地下转移至地上，这也意味着建造技术的提高

我们的启示是，每一种成熟的建筑语言的产生，都要经过各种尝试，新语言是在创新的基础上形成的，而新语言的产生过程并不可能一帆风顺。

折线形金字塔的实例就位于距左塞尔金字塔不远的达舒尔（Dahshur）地区。这里的金字塔底部同所有人们熟悉的金字塔一样，但在建到一半的时候，上面的坡度突然减小，其各边的倾斜角度也骤减，并按新的角度一直砌到了顶部，这就形成了金字塔独特的转角形态，它被人们冠以各种名称，比如“弯曲金字塔”等。考古学家们科学的研究解开了这座转角金字塔的独特造型之谜。其实这座金字塔在设计时，就是按照我们所熟知的正方锥形金字塔形式设计的，只不过当时人们还没有完全掌握修建这种金字塔的结构和相关技术，所以在金字塔修建到一半的时候，底部开始出现裂缝，这个裂缝随着金字塔的升高而不断变大，最终也将导致金字塔的全部崩塌。于是人们改变了建造方案，将上面的坡度减小，这样不仅保证了金字塔主体结构的完整，同时，减小的高度也使顶部对底部的压力减小，尽可能地保证裂缝不再扩大。

折线形金字塔的另一项进步是已经有位于地面上的墓室。在金字塔的一边，设有坡道直接通向墓室里，这也同以往马斯塔巴中墓室位于地下的做法有了改变，人们已经找出了恰当的结构，使整个墓室能够抵御上部巨大的压力。介于以上几点的改变，折线形金字塔可以说是马斯塔巴向真正的金字塔过渡时期最重要的一个进步。因为它表明，成熟的金字塔（True Pyramid）形制已经形成（图1-2-4），只不过还局限于技术而无法实现，但它的建造过程以及由此得到的经验也成为后人最宝贵的财富，这些都为建造真正伟大的金字塔奠定了基础。

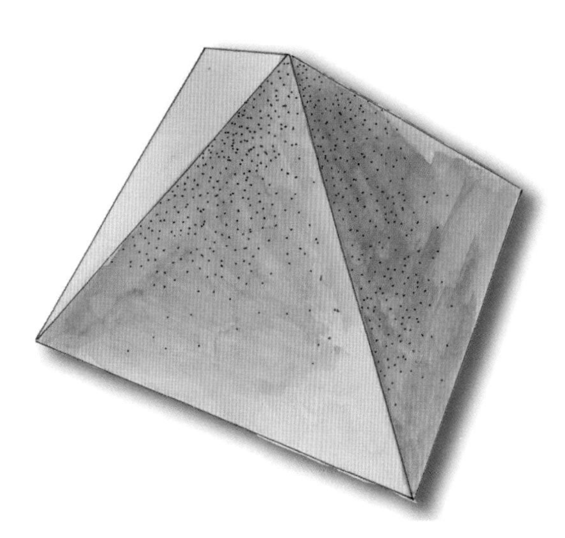

图1-2-4 成熟的金字塔 金字塔的外形又经过不断发展，逐渐固定成了正方锥形的形式，并成为以后法老陵墓的定制。最著名的吉萨金字塔群，就是比较成熟的金字塔形式。金字塔往往都不是孤立存在的，以它为中心的陵墓区中还设祭祀用的神庙、礼拜堂以及其他皇族亲属与大臣的陵墓等建筑，一起组成庞大的建筑群。金字塔内不仅有各种陪葬品，内壁上还绘有精美的壁画，记述着法老生前的功绩和重要活动的场面

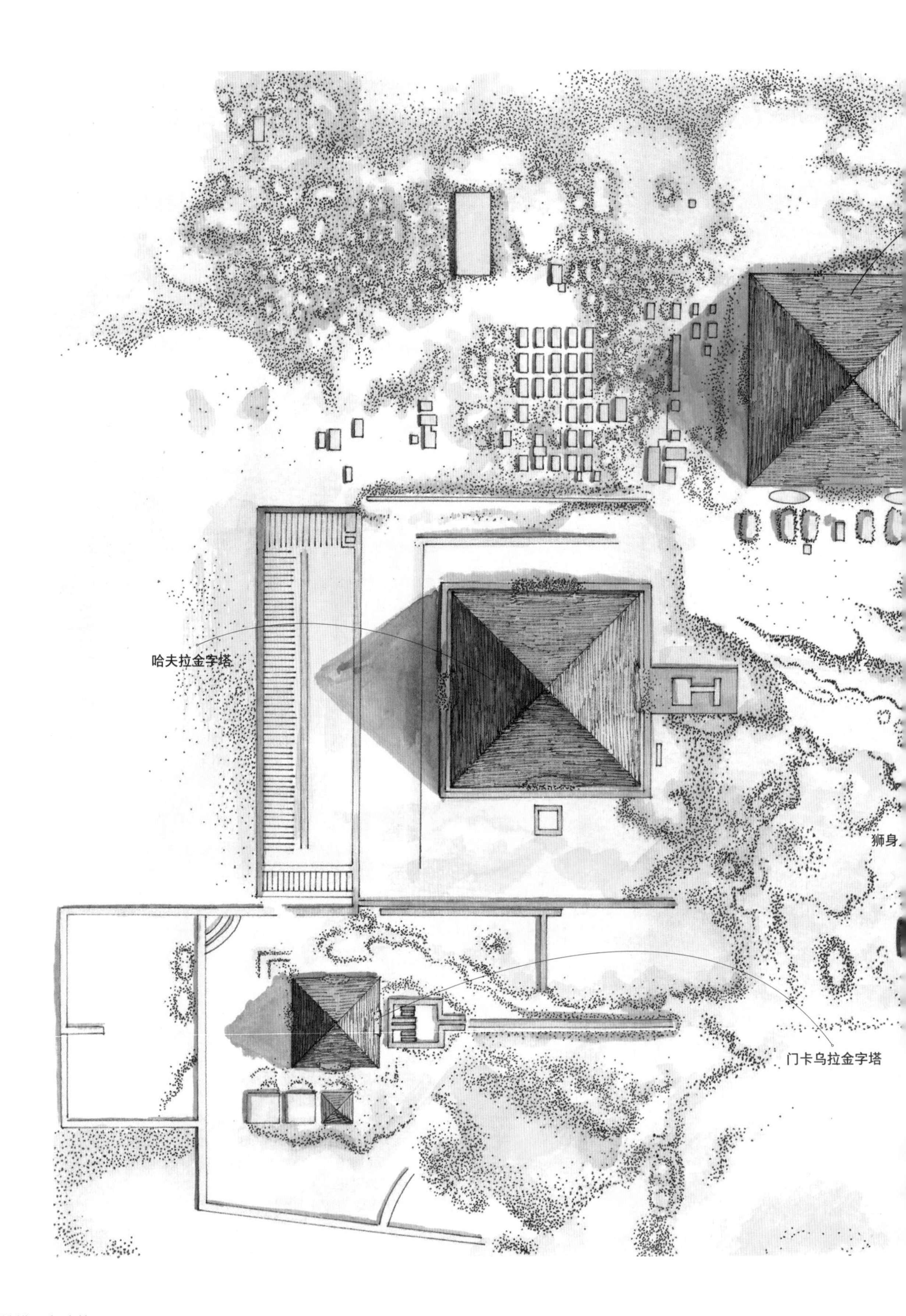
哈夫拉金字塔
狮身
门卡乌拉金字塔

最辉煌的语言吉萨金字塔群

古王国时期最伟大的金字塔是位于开罗南面的吉萨（Giza）金字塔群（图1-2-5），建于第四王朝时期，金字塔也已经普遍改为平滑的外表面了。吉萨金字塔群是由主要的三座大金字塔、狮身人面像和一些小型金字塔组成的。三座大金字塔分别是胡夫金字塔（Khufu）、哈夫拉金字塔（Khafra）和门卡乌拉金字塔（Menkaura）。这三座金字塔也是最典型、最为举世闻名的金字塔，都是由淡黄色石灰石砌成，外贴磨光的白色石灰石。而且三座金字塔都是正方锥形，平面位置沿对角线相接，正好与猎户座腰带上的三颗星位置一致，经现代化的仪器测量，无论是角度还是方位都异常精确。这又为人们留下了一个谜，在几千年前，人们靠手拉肩背修筑的金字塔，又是依靠什么确定方位的呢？

胡夫是古埃及第四王朝的第二代法老，而他的这座金字塔也是诸多金字塔中最大的一座，底边长230.0米，高约146.6米。金字塔的四个角分别对着指南针的四极，四面墙壁都是尺寸准确的等边三角形，无论是面积还是从地面隆起的高度都相同。据历史记载，仅修建胡夫金字塔，就需要古埃及民众十万人为一班，轮番工作了三十多年才完工。金字塔北面距地面十多米的地方是金字塔的入口，内部共有上、中、下三个墓室（图1-2-6）。最下的墓室位于地下，从地面的入口有廊道直接通向墓室。中部的墓室被认为是王后墓室，王后墓室位于金字塔靠底部，但其位置已经稍高于地面了。

图1-2-5　吉萨金字塔群　三座金字塔的排列顺序依次为：最大的胡夫金字塔、中间的哈夫拉金字塔和最小的门卡乌拉金字塔。每座金字塔周围除建有与之配套的祭庙及神庙建筑以外，还有几座形制更小的金字塔，这是公主和其他王室成员的陵墓。胡夫金字塔后部还有贵族和官宦的大片马斯塔巴墓区，而哈夫拉金字塔的前面还坐落着著名的狮身人面像

底部墓室有廊道通向王后墓室，入口处通向法老墓室的廊道也同时与通向王后墓室的廊道相连接，所以从内部通道的设置上看，王后墓室是金字塔廊道的中转站。金字塔的内部有回廊连接各个墓室，或许是为了防止盗匪的掠夺，这些回廊中有真有假，有时一不小心就会走入中途被封死的回廊当中。金字塔中的石室也是由光滑的石头砌成，但是相互之间的接缝十分紧密，代表了当时技术的最高水平。

胡夫金字塔最上面的法老墓室也是整个金字塔中最核心的部分。首先，通往法老墓室的一段上行廊道就非常特别。这段廊道的下半部分与入口廊道相连，同其他廊道一样，并没有什么特别之处。然而到了通向法老墓室的上半段时，这道走廊突然变得高大，成为金字塔中最特别的一个部分（图1-2-7）。走廊两侧的墙壁共由八层巨石砌筑而成，最底部一层最高，有2.28米，其上部两侧的墙面，每层岩壁都向走廊出挑几厘米，至顶部走廊的宽度只有1米多一点，这就使得走廊内部的空间呈梯形，高而窄，而且越向顶部就越细窄。顶部则由同样倾斜着的屋顶板覆盖，每个顶板都像嵌在岩壁上一样，既互相咬合，又互相独立。这种结构的优点在于，通廊上的盖板既能够互相组合以抵御上部的巨大压力，又可以在部分发生塌陷时互相独立，避免岩石累积下滑，形成更大的塌陷。

从特殊的廊道再经过一个有三层花岗石闸门的前室，就可以进入真正的法老墓室。法老墓室的顶部共有五层共九块巨大的石板覆盖，而在这五层厚石板的上面还有两块巨石组成坡屋顶形式的拱顶（图1-2-8）。之所以采用这种多层巨石覆盖的形式，主要是用来支撑上部巨大的压力，同样的做法在金字塔入口处也可见到，因为入口处也同样设置了四块这样的拱顶石。这种独特的结构充分说明，当时的古埃及人在工程结构上已经具有相当高的水平。

从分析西方建筑语言发展这个角度来说，金字塔的确较为特殊，因为它对于后世的建筑语言影响很小。但是从金字塔这种建筑语

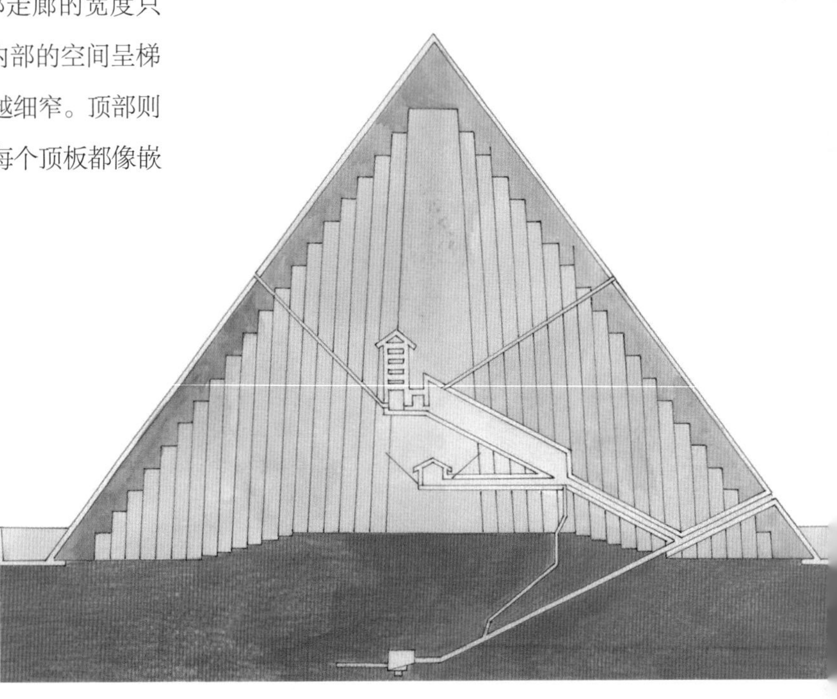

图1-2-6　胡夫金字塔内部图

胡夫金字塔内主要由三个墓室和相互连通的墓道组成，位于金字塔最底部地下的墓室据推测可能是用于储藏大量珍贵的随葬品，而中间的墓室用于停放王后的灵柩，最上部是法老墓室，用于存放法老的木乃伊和金棺。胡夫金字塔的入口设在金字塔北面，其墓道除通往三个墓室之外，在地下墓道上还另设有一条窄小的通道，通向王后和法老墓室

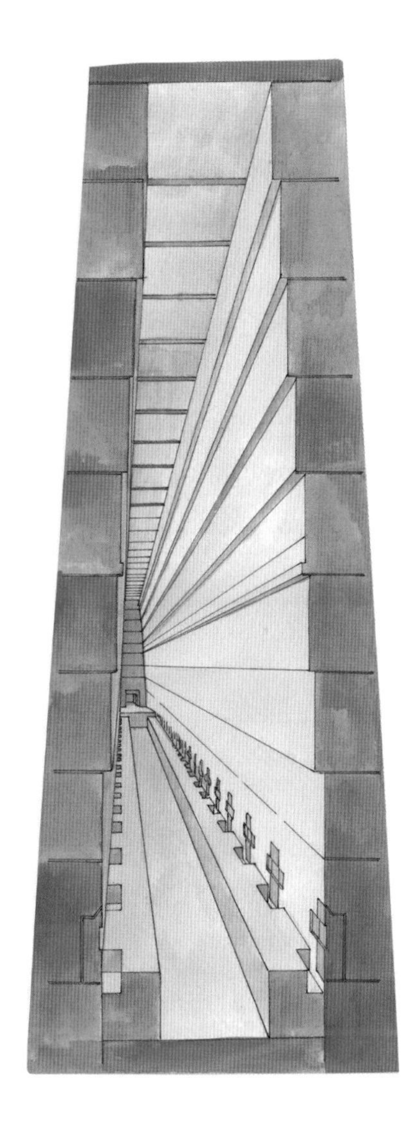

言本身的发展经历中，我们至少可以感觉到这样几点：首先是人类的创造力是无限的，是巨大的，而且有时是大大超越人想象的。其次是建筑的营造过程动用了大量的人力，这种巨大的人力资源的集中，在其后的各个历史时期都没有再出现过。最后一点，也是对于后世建筑语言有实质性影响的一点，就是石头作为建筑材料，显示出了其坚固、耐久的特点。这一特性被欧洲建筑语言作为基本词汇而使用，一直延续到现代主义建筑的兴起。因而，在分析西方建筑语言时，不可能不对金字塔进行分析。

后两座金字塔的高度都不及胡夫金字塔，但在哈夫拉金字塔的前面却有一个巨大的狮身人面像，这就是著名的斯芬克斯像（Sphinx）。斯芬克斯像是由一整块巨石雕刻而成的，经过几千年风沙的侵蚀仍有22米高，57米长，可见当时工程之浩大。斯芬克斯像半人半兽，上半部分的人面部分是法老哈夫拉的头，下部则是狮身，在其两爪间还设置有一个太阳神殿。这座神秘的建筑物是用来做什么的，至今还没能被众人所知，但在以后的神庙和陵墓区中，这种有着动物身体和人面孔的形象却多次出现。

斯芬克斯像给人的启示很多。首先是建筑功能性主体与艺术主体的结合，使建筑更具有文化色彩，而且更加吸引人

图1-2-7　胡夫金字塔大通廊剖透视图　从入口处通往法老墓室的墓道，在靠近法老墓室的地方突然变得高大起来，这段墓道被人们形象地称为大通廊。大通廊长约46.6米，高8.54米，由八层巨石垒砌而成，除底部一层外，其上七层巨石逐层出挑，使得通廊内部高大而细窄。通廊上部宽度只有1米多一点，所以顶部可以用厚石板盖顶，而由于顶部采用了特殊的齿槽结构固定，使各块石板既紧密地连在一起又各自独立，显示了古埃及高超的设计能力与施工技术

图1-2-8　胡夫金字塔墓室顶石　法老墓室正处于金字塔的核心位置，为了支撑上部金字塔的巨大重量，所以在墓室的上部屋顶设置了五层隔间作为缓冲，以保护法老墓室，底部四层为平顶，而最上部的第五层则为尖拱顶，这种顶部加固的结构也同样出现在金字塔入口处

观看，也更具艺术的震撼力。其次是其巨大的尺度，在空间与时间上都创造了一个高峰。空间上的感觉在于从远处到近处都能使人看到其形象，而时间上的因素在于人们要参观时，必须花费时间去体验这个大尺度的距离。最后一

点是雕刻在建筑上的直接应用，尤其是动物、人物形象在建筑中的运用，使建筑也产生了灵性，使建筑和动物、人物一样，有正面、侧面、背面，甚至面孔之分，使建筑语言更具人性化特点。

第四王朝是金字塔的时代，在这期间创造出了灿烂而伟大的成就。但接下来的第一中间期则迎来了黑暗的历史。从第七、八王朝开始，虽然仍有法老统治的国家存在，但他们所统治的区域也是极其有限的，大部分地区开始陷入混战之中。此时古埃及的大地上已经不见了丰饶的土地和辛勤劳作的人民，取而代之的是杀戮后留下的战场、饥荒和混乱的社会秩序。也就是在这时期，古王国所创造的陵墓、神庙等也遭到了大规模的洗劫和相当程度的破坏。就在第十一王朝经历了三个法老之后，古埃及又获得了短暂的统一，也就是“中王国时期”。但这种平静的局面没有维持多久，到了第十二王朝之后，异族的侵略又使古埃及陷入无边的战争之中，短暂的和平时期又宣告结束。

神庙和祭庙建筑语言

尽管金字塔在世界历史上非常著名，但是由于其语言过于独特，功能又十分明确，因此对于后世建筑并没有产生多大的影响。古埃及建筑语言中最值得一提的还是神庙与祭庙建筑，因为神庙与祭庙建筑对于欧洲建筑产生巨大的影响。现在我们知道的西方建筑语言，追溯其源，还是从古埃及神庙和祭庙建筑中吸收的词汇和语法。

从中王国以来，金字塔的陵墓形式被地下墓室与崖墓所取代，其主要的原因就是避免盗匪的掠夺。这时尤以石窟陵墓为代表，而在底比斯地区尼罗河西岸的国王谷，由于峡谷深窄，崖壁陡峭，又远离人群，所以成为法老们开凿石窟的首选之地。这些陵墓大都由一个完整的建筑群组成，进入墓区大门有神道，然后是有柱廊的庭院和大厅，最后是神堂和墓室。

从第十二王朝之后，古埃及的混战就一直在继续着，虽然期间也曾有法老建立过几个国家，但也只是为一小片土地带来极短暂的美好时光。战争不仅使古埃及的各种艺术活动停滞，还使其遭受了前所未有的重创，致使在新王国时期开始的相当长的一段时期内，艺术也没能有多大的发展。

接下来的新王国时期，在一位名叫阿赫摩斯一世的法老重新统一了国家之后来临。新王国时期，古埃及的版图不仅再次扩大，而且对外交流也日益开放，古埃及的经济、文化发展到了最鼎盛的时期。金字塔的发展近乎停滞，各式的神庙和宫殿建筑则得到了大规模的发展。这种建筑语言的转向，在很大程度上是由于建筑功能要求的提高以及建造技术的发展而造成的。因为神庙和宫殿建筑的内部空间与金字塔相比，显然更大也完全具有实用功能。

神庙建筑

新王国时期定都于底比斯（Ancient Thebes），这也是底比斯最为辉煌的时代，因为它是当时全埃及的政治、经济、文化以及宗教中心。底比斯城中以神庙建筑为主体，神庙有高大的围墙围合，其间则分布着王宫、居住区，及其他功能的建筑区域。各个区域间都有大道互相连通，道路边通常有羊首狮身的斯芬克斯卧像罗列两旁。

古埃及的神庙建筑在西方建筑语言中，占有开先河的重要地位。石头的梁柱结构形式、整齐排列的柱网、圆形的柱头，以及柱子上端带有柱头等形式，都对后来西方建筑语言的发展产生了极其重要的影响。

古埃及的神庙与以后古希腊和古罗马的神庙在其使用功能上大不相同，因为它们不是公众活动的场所，也从来都不对公众开放。但建筑的基本模式，却被后来的古希腊建筑和古罗马建筑大量吸收利用。古埃及的神庙是神权与王权的象征，只有皇室成员和祭司人员才能入内。神庙的建制大体相同，有方尖石碑的大门（图1-3-1）、臣子们朝拜的大柱厅、由一圈柱廊组成的内庭院和只有法老和僧侣才能入内的密室。神庙内的建筑按轴线式布置，一座接在另一座后面，空间也越来越小，越来越私密。古埃及神庙的另一个特点就是，从多柱厅

图1-3-1 古埃及神庙正门立面 神庙的一大建筑特色就是大门，门的样式通常是两道高大的梯形的高墙，夹着中间低矮、窄长的门道，以加强门道威慑力，让进入神庙的人顿生肃穆之情。大门的前面成对地设置法老的巨大雕像，像前是一对方尖碑，石墙与雕像和方尖碑的比例是十倍的关系。碑顶以黄金包裹，而墙檐顶部则是飘扬的彩旗，墙面与碑身以形状、色彩、高度产生强烈的对比，给每一位来者以极大的震撼。方尖碑和石墙上还布满了各式彩色的浮雕，歌颂着法老的神赐之权力。在阿蒙神庙与卢克索神庙间有一条长达一千米的石板大道，两侧是排列整齐的羊首狮身像，而路面则是包着金银的石板。群众性的祭祀活动都在大门前举行，只有法老和重臣才可以通过门道进入神庙之中

开始，有阶梯逐渐向上升高，而两旁的屋顶则逐渐降低，这就使得最内部的空间在最高处，其内部也很阴暗，正好渲染了神秘的气氛（图1-3-2）。神庙的大门通常是由两堵梯形厚墙组成的，中间留有门道。门前面通常设置一对方尖碑和法老的雕像，门墙上则布满了色彩斑斓的浮雕。大门前面的空地才是群众进行宗教仪式的场所，再向内则只有法老和重臣才能通过。

现今留存的大型神庙有两座，它们分别是位于卡纳克的阿蒙神殿（Great Temple of Amon at Karnak）和卢克索的阿蒙—穆特—孔苏神庙（Temple of Luxor）。分析这两座神庙，便可以了解古埃及神庙对于后世能够产生影响的原因。

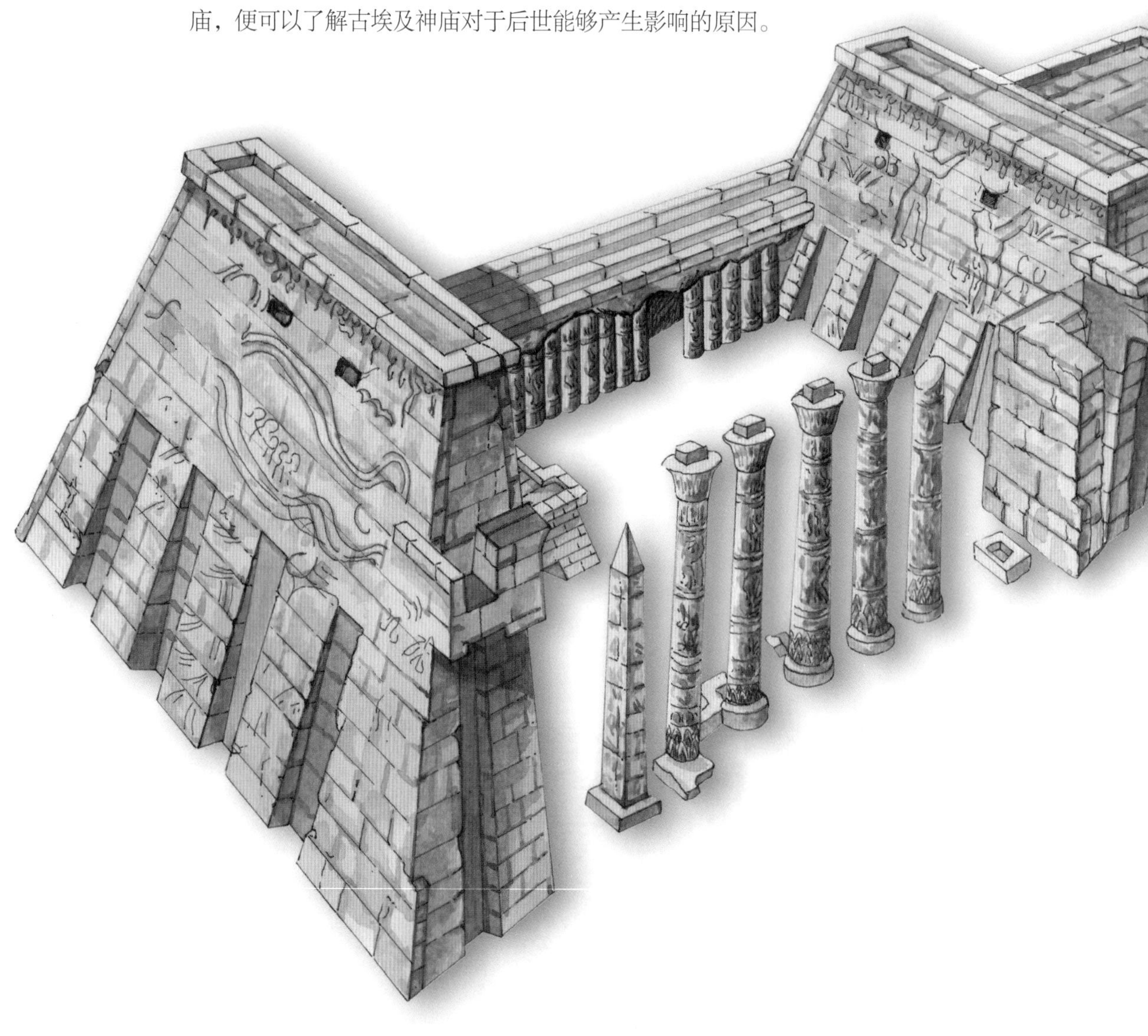

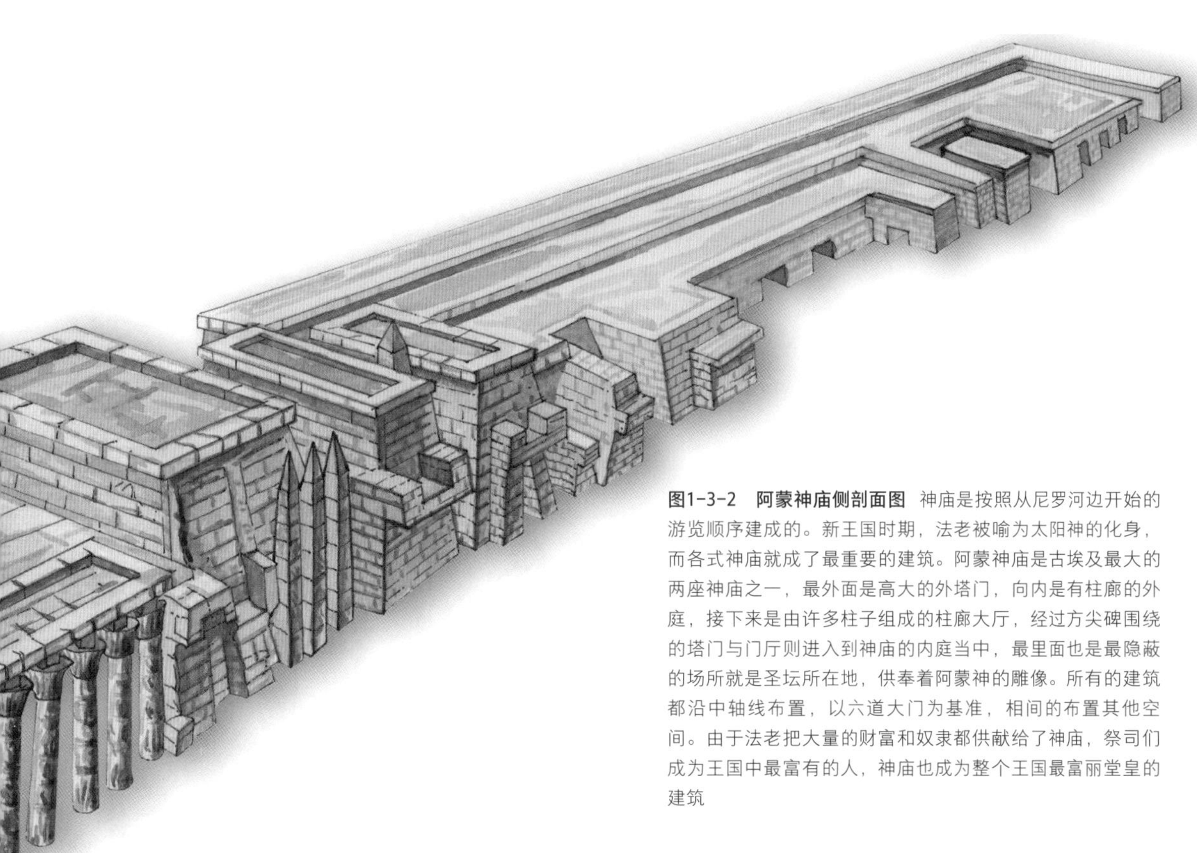

图1-3-2　阿蒙神庙侧剖面图　神庙是按照从尼罗河边开始的游览顺序建成的。新王国时期，法老被喻为太阳神的化身，而各式神庙就成了最重要的建筑。阿蒙神庙是古埃及最大的两座神庙之一，最外面是高大的外塔门，向内是有柱廊的外庭，接下来是由许多柱子组成的柱廊大厅，经过方尖碑围绕的塔门与门厅则进入到神庙的内庭当中，最里面也是最隐蔽的场所就是圣坛所在地，供奉着阿蒙神的雕像。所有的建筑都沿中轴线布置，以六道大门为基准，相间的布置其他空间。由于法老把大量的财富和奴隶都供献给了神庙，祭司们成为王国中最富有的人，神庙也成为整个王国最富丽堂皇的建筑

卡纳克（Karnak）原是位于尼罗河东岸的一个小村落，自从成为神庙建筑的修建地之后，迅速地发展起来，成为古埃及政治和宗教的中心。据考古学家分析，卡纳克神庙最早在第三王朝时就已经存在，以后又经历代法老不断修复和扩建，因此其内部建筑不仅数量繁多，而且还很复杂。卡纳克神庙实际上是一个大型综合性神庙建筑群，其中主要分为三大神庙区，即供奉阿蒙神的主神庙区、供奉阿蒙之妻穆特的神庙区和供奉各地方神明的神庙区。其中以供奉主神的神庙区规模最为庞大，建筑也最为宏伟和壮丽。整个神庙区按垂直的两条轴线布置，东西轴向的西端还挖有运河与尼罗河相连接，构成神庙区的水上入口，同时这也是修建神庙时运送石料的主要通道。从水上入口向东，到阿蒙神殿所设六道牌楼门，因修建年代的不同，六座门也一座比一座高大雄伟。每座门都是斜墙的形式，这是由古埃及独特的地理位置所决定的。由于尼罗河水每年的泛滥，人们在修建城市和大型建筑时，都要在外围修建厚厚的围墙以防止水患。而这种底墙的厚度向上逐渐减薄，外侧形成斜坡的设置，可以减少墙的压力。第一道门最为高大，门前大道的两旁还有羊首狮身的斯芬克斯石雕，因为公羊是阿蒙神的象征。神庙里的大柱厅由16排134根巨柱组成，密密的柱网支撑着24米高的石板顶。每根柱子高12.8米，直径2.74米，上边有9.21米高的石梁这座大殿是古埃及境内可容纳最多人的神殿。大殿中每根柱子的柱头都用纸莎草的图案做了装饰，而且柱身也雕上了各种图案和符号。让人称奇的是，这些柱子本身重量非常大，就是现代化的机器设备要挪

动它们也绝非易事，当初人们是如何将这些庞然大物安置好的呢？这个谜至今也没能解开。

南北向轴线上的建筑设置同东西向类似，其两端的建筑分别是带有方尖碑的塔门及一系列的院落和穆特神庙。在以神庙和祭祀建筑为主的两条轴线以外，还分布着一些其他的小神庙建筑，如孔苏（Khensu）神庙等（图1-3-3）。各个神庙和祭祀建筑之间都有道路相通，建筑形制的高低可以从通往它的道路宽度及路边设施来判定。

图1-3-3 孔苏神庙纵剖面及剖视图 这是卡纳克阿蒙神庙区内的孔苏神庙，其主要入口朝南，与卢克索神庙之间有大道相连接，大道两旁设置有巨大的斯芬克斯雕像。孔苏是古埃及崇拜的阿蒙神之子，是代表月亮的神。孔苏神庙也是现今保存较好的一座神庙，尤其是它布满雕刻的塔门尤为精美，神庙大门两边还设有5对羊首狮身的斯芬克斯雕刻装饰。神庙所采用的建筑布局也是古埃及神庙所普遍采用的一种标准形制，由塔门后的双重柱廊庭院、柱厅、前厅和最后的小神室组成，而且各厅地面升高、顶棚降低、廊道变窄，越向内部就越昏暗

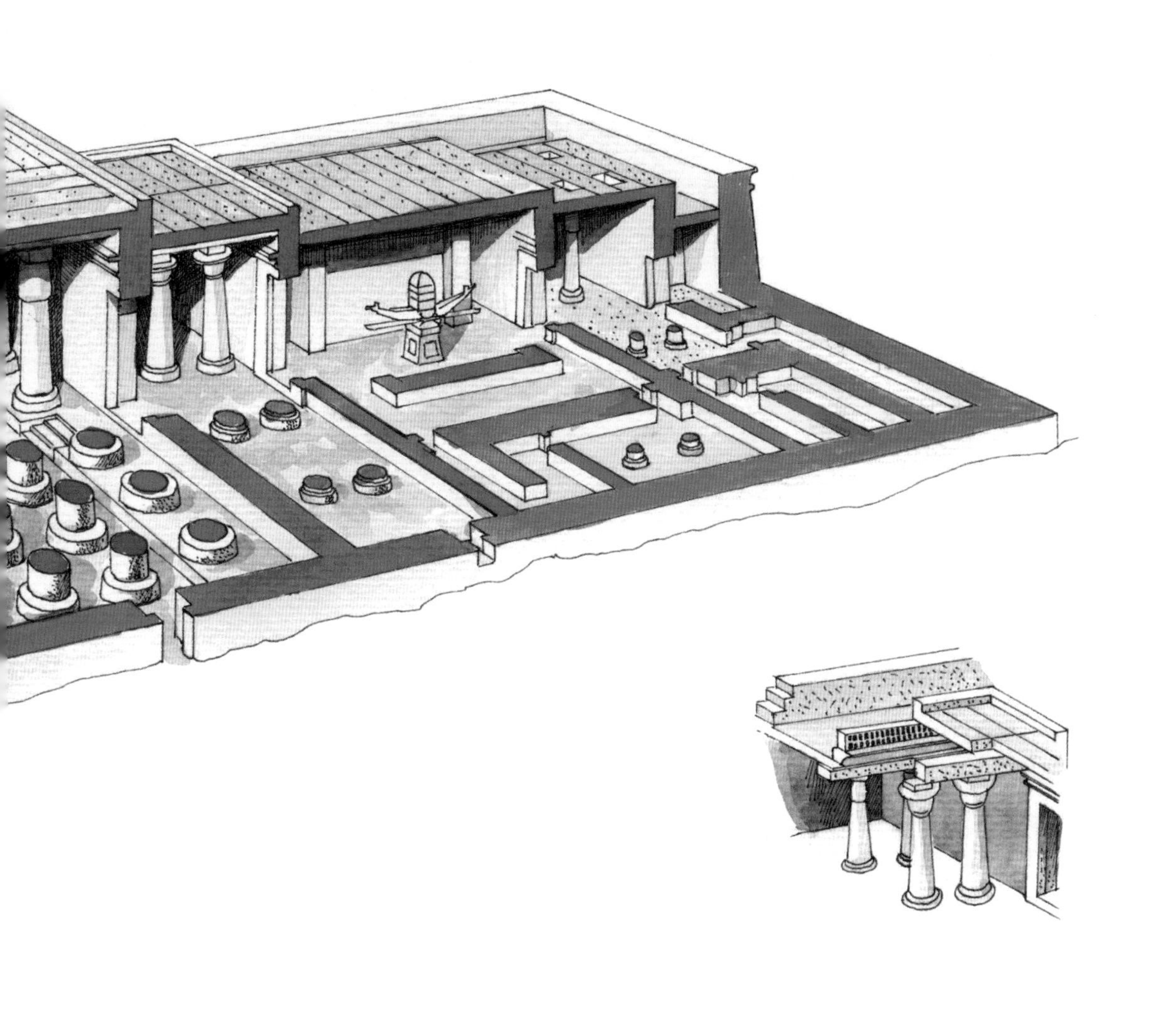

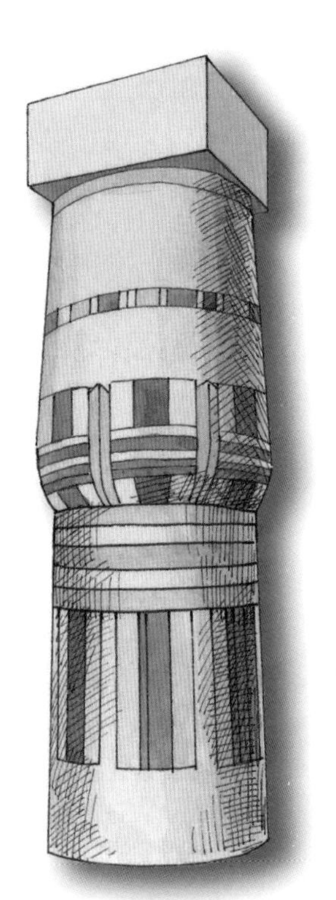
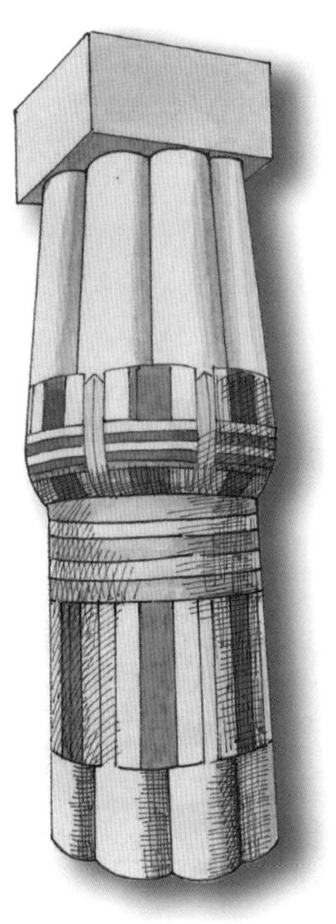

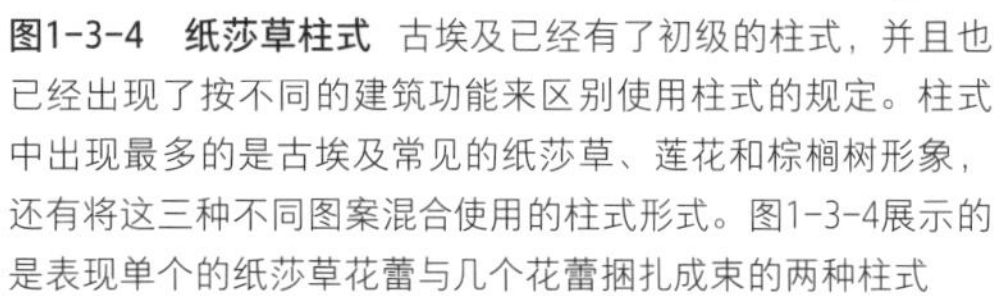

图1-3-4 纸莎草柱式 古埃及已经有了初级的柱式，并且也已经出现了按不同的建筑功能来区别使用柱式的规定。柱式中出现最多的是古埃及常见的纸莎草、莲花和棕榈树形象，还有将这三种不同图案混合使用的柱式形式。图1-3-4展示的是表现单个的纸莎草花蕾与几个花蕾捆扎成束的两种柱式

图1-3-5 莲花柱式 莲花也是古埃及柱式中经常出现的形态，也可以分为多层花瓣形式与多个莲花捆扎成束两种柱式。这种图案也是古埃及柱式中比较精美的一种类型，还可以与纸莎草或其他图案互相搭配使用

卡纳克神庙的南面就是卢克索神庙，这里是为阿蒙神举行婚礼的场所，其基本形式与卡纳克神庙差不多，也是轴线型的总体布局和有着用纸莎草装饰的多柱厅。但规模要小得多，内部结构也相对明朗一些，不像卡纳克神庙那么复杂。而且最有价值的是，卢克索神庙并没有像卡纳克神庙一样遭到毁灭性的破坏，这座尼罗河边的神庙群奇迹般地保存了下来，逃过了战争、掠夺和自然灾害的磨难，使现代人有更多的机会了解到当时的情况。神庙中耸立着大量的柱子，但这些柱子无论是形象还是柱身所铭刻的图案都不尽相同，似乎当时已经有了按使用功能不同而设置不同柱式的规则。来自纸莎草（Papyrus）和棕榈叶等自然植物的形象，已经比较抽象地反映在柱式上。此外，在这个神庙区，还耸立着许多法老的雕像。法老的形象被神化，其雕像也是法老与神明的结合体，当前来神庙祭拜的人们穿过高大的法老雕像和耸立的巨柱时，两边的墙面上满雕着记录当时战争和祭祀的场景，在越来越窄的通道中，柱子也越来越密集，五颜六色的柱子和狭窄而封闭的空间，将神庙装饰得格外灿烂，尤其当阳光细碎地照射进来时，更渲染出一种神秘的气氛。

此时古埃及神庙中的柱子，已经不再是单纯的结构部分，柱上所选用的雕刻图案也不仅作为装饰，初级的柱式已经形成，并成为古埃及建筑语言的一部分。关于柱式的产生比较获

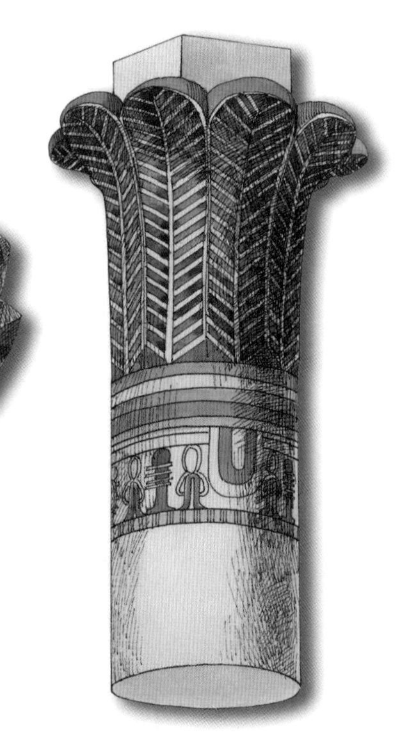

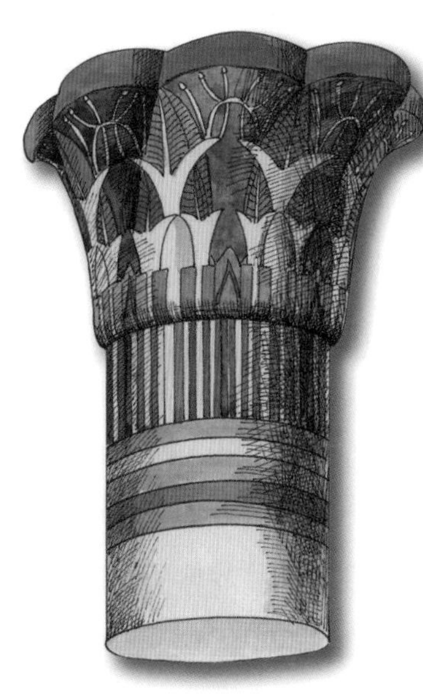

图1-3-6　棕榈树柱式　这种表现棕榈树的柱式大都比较高大，柱身也较细，多用于大门廊之中。棕榈树柱式的柱头部分多用棕榈树叶做成类似倒钟形状，而且后期的棕榈树叶也变得更加抽象化，还可以与莲花或纸莎草图案同时出现在一个柱头当中，丰富了柱头的装饰

得认同的说法是这样的：古埃及人在建筑房屋时，会将许多纸莎草或芦苇捆绑好作为房屋中的支柱或其他结构部分，而这些成捆的纸莎草或芦苇也许就是柱式的最早来源（图1-3-4）。后来建筑的主要结构逐渐被木头或石材所取代，但人们却保留了原始的柱子形态，也将木或石柱雕刻成纸莎草或其他植物的样子。在此基础上，不同地域的人们也自然在建筑中形成了不同的柱子装饰图案，而这些图案又经过长时间的概括和简化，最终形成了抽象化的柱式。

古埃及几种基本的柱式为：莲花（Lotu）形（图1-3-5）、棕榈树（Palm）形（图1-3-6）、倒钟形、捆束状的纸莎草形以及盛开的花冠形五种，这五种基本柱式都有各自的形象特点，形成不同的柱式词汇，而在这五种柱式上的变体柱式也是遵循着这些基本的词汇，只不过根据雕刻图案的多少来丰富这些基本词汇而已。之所以会选用这几种不同的植物形象也有其地理性的因素，举例来说：棕榈树原是上埃及的象征，经常出现在陵墓建筑中，后来则成为王室建筑和法老神庙中的主要柱式；纸莎草是古埃及最为普遍的一种植物，也是古埃及人使用最为广泛的植物，而这种形象的柱式则多在神庙的大厅中使用。可见，不同的柱式已经被赋予不同的象征意义，作为倾诉人们某种情感和精神的语言应用于不同的场合。

古埃及也出现了在柱子上雕刻法老或神明形象的做法，人像柱这种独特的建筑语言也已经产生了。古埃及的人像柱大概可分为两种，一种是按照柱子的高度，在其一边雕刻通身高的人物立像或坐像，这在许多神庙建筑中都很常见。还有一种做成柱头的形式，即只在柱头四面雕刻人的头部，原来柱头的装饰变成人脸的造型，这种柱式在哈特舍普苏特（Hatshepsut）女王的祭庙里也可以见到。除了成熟的柱式体系，古埃及神庙中通过柱子的高低、排列的疏密来区隔不同空间，以表现不同的情绪，从神庙中越来越隐蔽的空间就可以获知这一点的重要性。至此，古埃及柱式的发展已经达到成熟，形成了一个相对独立的体系，作为古埃及建筑语言强有力的表达者，已经具备了丰富的词汇和独特的表达方式。

祭庙建筑

新王国时期，建筑还出现了功能性的转变。以往祭祀性的庙宇都与陵墓组合在一起，因此大都遭到了盗墓者的洗劫，很难完整的留存。但到了新王国时期，祭庙开始与真正的陵墓建筑分开，陵墓大都建于隐蔽的深山或峡谷之中，而祭庙则修建在神庙群或靠近首都的地方，以便人们平时祭祀之用。

而在新王国时期，除了规模庞大的神庙建筑以外，在祭庙建筑上取得的最大成就是哈特舍普苏特女王祭庙（Funerary Temple of Queen Hatshepsuts ）。因为当时留下来的祭庙建筑不仅数量少，而且大多都有很大程度的破坏，仅有哈特舍普苏特女王祭庙保存比较完好，而且其形制比较具有普遍性和代表性。哈特舍普苏特女王祭庙背靠陡峭的山壁，建筑全部以其中心线为主轴，对称布置。祭庙的形式与神庙类似，其入口处也设有塔门，整个祭庙也呈院落式布局，由柱厅进入最后的祠堂。由于祭庙为单独的建筑，而周围不再建其他建筑，所以其内部还大多设有供祭司和其他服务人员居住的空间。而从第十八王朝以后，祭庙中还设有供法老及其属下居住的宫殿，而且随着祭司收入的增加和管理机构的扩大，祭庙中也设置了仓库和供日常管理的房间。而且与以往神庙类建筑不同的是，此时的祭庙还允许平民进入，并专门设有供法老接见平民的区域。

哈特舍普苏特女王祭庙设在历代法老安葬的岩墓山谷背面，卡纳克神庙区的对面（图1-3-7）。祭庙由最前面的院落、两个升高的台地和最内部的大殿组成。一条从河谷处开始的中心大道直接延伸到内殿门前，从地面上两边设置斯芬克斯雕像的大道，变成台地上依次升起的斜坡。建筑前的大道也强化了整个祭庙的中心轴线关系，主要的建筑和院落被大道一分为二，对称地设置。这种对称布局的形式是古典建筑一种最常用的语言形式，对于后世影响很大。

祭庙本身三层加长的基座正好与山壁形成鲜明的对比。每一层基座都有密布的柱廊，而每层柱廊在被斜坡分为对称的两部分的同时，又都通过斜坡相连。在这座建筑中的柱子都没有进行过多装饰，无论是四边形还是十六边形都是简单而光滑的。无论是建筑整体的造型，还是柱式都影响到其后的古希腊神庙的风格。在祭庙的墙壁上，则画满了描述女王生前功绩的壁画。虽然这座祭庙不像金字塔般高大，但其背山而立的宽大建筑，反而有一种君临天下，俯瞰全埃及的气势。

图1-3-7　哈特舍普苏特女王祭庙　建于新王国时代的古埃及女法老哈特舍普苏特女王祭庙。此时的古埃及正处于最强盛的时期，不仅建立了稳固的王朝统治、对外贸易大大加强，还通过联姻和战争不断向外扩张，成为当时世界上最重要的政治、军事强国。哈特舍普苏特是图特摩斯二世的王后，她篡夺其继子的皇位，成为古埃及的统治者。在她统治下的古埃及获得了空前的繁荣，不仅海外贸易大大向外发展，在她的支持下，古埃及的艺术和建筑也有了很大进步。这座在岩石壁上开凿出的巨大祭庙建筑群，就是此时高超技艺最好的展示。在第二层台基上，柱廊外的柱子均为方柱，而且每柱前面都有身着华丽服装的哈特舍普苏特女王立像，这种柱子也被称为奥西里斯柱，是皇室祭庙中所特有的。待女王结束了20年的统治之后，其继子图特摩斯三世登基，他立即下令拆毁建筑、并砍掉了祭庙中所有女王的头像，以泄王位被夺之愤

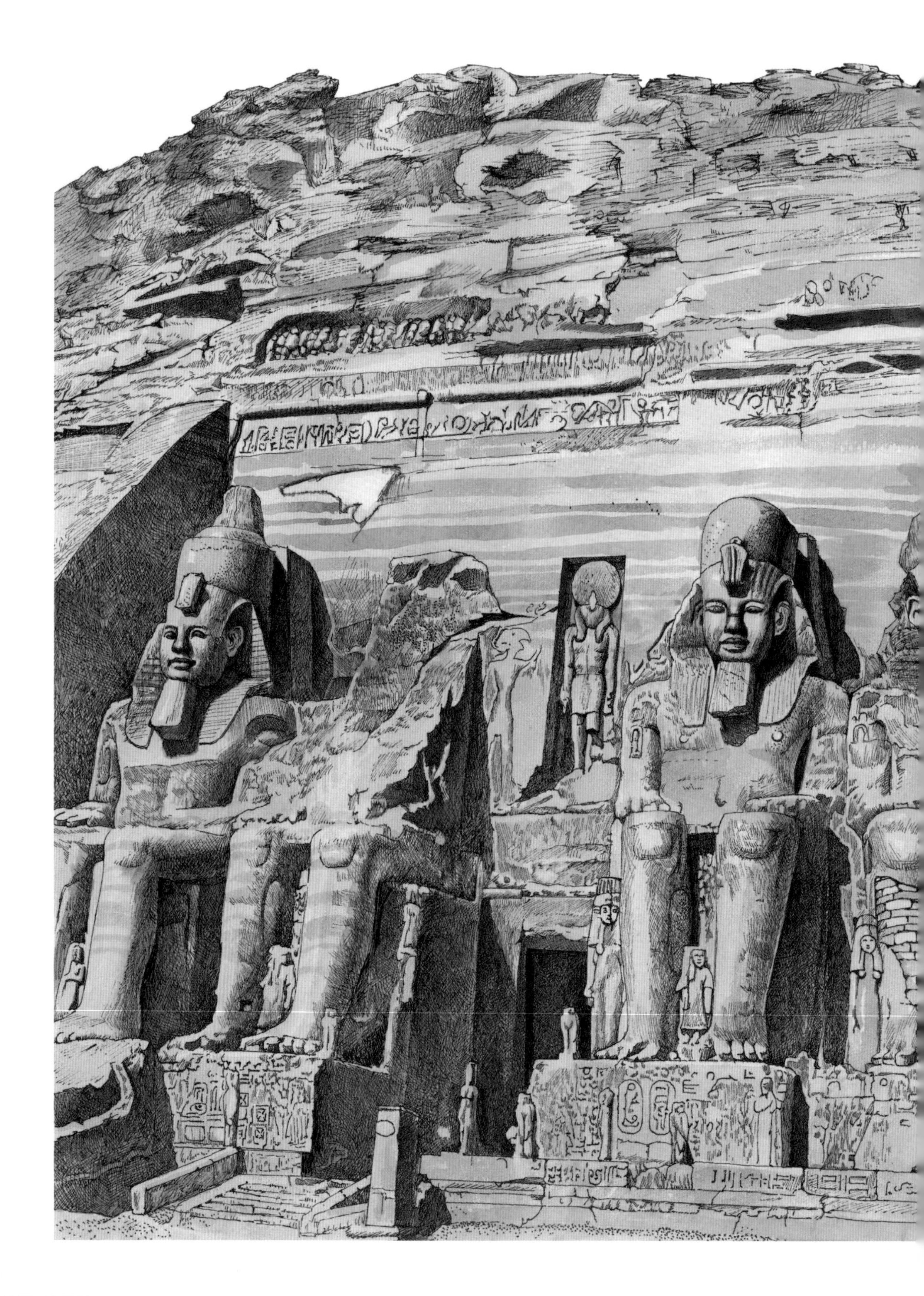

除了哈特舍普苏特女王祭庙以外，新王国时期还在其他地方建造了许多祭庙建筑，而除了在平地上建造的祭庙建筑以外，尤其以在岩壁上凿制的祭庙形式最为流行。这其中最著名的就是位于努比亚地区的阿布·辛贝祭庙（Abu Simbel Temple）。这座祭庙是在第十九王朝的法老拉美西斯二世（RamesstsⅡ）的主持下修建的，位于尼罗河西岸的一处悬崖壁上，由大小两个祭庙组成。大庙和小庙分别献给法老和王后，其形制也模仿地面祭庙建筑。最为壮观的是，在大庙前的岩壁上开凿了四个高达20米的拉美西斯二世坐像，在坐像的脚下则是王后和其他皇室成员（图1-3-8）。

在古埃及建筑中，我们已经能看到一些古希腊建筑的影子，这是因为古埃及的航运十分发达，很早就开始和古希腊等国进行通商，而作为当时先进国家的古埃及自然成为周边国家争相模仿的对象。比如拉美西斯二世时期开凿的祭庙，入口处有四座按照他的形象凿出的坐像，主殿的屋顶也是由雕刻成尤西里斯（Osiris）神像的柱子所支撑的，而这些都成为以后古希腊闻名于世的女像柱式的最早范例。这些事例说明，人类的知识由人类所共有，并没有国界的限制。只要人们有机会去其他国家经商或旅行，都会像海绵一样吸收先进的知识，同时模仿其文化。建筑是技术与文化的综合体，两者甚至无法割裂，当一种建筑形式被另一国家所模仿和建造时，其产生的影响不仅是技术，更是文化，而文化又有其传统，而传统的力量是巨大的。因而，古埃及神庙建筑的文化传统被一路传承下去，以至于后来的人类从来没有完全挣脱这种影响，或者说是束缚。

图1-3-8 阿布·辛贝祭庙入口 这座在悬崖壁上开凿出的祭庙，以入口处四尊巨大的拉美西斯二世坐像而闻名于世。祭庙入口也模仿陆地祭庙的塔门样式，凿制出梯形的平面，而四座高达20米的法老坐像则是新的形式。四座法老像的中间是祭庙的入口大门，门上还刻有隼头人身的太阳神雕像。近代，随着阿斯旺大坝的修建，为了避免祭庙没入水下，人们将整座祭庙从岩石中切割出来，并在另一处山上重组，整个工程历时四年半

祭坛

02 古希腊建筑语言

建筑语言的历史发展

古希腊三面临海，本土多高原山地，由狭长的海岸平原和许多岛屿组成。众多的山地带给古希腊的是优质的石材，这也是古希腊建筑多用石材的重要原因。由于岛屿众多也造成了古希腊城邦众多、各自为政的局面，不停地混战也造成了各地文化不断融合，使得古希腊文明得以不断向前发展。古希腊常被喻为欧洲文明的源头，因为从哲学、诗歌、建筑等各个方面古希腊都对后世影响深远。尤其是建筑形式，至今仍被人们广泛使用着，可见其传统语言的力量之强大。

从古希腊的发展史来看，先后经历了早期希腊、雅典城邦、古典时代、后古典时代、古希腊化时代几个发展时期，而在大部分时间里，古希腊一直处于战争和各个城邦分开统治的状态，而不是一个统一的古希腊国。直到雅典城邦逐渐强大起来，我们所说的古希腊文化包括建筑才真正发展起来，也就是说由众多的地方语言，统一成为一种古希腊文化语言。

古希腊土地上最早的居民是克里特人，他们创造了希腊早期的米诺斯文明（Minoan Civilization）。当时的农业和海上贸易非常发达，由于克里特人的宗教信仰是自然崇拜，主神是一位大地女神，所以在米诺斯王国内男女是平等的，既不是父权社会也不是母权社会，而是男女平等，共同承担社会责任。其实克里特人并没有宫殿，只是在神殿中发现有一些供皇室成员居住的房间。现存神殿建筑的遗迹大多属于米诺斯中后期的建筑，但有证据表明，其实早从新石器时代，就已经开始有建筑的营造活动发生了。这些成片的神殿建筑大多被围合在一个庭院之内，而且这些神殿都是多层建筑，整个神殿区包括数百的小房间，曲折的游廊和楼梯把这些房间和各个建筑连接在一起，在各个房间和游廊的墙壁上画满了色彩丰富的壁画（图2-1-1）。

根据房间大小、位置和壁画的不同，人们推测建筑群中的建筑主要由办公建筑、居住建筑、日常生活起居建筑和若干的储藏室组成。人们还发现，当时的神殿群中各种设施已经相当完备，不仅有流动的水系、排水系统、平台和露天看台，在房间内还设有可冲水的洗手间、浴缸等。而所有这些都是相互连接的，形成一个庞大而复杂的系统。

米诺斯文化中最为人所熟知的就是米诺斯国王的迷宫（Cretan Mazes）了，米诺斯国王的迷宫只是这片广大神殿中的一部分，坐落在神殿的一角，由无数的房间、游廊和台阶组成。在米诺斯迷宫中有一个王位殿，这座小屋室内只有一个极简单的雪花石王位椅，但奇特的是，在室内四面的墙壁上，画满了色彩缤纷的壁画。这些壁画由彩色的花边围合成不同的区域，描绘着一些带有情景的壁画，在其中一整面墙壁上是五头在海中游荡的海豚，充满了趣味。由于房间采光良好，而且室内绘画又多以蓝色等明快的颜色为主，整个房间充满了童话意境。

随后来自北欧的迈锡尼人（Mycenaean）占领了古希腊，他们吸收克里特人的文明，而由于迈锡尼人参加了特洛伊之战，使之成为荷马史诗中的主题。迈锡尼人依然同周围的国家和地区保持着贸易往来，他们精明、聪明、智慧、有策略，积累了大量的财富，使得迈锡尼人为自己营造的建筑都有着巨大的体量，尤其是城防和一些大的工程结构中，还出现了巨大岩石垒砌的拱顶建筑。在被称为“阿特瑞宝库”（The Atreus）的圆顶墓室中，这种由巨石垒砌的如蜂巢般的建筑形态十分特别，而且它超大的跨度也说明当时的石制施工技术已经相当高超。此外据考古发现，迈锡尼的皇家墓室里更是装满了各种奇珍异宝，从出土的一些青铜制品来分析，当时的手工技术也已经达到了相当高的水平。这些都说明，当时的迈锡尼人文化已经相当发达。

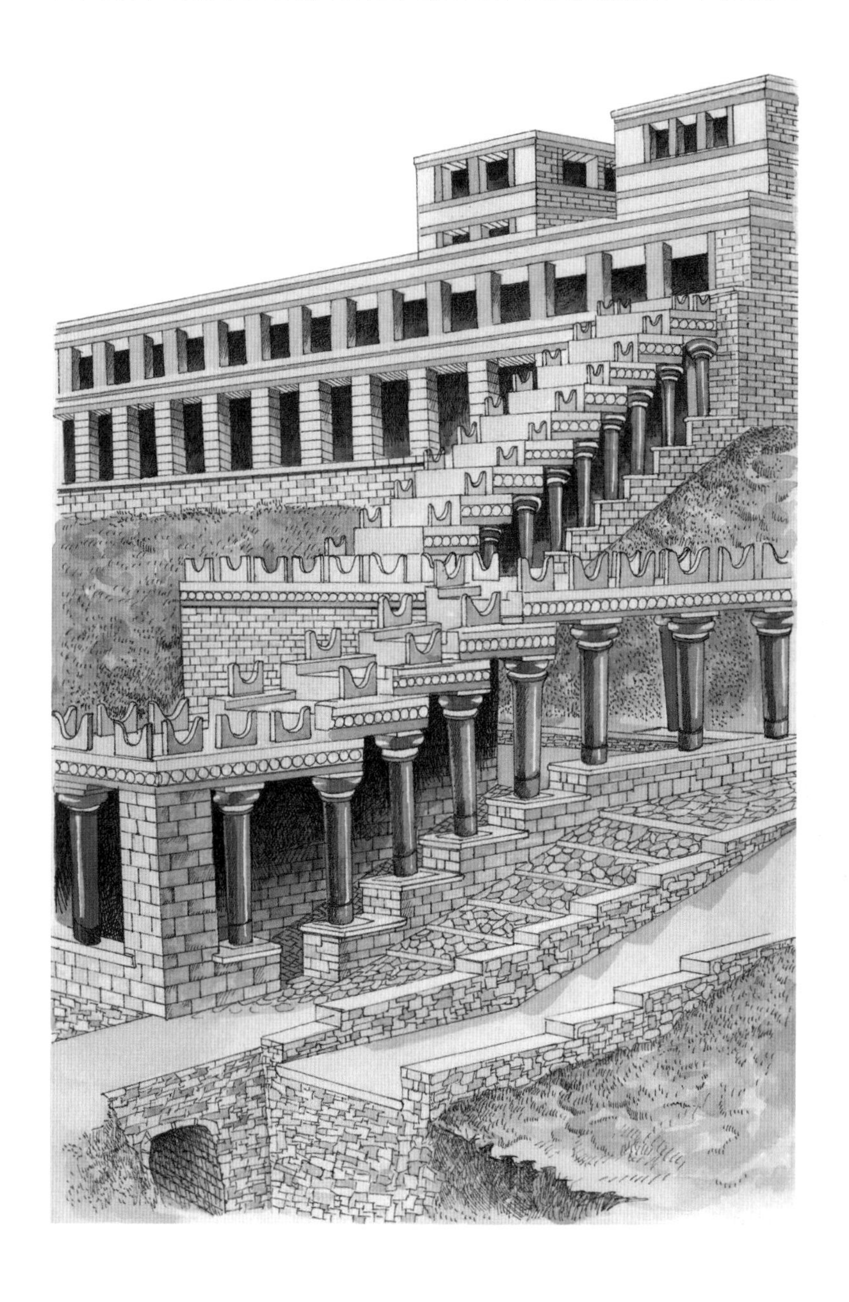

图2-1-1　米诺斯王宫梯廊（The Grand Staircase in Palace of Minos）复原图　米诺斯王宫中的建筑规模巨大，而且各群落建筑间还有柱廊相连接。王宫中还没有大规模的雕像装饰，但王宫中随处可见的壁画却非常精美。米诺斯王宫中的柱子比较粗壮，而且柱子采用的是与以后柱式正相反的倒收分形式，即柱头粗大而越向柱脚处越细。虽然柱身还没有出现凹槽，但已经有了一些比较模式化的规则，如柱头多采用矩形且出现了垫板的结构，柱身装饰的颜色主要采用两种组合方式，或红柱身黑柱头，或黑柱身红柱头，而且线脚的颜色与柱子的搭配也已经程式化

迈锡尼人的主要建筑是防卫森严的卫城，现在发现的一处城门建筑习惯被人们称为“狮子门”（The Lion Tate）（图2-1-2）。这座大门都是由经过加工的整块岩石砌筑而成，其门上的横梁上还有狮子状的雕刻图案，虽然雕刻手法还很稚嫩，但能看出，人们已经在有意识地对建筑进行一些雕刻的装饰。在梯林斯（Tiryns）的要塞遗址中，我们看到了由重达几吨的石块砌成的高墙。在迈锡尼宫殿的入口处就有巨大的石门和石制雕刻，其内部宫殿的布局和体量更是让人震惊。城中不仅有高大的宫殿建筑，其生活服务设施也一应俱全，宫殿内部以祭祀的主室为中心布置各种建筑。祭祀室内主要由高大的柱子支撑，人们已经懂得利用简单的梁架结构，所以室内空间非常开敞（图2-1-3）。室内中心设有火塘，火塘上方则留有大面积的露空屋顶，这个屋顶既可以通风又有利于照明。令人惊奇的是，室内的四壁和屋顶布满了彩绘，墙壁和屋顶被各种花边分为不同的区域，而根据所处位置的不同，各块墙壁也各有不同的图案装饰。

图2-1-2 狮子门 这是一座迈锡尼卫城的城门，也是卫城唯一由经过细致加工的石头垒砌而成的。城门位于卫城西北角，由两块3米多高的侧柱石支撑上部的横楣石组成，而且横楣石上还有三角形带雕刻的石灰岩石板装饰。门上浮雕着两头站立的石狮，此门的名称就由此而来，而狮子的头部则是独立的，另有暗榫与狮身相连，但现在已遗失

当一个区域的居民安居乐业时，人们的文化水平便开始提高，而对于和平和安定就有了追求；在安定生活保持若干代以后，其民众对于战争的防御能力就会随之降低，而一些野蛮的民族或部落则极有可能攻击或侵略发达的民族或区域，甚至将发达的文化全部摧毁。这种事例在世界历史上都是屡见不鲜的。

好景不长，多利安人（Dorians）的入侵使高度发达的文明停滞不前，甚至还出现了倒退。而古希腊土地上的爱奥尼亚人（Ionians）则都逃到了爱琴海的亚细亚海岸，这里成为古希腊文化的中心。此后，经过不断的战乱和迁徙，古希腊文明涉及的范围越来越广。从希腊本土，到爱琴海各岛，再到西西里岛，直到意大利和法国南部，都有古希腊文明的痕迹。而希腊本土与爱琴海沿岸的人还主要是爱奥尼亚人和多利安人，因此当地的艺术和建筑风格也糅合了两个人种的特色，多利安人的阳刚与爱奥尼亚人的阴柔。此后由于波斯人的进犯，爱奥尼亚人与多利安人又团结了起来，古希腊各城邦组成了联合体，共同对抗外族的入侵。

在繁盛的古希腊，公民作为国家的主人，直接参与政治决策，个体能最大限度地发挥自己的才能，竞争气氛非常浓厚，因为每个人都希望自己能取得卓越的成就。古希腊人对自然的崇拜逐渐演化为有特色的宗教，虽然古希腊是由多个不同的城邦（Polis）组成的，但是人们的宗教与信仰却是一致的。他们按照尘世

图2-1-3 迈锡尼帝王室 这是迈锡尼卫城中宫殿建筑群的中心建筑空间，整个房间以火塘为中心，四周分别设置有帝王座椅、神龛和祭祀物品。火塘上方完全开敞，没有屋顶，以利通光和透气，而围绕火塘的其余空间则相对封闭，设置了四根柱子以支撑屋顶，整个帝王室布满了彩色的壁画装饰。从倒锥形的柱式和四面用壁画来装饰等方面来看，迈锡尼文明与前期米诺斯文明有着千丝万缕的联系

间人们的形象创造了诸神明，而且各位神明都有固定的象征意义。这种非常具有人性化的宗教信仰也促使人们大肆修建神庙等建筑，因为人们相信，诸神是会在不经意间降临人间的。

古希腊并不是一个大国，但其城邦制（City State System）在社会生活中包含了一定的民主成分。另外，古希腊也不是一个单一的民族，而是包容了多个民族并能适应各自生活习俗的地区。正因为如此，其先进的文化和国际性的建筑语言才深深影响着后代，直至今日。

古希腊柱式语言的发展

最早期的古希腊庙宇是用木构架和土坯建造起来的，为了保护墙面而在外面搭了一圈棚子遮雨。这种形式后来转变为柱廊的形式，不仅消除了墙面本身的单调感，也为庙宇的外观增加了美感。随着时间的推移，时代的更迭，我们都知道木构体系已被石构建筑所替代，这已经成为建

图2-2-1 《建筑四书》上的古希腊风格建筑立面 柱廊、三角山花、封闭的实墙，这些都是古希腊神庙的特征。而且古希腊时期注重建筑的比例与均衡，使得神庙建筑也都具有一种优雅的气质。由于神庙四周以实墙封闭，而且只开一个大门，所以神庙内部相当昏暗，但无论建筑内外，却都布满了精美的雕刻装饰

筑语言上的准则。有一些考古学家们，他们尝试从多立克柱式着手，希望能够还原成为开始的木构原型。

因为人们的大多数活动都在室外举行，所以神庙的外观就显得格外重要了。柱廊的形式不仅被保留下来，还在以后被人们不断地改进，后来成为大型神庙建筑所普遍采用的形制，在《建筑四书》（*The Four Book on Architecture*）上就记载了这种古希腊神庙的标准外观（图2-2-1）。石头被用来建造神庙以后，柱式（Order）的发展和演变，成为古希腊在建筑中取得的最大成就。但很长时间以来，虽然神庙等建筑全部改由石材建造，但屋顶还是采用木材，这样有效地减少了柱子的承重，但因木材易腐蚀，就形成了如今我们看到的许多建筑没有屋顶的情况。古希腊时期形成的三种柱式——多立克柱式（Doric Order）、爱奥尼克柱式（Ionic Order）和科林斯柱式（Corinthian Order），经古罗马的广泛应用和不断改变，成为影响深远的建筑形式。

多立克柱式与爱奥尼克柱式是最早出现的两类柱式，它们的产生要从古希腊的历史谈起。古希腊的文化艺术主要来自多利安人与爱奥尼亚人，他们的文化表现在建筑上就出现了多立克柱式和爱奥尼克柱式。后来古希腊人在爱奥尼克柱式的基础上进行了改良，继而又出现了第三种柱式——科林斯柱式。另外除了这三种柱式以外，古希腊人还发明了人像柱（即用人像支撑屋檐的柱子）。

雅典人按照阿波罗的神示，派了十三个殖民队到亚细亚殖民，十三个殖民队分别任命了各自的官长，而最高统治权则交给了克苏托斯与克瑞乌萨之子爱奥。在德尔斐，爱奥宣称得到了神示的他即是阿波罗之子。

于是他带着这些殖民队到了亚细亚并在那里建立起了弥勒托斯、弥俄斯、喀奥斯等大城市。后来这些城市在赶走了异族以后，就将这些地区依照首长爱奥的名字命名。继而又在这些地方建造起了神庙，首先是在多利安人所居住的阿卡厄亚建造起了阿波罗·帕尼奥尼俄斯之多立克神庙。

在这座神庙中如何找到既美观又实用的柱子，是困扰建筑师们的一个问题。经过反复思考，建筑师按身子和脚长的比例建造柱子，从而达到能够载重的目的。后来柱子按照男子脚长是身长六分之一的原理，建造出了柱子的高度是柱身下部粗细尺寸六倍的柱子。至此显示男子身体比例的多立克柱式便产生了。古希腊多立克柱式最为典范的实例是雅典的帕提农神庙。

多立克柱式

在古希腊，多立克柱式一般都是建在基座之上，没有柱础。柱子的建造比例通常是：柱底径与柱高的比例是1：5.5；柱子高度与柱直径的比例是4:1或6：1，柱身（Shaft）从下往上进行收分，柱子表面雕刻着有棱角的凹槽（Arris）。柱子的柱头颈部（Necking）与柱身由一条深凹槽隔开。古希腊多立克柱式运用了一种称作“爱欣”的线脚，这种线脚的柱头与柱身以弧曲线脚相连接，从而使柱身形成了一种有弹性的变化。

我们来分析一下多立克柱式，这样，我们可以知道柱式的起源与发展。

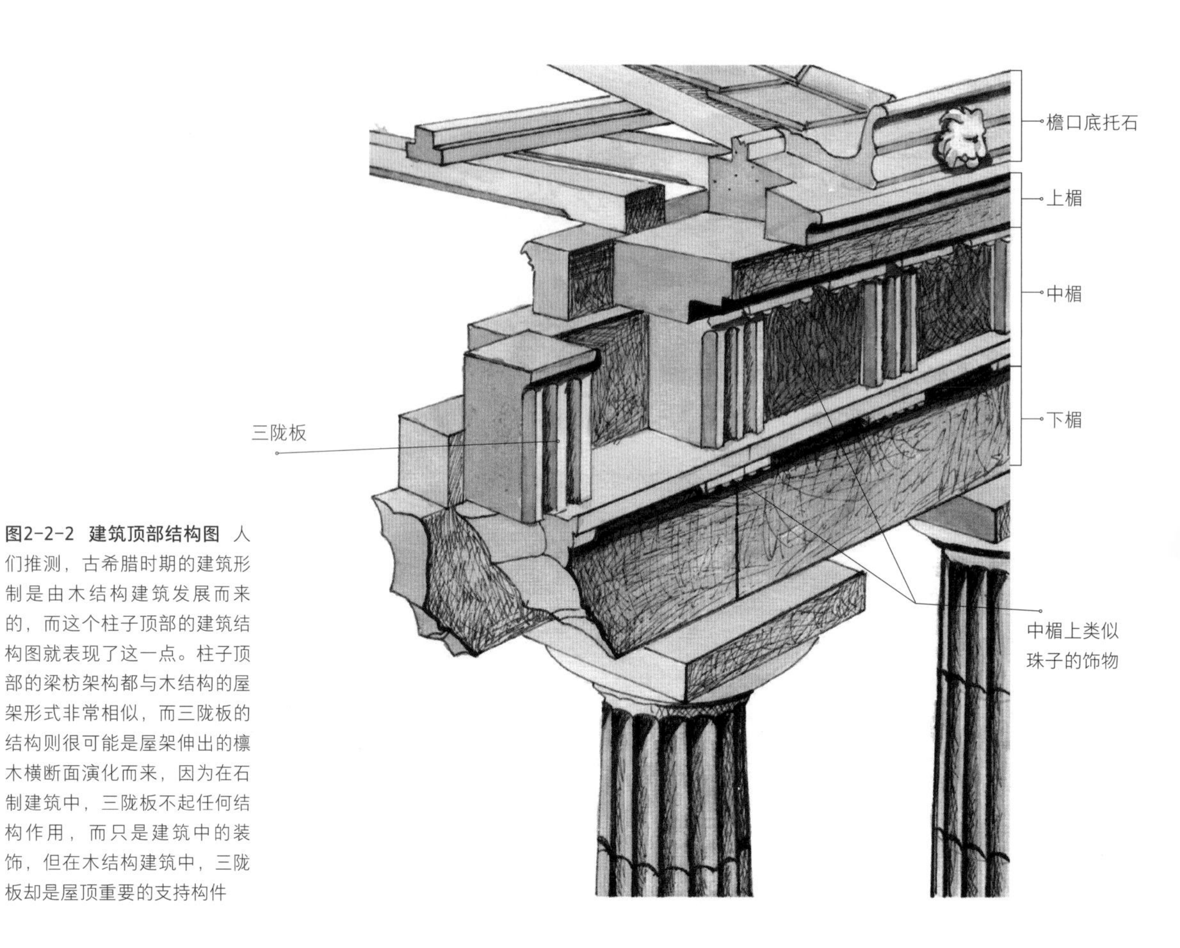

图2-2-2 建筑顶部结构图 人们推测，古希腊时期的建筑形制是由木结构建筑发展而来的，而这个柱子顶部的建筑结构图就表现了这一点。柱子顶部的梁枋架构都与木结构的屋架形式非常相似，而三陇板的结构则很可能是屋架伸出的檩木横断面演化而来，因为在石制建筑中，三陇板不起任何结构作用，而只是建筑中的装饰，但在木结构建筑中，三陇板却是屋顶重要的支持构件

多立克柱式是从原始的木结构，经过发展演变成为石头或大理石构件的。最早的古代寺庙是由木结构建造的。而后，当时的人们逐渐认识到石制材料更加坚固，保留的时间也能更加持久。之后的那些原有的上楣的木构件逐渐被石头或是大理石所替换。以后建造的寺庙不断地模仿这些建筑，这样一直流传下来而成为固定的、人们都认为合理的柱式。换句话说，柱式是模仿早期木结构建筑的产物（图2-2-2）。这和古埃及神庙中的石柱是模仿当时民居中芦苇束柱的起因是完全相同的。

多立克柱式的柱子上的横楣构件的起源，一般是不太能说清楚的。檐口底托石的作用似乎是用来支撑屋檐的顶部，这样如果有雨水往下流的话就不会流到柱子里面了。中楣上的三陇板像是用来支撑下楣上大梁的顶部。像腰带一样的饰物就如同是要把构件都捆住一样。中楣上的类似于珠子一样的饰物把它固定在三陇板下，它的作用是固定上面的木楔，而不是所谓的承梁木（图2–2–3）。

两种柱式在出现的早期都存在许多问题，作为山墙面的柱廊，两种柱式都存在中间开间大、柱子粗，而向两边则开间和柱子都变小的情况，所以建筑立面

图2-2-3 古典多立克柱式飞檐示意图 这是在木结构建筑基础上发展而来的石制建筑顶部示意图，带有凸线装饰的檐部下面是托檐板，通常六个一排设置，再以下通过线脚的连接是三陇板和以下的柱头部分。托檐板和三陇板本是木结构建筑中起承重作用的重要组成部分，但在石制建筑中则只保留了它们的形象，已经完全退化为装饰性元素。在密柱式的建筑中，三陇板的数量可以减少，只对应柱子设置而减去了柱间的三陇板

显得很乱，缺乏整体性，而且变化很大的立面也形成一种不协调的对比，不是很美观。由于早期的多立克式柱子是由木柱演化而来的，没有柱础，所以直接插在基石上。多立克式柱子的柱头也没有进行修饰，只有一个圆形的柱头，之上是一个正方形的方板，这是由木柱子的方形盖板演化而来的形象。这时的多立克式柱子还处于初级阶段，柱身的收分很大，卷杀又显得过软，这样使得整个柱身显得不够坚挺，缺乏力度。而且因为上檐部一般也很厚重，没有秀丽、挺拔之感。后来，随着建筑的改进，多立克柱式也在不断地完善，柱身逐渐向上收，并竖向地刻有半圆形的凹槽，还受到爱奥尼克柱式的影响，加入了柱础，整个柱子的线条更加利落，与简洁的形式完美搭配，显得大方而优雅。

爱奥尼克柱式

爱奥尼克柱式是一种典雅、轻巧、精致的柱式，它的出现要晚于多立克柱式，那是在多立克柱式被创造出来以后，建筑师又建造出了一种具有女性身体比例的柱子，为了显示女性亭亭玉立的优美姿态，柱子的粗细与高度的比例由原来多立克柱子的六分之一改为了八分之一。另外在柱头处还布置了像女子卷曲头发一样的左右下垂的卷曼，柱身则像女子飘逸的衣饰褶皱。这种最早用于狄安娜神庙中的柱式被称为爱奥尼克柱式。

最早的爱奥尼克柱式还存在很多种不同的形式，对于檐壁的设置很灵活，可有可无。柱头上的螺旋不仅较大，雕刻得也很丰满，过于松坠。柱身上的凹槽较多，且相互之间形成尖棱，还有的柱基部分也做精美的雕刻，缺乏整体性。经过不断地改进成熟后的爱奥尼克柱式较多立克柱式显得活泼、秀美了。标准的爱奥

尼克柱式分为基座、柱身和柱头三部分。基座带有装饰和阶层，以上的柱身较多立克柱式要细长，是圆柱直径的十一倍。而且柱身虽有凹槽进行装饰，凹槽数量仍然较多，但相互之间设有横纹做间隔，柱身上下都有扇贝形的收头。柱头是区分不同柱式的主要依据，爱奥尼克式柱子最显著的特点是，在柱头的装饰颈带上有两个圆形的涡旋纹。涡旋纹上的额枋不再像多立克式柱子一样处理成平板，而是分成三层，在檐边还有齿状的装饰。

古希腊爱奥尼克柱式的柱头在柱顶上是方板垫石（Abacus），在方板垫石下方的正面与侧面有不同样式的涡卷。爱奥尼克柱式的额枋由从下而上的一个个挑出的两个或三个长条石组成。在檐壁之上以人物雕刻和花饰雕刻代替了“三陇板”。古希腊爱奥尼克柱式在柱头及连接涡纹间均呈现曲线形，使整个柱式看起来优雅柔美。

后来，随着人们喜好的改变，上述两种柱式发展的同时，互相之间也都有影响，并做了一些改变。多立克柱式柱高与柱底径的比由原来的6:1改为7:1，而爱奥尼克柱式则由原来的8:1改为了9:1。这样一来，多立克柱式和爱奥尼克柱式便显得十分高大与纤细。

在古希腊，由于人们对于生活的热爱和对于艺术的高雅鉴赏力，以及气候较热、人们穿着较少等诸多原因，人们相信人体是最美的东西，所以多立克柱式与爱奥尼克柱式也分别代表了男性和女性。而且，对于这两种柱式各部分间的比例也是有着严格规定的，是按照古希腊男子和女子的身材各部分比例来确定的。此外，多立克柱式朴素而有力，线条简单，柱子用高浮雕以强调体积；而爱奥尼克柱式则华丽而秀美，线条柔和，柱子用薄浮雕，强调线条的质感。人们甚至还使用不同的柱式来表现不同的神庙主题，而在同一座神庙中，也可以通过柱式的变化来增加建筑的变化（图2-2-4）。在当时雅典卫城的建筑中，不仅爱奥尼克和多立克两种柱式在形象上互相有所借鉴，人们甚至还把它们混合运用于同一座建筑当中。同雅典卫城灵

图2-2-4　雅典卫城伊瑞克提翁神庙（Erechtheion）北侧柱廊　神庙的北侧柱廊主要采用的是爱奥尼克柱式，但也在一些墙体上做了一些细小的改变，设置了一些装饰性的高挑壁柱。为了达到装饰而又不与整体柱廊相冲突的效果，这些柱子的柱身很细，而且只在柱头做了一些细小的装饰。柱式互相混合着搭配使用在古希腊建筑中很多见，但这种简单而细长的壁柱形式还是十分少见的

活的布局一样，这时的建筑也变得活泼了。

虽然各柱式在比例和制作上有着严格的规定，但其应用却非常灵活和广泛。尤其是爱奥尼克柱式，无论是庙宇、住宅、公共建筑都能见到这种柱式，成为古希腊建筑重要的代表符号。而且古希腊柱式在具体运用上并不是死板而教条的：如果建筑柱间距大，柱子就会相应加粗； 柱子高大的，其上的额枋就厚一些；视建筑高度的不同，柱子的收分也不同，以求与建筑协调。此外，这时对柱子的雕刻技术已经达到相当高超的水平，最薄的线脚不超过三毫米，还出现了多达24个圆心的螺旋线。

科林斯柱式

随后，科林斯式的柱子也出现了。这种柱型最大的特征是它柱头之上雕刻的茛苕叶（Acanthus），就宛如是插满了鲜花的花瓶。

关于科林斯柱式曾经有过一个凄美的故事：在很久以前，有一位美丽年轻的科林斯少女，就在她即将结婚的时候，不幸得病去世了。从小最疼爱并看着她长大的奶妈哀痛不已，她把女孩生前最心爱的几件小器物连同小花瓶一并装入篮子里，为了防止女孩心爱的东西因天气原因而弄脏、弄坏，奶妈还在篮子上面盖了一块瓦放在女孩的墓前。第二年的春天，篮子底部的茛苕叶的种子生根发芽了，它的茎叶围绕着篮子慢慢地向上生长着，当它遇到了篮子顶部的瓦板处，茎叶末梢向下呈旋涡式缠绕着。这个奇妙的现象被一位恰巧路过此处的古希腊雕刻家发现了，这位古希腊雕刻家就是卡里马库斯（Callimachus）。这一景象被他深深印在了脑海里，后来他就依照这一景象建造出继多立克柱式和爱奥尼克柱式之后的又一种新的柱式——有着少女般娇柔、轻快的体态，亭亭玉立的科林斯柱式。

古希腊的科林斯柱式有着与爱奥尼克柱式相同的柱础及圆柱，柱顶的边缘雕饰有玫瑰花，檐部与柱身所刻的凹槽均为爱奥尼克柱式的，但比爱奥尼克柱式在建造比例上更为纤细、修长。古希腊的爱奥尼克柱式的柱顶盘分为上楣、中楣和下楣，其中下楣呈三条倒梯形横带。科林斯柱式的柱顶盘也分为上楣、中楣和下楣（图2-2-5），它的上楣出

图2-2-5 科林斯柱式的柱顶盘
与科林斯华丽而精美的柱头相呼应，科林斯柱式的柱顶盘也布满了精美的雕刻图案。柱头立体式的雕刻与顶盘处的浮雕本身就形成了主次关系，而所有部分都力求突出柱头和柱顶盘上的装饰。挑檐作为纯粹的装饰性元素被处理成细而小的形式，也在雕刻带与上部没有雕刻的出挑部分之间形成过渡。科林斯柱式柱顶盘各组成部分间都有严格的比例关系，对于雕刻也注重主从和繁简的搭配

挑很大，作为屋檐挑出部分的挑口板是由一种带有雕刻装饰的托架来支撑的。在建筑物中，中楣大多数情况下是没有任何装饰的，在少数情况下则雕刻有连续旋涡状的植物图案。下楣处呈三条倒梯形横带，在横带的上下连接处有时雕刻着一些精美的装饰性植物图案线脚。科林斯的圆柱之上大多密布着垂直纹路的凹槽，也有一些凹槽只占柱身的三分之二。

这种新柱式是对爱奥尼克式柱式的变体，柱身上的凹槽与檐部还保留了爱奥尼克式，但柱身更加细长，柱头的装饰也更复杂，这是一种可以从各个侧面观赏的、华丽的柱式。位于雅典的利希克拉底斯奖杯亭（Choragic Monument of Lysicrates），被认为是第一座使用科林斯式柱子的建筑物（图2-2-6）。

这座纪念性的建筑是根据比赛中的奖杯而设计建造的，在高高的矩形台基上是一个大的圆柱体，周围环立6根附墙的科林斯式柱子，在建筑的顶部还有一个雕刻精美的莨苕叶形尖顶饰。这座奖杯亭的基

图2-2-6 雅典奖杯亭局部立面图 文艺复兴时期仿造的雅典奖杯亭顶部立面。这种纪念性的建筑是集中式建筑后来出现的新形制，大多为圆形，其结构大致为：主要由基座和亭子两大部分组成，并且各部分都有完整的台基和檐部；亭子大多是圆形平面，而基座大多为方形；底部用料粗糙，随着整体形状向上收缩，不仅用料更精细，装饰也更华丽，显露出很强的生长态势

图2-2-7 奥林匹亚宙斯神庙 这座神庙是古希腊人为了纪念一次战争的胜利而建造的，也是一座规模很大的神庙建筑。神庙外围虽然也有柱廊围绕，但这些柱子却是没进墙壁中的半柱式，这座神庙也是一座罕见的立面采用奇数柱子的建筑，但现在已遭毁坏不复存在

座部分与上面的亭子都有各自完整的台基和檐部，但并不给人牵强之感，而且方形与圆形的组合形式，也是比较常见的处理多层建筑的方法。为了体现奖杯亭高大的形象，不仅底座与上部的搭配是下大上小，而且本身亭子的造型还富有层次感，向上逐渐缩小。在材料和表现上也突出了上下的变化：底部采用深色石灰石，表面比较粗糙，除了露明的砖缝以外没有多做装饰，样式简洁而沉稳；而上部则采用白色大理石，并且打磨光洁，再搭配以雕刻精美的柱头，华丽而活泼，而且植物的造型也给人以向上伸展的感觉。

此后，将科林斯柱式发扬光大的建筑作品，是雅典的奥林匹亚宙斯神庙（Temple of Olympian Zeus）（图2-2-7）。这座神庙的建设时间很长，直到哈德良皇帝在位时才完成，但不久就在战争中被毁了，因为神庙中的科林斯柱头雕刻异常精美，还被古罗马人带回了本国，用于对当地神庙的修饰，因此对以后古罗马的建筑产生了很大的影响。柱式不仅作为一种建筑结构语言，更作为一种重要的装饰语言被广泛地应用于各种建筑当中（图2-2-8）。

图2-2-8 古希腊克尼多斯狮子墓（Lion Tomb,Cnidos） 人们将建筑的形象作为装饰以其他的形式予以表现，这也是一种自古沿袭的习惯，所以我们得以从壁画、石棺、雕刻图案中了解古代各个时期的建筑情况。这座狮子墓的底部也采用了多立克柱式的建筑形象，尤其是柱头、三陇板以及檐部的表现尤为逼真

雅典卫城建筑

古希腊的神庙与其说是建筑不如说是雕塑，因为这些建筑大多由柱子组成，从外部看十分美观，但其内部空间十分有限，没有多大的实用价值，这一点是必须要解释清楚的。除非是重要的节日和庆典，否则人们是不允许进入神庙的，就连祭祀的物品也是摆放在神庙入口的前面。早期的神庙是用石头模仿木料与泥砖建筑的样式进行建造的，后来逐渐用石材替换了原来的材料，最后才逐渐脱离木结构的建筑形式，并开始在石质的建筑上雕刻各种花纹进行装饰。位于奥林匹亚的一些神庙就是这种建筑方式的典型代表，它们最早可能是由石材、砖块和木柱等建成的，以后逐渐把木质立柱都换成了石制立柱。此外，在人们发现的一处石

柱建筑遗址中，虽然石柱还较原始，但石柱所处的地面却已经有了细微的变化，石制地板呈弧形，并且越向中心越高，当然这种变化是细微的，但也为以后大型神庙的建造提供了尝试。这在以后的帕提农神庙中表现得最为突出。

古希腊建筑的精华集中于雅典的卫城（Acropolis）（图2-3-1）。因为早在迈锡尼时期人们就开始了卫城的修建工作，但直到伯里克利时期才完成，整个建造活动前后沿袭了上千年。最早，在各个城邦割

图2-3-1 雅典卫城复原图 卫城中的各种建筑虽然在总体上没有一个严谨而对称的布局，但却是随着地势的起伏而设置的。神庙一般都被设置在山顶或地势的最高处，以通过天然的高度使其显得更加高大。这样做不仅节省了大量为制作高大台基所做的工作，还使建筑与自然环境更好地结合在一起。所以在卫城中的各种建筑大多都只有几层不高的台基。图中左侧较大的建筑就是著名的帕提农神庙，卫城入口处则立着守护神雅典娜的巨大镀金铜像，这座像统领着整个卫城的建筑。与铜像遥遥相对的是胜利女神庙，而紧挨着雕像的建筑就是有着六根美丽女像柱的伊瑞克提翁神庙。建筑间形成的广场是雅典人在节日期间举行欢庆活动的主要场所

据自治时期，人们为了防止外敌入侵，纷纷把自己的城堡建在高而险的地方，雅典卫城就是一位氏族首领首先修筑的防御工事。后来战乱平息，人们也开始搬到山下平坦的地方生活，而卫城的防御功能也消失了。人们开始在此修筑庙宇，把它作为祭祀的场所，因此每座城邦都有在城市高处修建宗教及民众活动中心的传统。

后来由于波斯人的进攻，雅典卫城沦为一片废墟。当希腊联合各个城邦最终赢得这场战争的胜利时，因为其在战争中付出的代价最大，而成为各城邦的领导中心，雅典也因为在战争中受的巨大创伤而成为人们重建的重点。此外，雅典还是古代神话中波塞冬神与雅典娜神争斗的场所，是雅典娜庇佑下的城市。因此，国家集中了当时全国最杰出的雕刻家、建筑家和各种人才进行重建工作，并倾注了国家金库大部分的金银。当时的统治者伯里克利（Pericle），是一位成功的统治者，在他的统治下雅典达到了空前的繁荣，使得国家有财力对卫城进行大规模的修建。他还是一位能言善辩的演讲家，当大多数人反对投入巨资修建卫城时，由于他的演讲，人们改变了初衷，这才有了今天我们所看到的伟大的雅典卫城。它也成为古希腊古典建筑的综合展示所，在这里各种不同类型和不同功能的建筑一应俱全，向人们展示了古希腊灿烂辉煌的建筑成就。而且卫城建好后，也吸引了四面八方的人们前来参观，又为雅典带来了丰厚的财政收入。

现在的人们看到和想象中的雅典卫城是在蓝天映照下显露着石头本色的高大建筑群。但据考古发现，当时的建筑上大都施以五彩的装饰，尤其是各种柱子。这可能一时无法让人接受，因为在大多数人们的印象中，布满神庙、圣殿的卫城建筑就应该是肃穆而庄严的，花花绿绿的建筑景象似乎显得过于轻浮了，然而这确是当时实际的景象。仅从无处不在的大面积浮雕作品中，就可以感受到人们当时的热情，因为即使在神庙内部、顶部等一些人们根本看不到的地方，也遍布精美的雕刻图案（图2-3-2）。人们似乎只是在尽心尽力地展示他们的工艺水平，而不在乎它们是否实用，想来是和当时政治、经济、文化高度发达的社会状况相一致的，因为当时的雅典卫城不仅是城中人们

图2-3-2　古希腊时期的帕萨洛斯（Paros）大理石浮雕　古希腊时期的雕刻艺术已经有相当高的水平，在各种神庙和纪念性建筑中都有以神话传说或现实生活为题材的浮雕。从这些浮雕作品中可以看出当时希腊人的衣着和生活情况，而从人物的构成可以看到，当时人们已经掌握了表现人体的比例关系。从人物头部及面部表情、衣服纹理的雕刻手法来看，此时的雕刻技术已经能逼真地再现真实生活中的情况了

举行庆祝活动和公共集会的地方，更是各地人们前来游览的胜地，而且雅典卫城本就是为了庆祝胜利而建的，人们没有理由不把它打扮得花枝招展。

卫城的建筑布置十分巧妙，因为这些建筑不是按照轴线或对称的方式设置，而是错落有致地散布于不同的地点上，这样建筑与自然景物就很好地融合在了一起，而且利用地形的高低起伏，不同的建筑也取得了最好的效果。主要的建筑帕提农神庙靠近台基的南端，另一座伊瑞克提翁神庙则靠近北端，山门设在西面，紧挨着的是胜利神庙，而南坡上则是供市民活动的露天剧院和敞廊。这种布局方式既使建筑与自然景物交相辉映，又借助边沿较高的地势使神庙也给人一种高高在上的感觉，而且这样从山下也很容易能看到高大的神庙建筑。卫城中比较重要的建筑是山门、帕提农神庙和伊瑞克提翁神庙。

雅典卫城山门

山门（Propylaea）是在卫城中的主体建筑完工后另建的，因此其形态必须与城中已有建筑相协调，同时又要突出大门的特色（图2-3-3）。但大门建筑的地址却很不理想，山

图2-3-3　雅典卫城山门　由于山门是在卫城中诸所神庙建筑完成后才策划修建的，而且山门所处位置的基址十分不规整，所以要求建筑既要适应复杂的地形，建成后还要与周围的建筑协调一致。而古希腊雄伟的山门据说是由曾设计过帕提农神庙的建筑师设计并主持建造而成，山门中同时使用了多立克与爱奥尼克两种柱式，并通过柱子高矮的变化实现了整个建筑形象的一致

门要兼顾原来大门的基址，同时其北面、南面都已经有了明确的建筑或已经划为固定的区域，因此不可能向这两方面扩展。而且山门还要考虑与卫城中巨大的雅典娜神像的位置关系，以及大门的尺度问题，因为从山下盘旋而上的游行人群不仅要在进入山门之前就要看到标志性的神像，还要将他们带来的大量战车和祭祀物通过山门运抵不同的神庙当中。而且，同卫城中所有设计巧妙、气势雄伟的建筑一样，山门也要在有限的面积内造成巍峨的气势，而这种气势既要有卫城的气度，又不能盖过其他建筑的风头。

曾成功地设计了帕提农神庙的设计师通过细心的测量，提出了山门建筑的计划，使之在与其他建筑风格统一的基础上，又巧妙地满足了各方面的功能需要。山门仍按照原来大门的“H”形平面布局，也保留了原来的5道门形式，总体上由主体建筑与两边的侧翼建筑组成一个山门建筑群，两翼建筑与中间的主体建筑成直角组合在一起，各自有独立的屋顶覆盖。但即使是各个建筑都相对独立，也各自有自己的屋顶覆盖，山门的整个建筑群仍然被统一的布局牢牢控制，使之有很强的整体性。新的山门将其中心轴线位置稍稍移动，以使山门与卫城上的圣路尽可能对应。

山门内外门廊立面部分为多立克式的6柱门廊，门廊开5个门洞，中央门洞开间最大，是两边门洞开间的1.5倍，而且中央门洞采用坡道，以利于车马的通行。两边的门洞稍窄些，主要采用阶梯形式。这种设计的好处在于，游行的人群在进入山门之前自动分流，人群从两边的门洞进入，车马从中间门洞通过，而出了山门之后，三股队伍又可以迅速聚拢到圣路上。

除了两边立面上的多立克柱式以外，山门内部的中央门廊则采用了两排共6根高大的爱奥尼克柱式，由于地势的级差，爱奥尼克柱子的高度加大，使其底部柱径与柱身高度的比例达到1:10，这种比例突破了爱奥尼克柱式原有的比例关系，在古希腊时期的建筑中也是很罕见的情况。而在两边供行人通过的阶梯式门廊中，还另设了一些石凳，以供过往行人休息。

帕提农神庙

卫城最著名的建筑莫过于帕提农神庙（Parthenon）了，它是为雅典娜女神而建的，因而又叫雅典娜·帕特诺斯神殿（图2-3-4）。这座神庙实际上也是为了向世人展示雅

图2-3-4　帕提农神庙正立面　这座为供奉雅典城守护神雅典娜女神的神庙建在卫城的最高处，是希腊本土最大的多立克柱式神庙，其形制等级也最高。神庙全部由白色大理石砌成，山墙顶部与铜制大门镀以金饰，柱头与檐部等都饰以鲜艳的色彩，包括山花、陇间板和内部墙面等处也布满了精美的雕刻。虽然帕提农神庙是一座大型石制建筑，但由于修长的柱子和较薄的檐部，以及各部分细微的变化和精密的搭配，整个建筑给人以挺拔、华美的感觉。庞大的体型没有丝毫的沉重感，相反，却带给它令人叹服的雄伟

典的权力和荣耀，因为它是希腊本土最大的神庙建筑物。传说掌管着人间的天神由宙斯统治，全都住在奥林匹亚山上，而雅典娜从宙斯的头上出生，是智慧、勇气和美的化身。雅典娜在与海神波塞冬的争斗中，用神杖点地生长出橄榄枝而取胜，因此成为雅典的保护神，人们以她的名字来命名自己的城市，并为她修建神庙以祭拜这位守护神。

帕提农神庙是一座多立克柱式的神殿，平面为长方形，分为东面的圣堂和西面的方厅两大部分。圣堂是供奉雅典娜的地方，南、北、西三面由多立克式的巨大石柱支撑屋顶。在西面的方厅，主要是用来存放国家财物和资料的，柱式则改为爱奥尼克式。在这座神殿中，建筑师充分考虑到人在视觉上的特点，所以在整座神庙中，除中间两根柱子是垂直的以外，几乎没有一条直线和一个直角。其他的柱子都微向内收，柱子的粗细和间距也不同，边角处柱距小，柱身也略粗，越向内则间距加大，柱身也越细。柱身上都加了凹槽，而且越向上就越细一些，以校正人的视觉。由于这些变化，使得神庙中的柱子几乎根根不同，但这些变化又很细小。所有这些都对建造和雕刻这些柱子的工匠们提出了更高的要求，就是为了确保人们从远处看到的石柱是均匀和直立的，使柱子显得立体而坚挺。

除了柱式的变化以外，所有部分包括每级台阶、山墙等都做了相应的调整：与柱式相对应的上楣、中楣等部分也位于中心稍高；地基也不是平面，而是中间略高、四周较低。只是这些地方的变化更隐蔽一些，有的只改变了几厘米，所以在高大建筑的映衬下，一般的参观者根本无从察觉到这些变化。尽管按这种建筑画出的设计图各部分都变形了，可能会让人看了发笑，但实际建造好的建筑却有一种极其匀称和平衡的美。甚至有些地方的变化根本没有事先设计过，是当时的工匠们在施工中才加以改造的，当然更没有比例与对应的关系，一切都以得到最佳的视觉上的美感为标准。最后的事实证明，这是一座非常成功的建筑。因为每一个来到卫城的人们所看到的都是最匀称、最美观的帕提农神庙，建造者的每一分努力都使这座建筑更趋于完美。

帕提农神庙在水平直线上所做的微微上凸的曲线变化，就像是本来一根普通的钢丝，当我们看这根普通钢丝时，并没有察觉到什么含义。但是当我们微微将其折弯一点时，这根钢丝便包含了一股力量、一种预应力在其中，于是普通的直线变成了具有力感的曲线。另外柱子的上部都向中间略微倾斜，这种处理手法和中国宋代《营造法式》中所谈到的侧脚也是同一种原理，这种处理使原本没有任何含义的、完全垂直的排列方式变得有了文化内涵，而且这种内涵又不是可以用简单的语言进行描述的。人们视觉上对于帕提农神庙的欣赏，主要来源于其设计时内在复杂而微妙的处理。

帕提农神庙的另一项成就是那些大面积的、精细的雕刻画。在嵌板上、檐壁上、山墙上到处都是雕刻，这些雕刻的主要内容是神话故事和古希腊人在纪念雅典娜的节日中出现的一些庆祝活动，以及体育运动的场面。在神庙内部，还有一圈专门设置的爱奥尼克风格檐壁浅浮雕。这些雕刻手法非常精细，人物的动作、神态和衣服的褶皱都刻画得很逼真。奇怪的是，有些雕刻所处的位置光线相当昏暗，有些甚至观赏者甚至不能清楚地看到，不知是否真的是给降临凡间的神看的。

帕提农神庙是一座通体由白色大理石建造的神庙，光石头一项造价就已经相当昂贵了，然而这还仅仅是这座华丽建筑的一部分。除了精湛的建造与珍贵的雕刻以外，帕提农神庙还有着丰富的色彩。大门是铜制的，但在最外一层都镀了金，整个建筑以红、蓝为主色调进行装饰，其间也夹杂着大量的金箔。虽然帕提农神庙精美的大门早已不复存在，但伊瑞克提翁神庙（Erechtheion）中还残留有一个精美雕刻的石制门框，它精细的图案似乎能帮助我们想象一下那些曾经辉煌一时的神庙及其装饰（图2-3-5）。在帕提农神庙中放置着一尊雅典娜的神像，这是由金子、象牙和宝石制成的神像，同建筑一

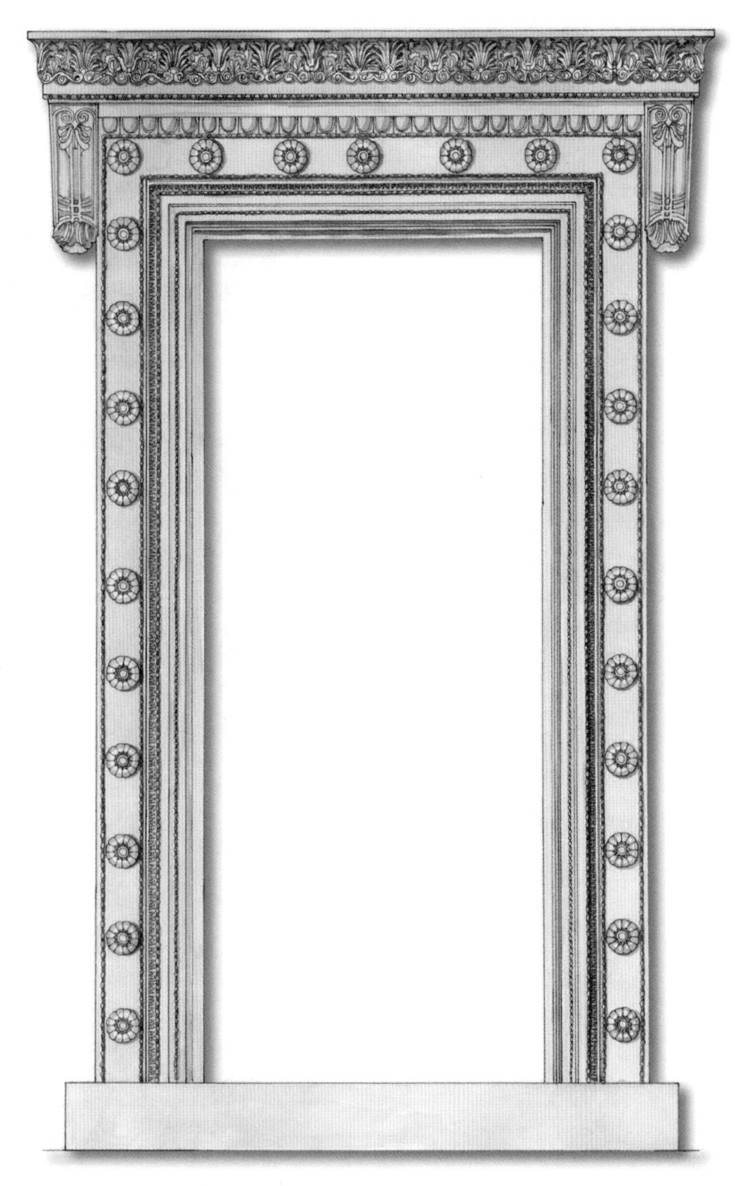

图2-3-5　古希腊雅典卫城伊瑞克提翁神庙中的爱奥尼克式门 由于神庙类建筑是古希腊建筑中最为重要的一种类型，因此对神庙的装饰也最为讲究。此时门的形式大都采用简单的长方形，但门框和门头上却都以精美华丽的雕刻来进行装饰，由于雕刻图案的题材大多来自植物，因此大门总是最富有生气和活力的

样色彩夺目、价值连城。可惜的是，当威尼斯的军队攻入卫城的时候，神庙不仅被洗劫一空，连大部分的建筑和雕刻都毁于战火，现在只留下一些断壁残垣。其实同伟大的帕提农神庙一样，世界上许多国家珍贵的建筑与古老的文明都起始于战争，也最后毁灭于战争。

伊瑞克提翁神庙

伊瑞克提翁神庙坐落在帕提农神庙之北，是成熟的爱奥尼克柱式神庙，也由大理石建成（图2-3-6）。由于这座神庙所处的地形高低起伏很不规则，因而整座神庙建在两个不同高度的平面上，有着复杂的结构和诸多变化，在柱廊中还有精美而珍贵的雕像。因为整个神庙主要由雅典娜神殿、厄瑞克透斯（Erechtheus）神殿、波特斯（Boutes）神殿和一个赫菲斯托斯神殿（Hephaistus）组成，每个神殿又各自相对独立。所以神庙有四个各不相同的门廊和至少五个入口，是在卫城诸多建筑中形制最特别的一个。北面的门廊最大，本身就如同一座神殿。西面由于比东面的地平面低了很多，所以其底部砌了一段实墙来填补高度差。到了古罗马时期，西面还加入了

图2-3-6　雅典卫城伊瑞克提翁神庙西侧正视图　从西侧的一面可以看到伊瑞克提翁神庙所在地变化的地势，以及神庙建筑为顺应地形所做的变化。整个神庙以中间的建筑为主，两边是一大一小两个不同风格的柱廊。大柱廊采用爱奥尼克柱式，高大的柱身与柱头的一些简单装饰正好与檐部的浮雕相对应，是古希腊爱奥尼克柱式建筑的代表。而在较矮一边的柱廊则由6尊女像柱组成，柱廊顶部没有做过多的装饰。这座神庙虽然规模和形制都不及帕提农神庙，但其对复杂地势的处理方法，以及著名的女像柱却是古希腊建筑中少有的精品

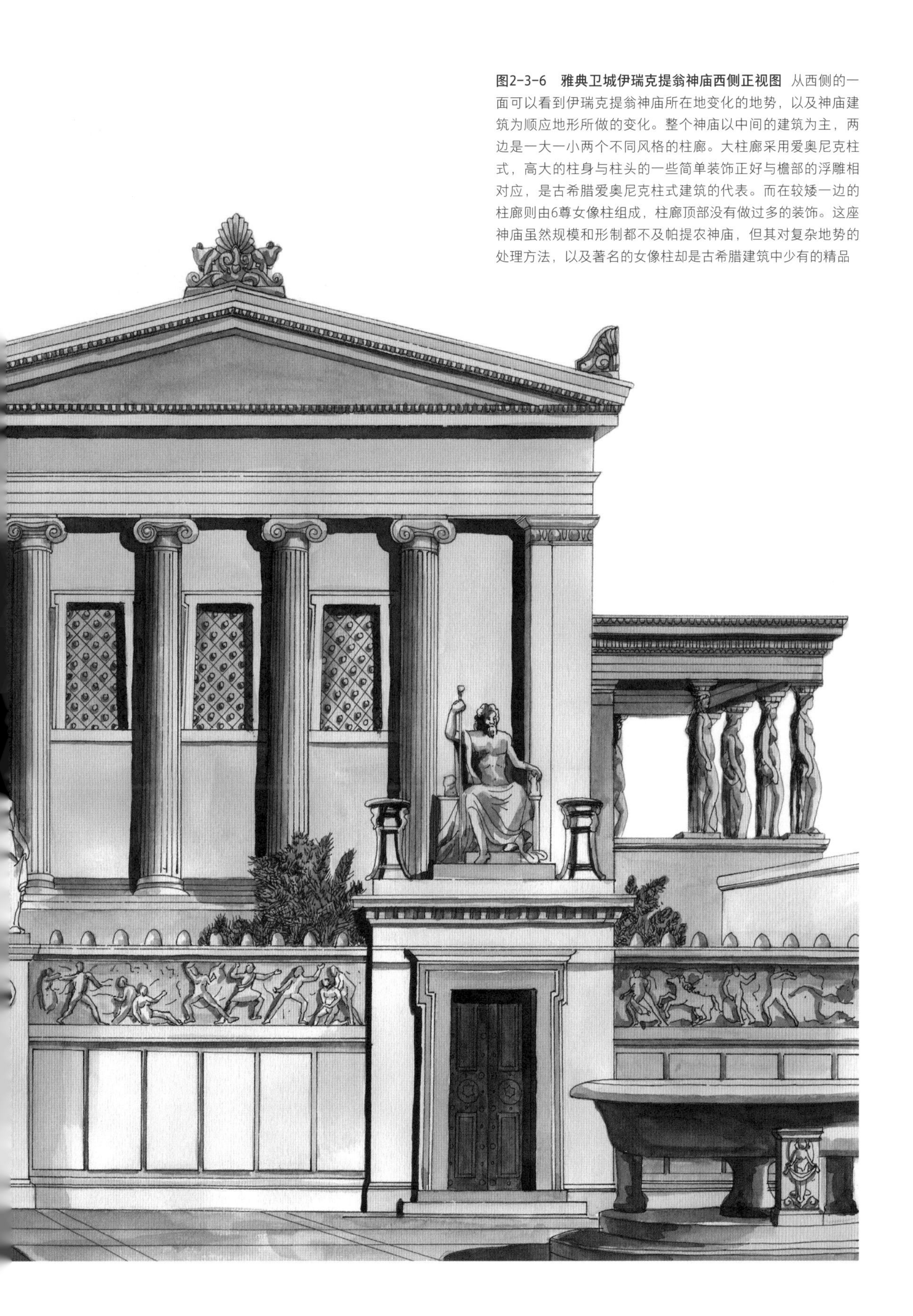

爱奥尼克柱子，使其与东面取得了和谐，而且还在柱间加设了开窗。而南面就是著名的、由6尊女像柱（Caryatid）组成的小门廊。

整个门廊坐落在原来一座老神庙的基址上，面积虽然不大，但因为6尊女像柱而闻名中外（图2-3-7）。女像柱门廊的东面和主殿之间设有入口，而6尊女像柱则设置在一段栏墙上，4尊略靠前，2尊略靠后。这6名少女全部面向着帕提农神庙，无论是神态还是衣褶都被刻画得栩栩如生。更让人称奇的是，位于一侧的三尊女像微屈左腿，而另一侧的三尊女像则微屈右腿。这就使得6尊女像柱都微向内倾斜，帕提农神庙中使用过的柱子处理手法在这里被巧妙地再次应用，女像弯曲的腿部既如同正在行进，又似不堪头顶的重负，而实际上则纠正了视差，这种绝妙的设置和真实的形态达到了实用与装饰的完美统一。正是由于一系列独具匠心的处理，使得面积不大的伊瑞克提翁神庙在卫城诸建筑中十分显眼。虽然与高大的帕提农神庙比邻，但它充满变化的形制与灵巧的设计，使其不但没有被高大的神庙所淹没，反而显得更加精致。

图2-3-7　伊瑞克提翁神庙女像柱侧面及背面图　人像柱是古希腊建筑柱式的一大发明，尤以伊瑞克提翁神庙中的女像柱为代表，其本身的艺术价值也最高。这6尊两米多高的女像柱，全都非常真实地雕刻了头顶花篮的古希腊女性形象。宽大的衣裙因身体的起伏而变化着，所有的皱褶都自然而流畅，显示着轻薄面料特有的垂坠质感。为了使女像柱更具表现力，柱廊左边的三尊女像微屈左腿，右边的三尊女像则微屈右腿，像是不堪重负而休息的样子。这一处理手法使得石制的雕塑显得更加活灵活现

胜利神庙

胜利神庙（Temple of Athena Nike）是一座位于山门入口处高地上的小神庙，在多数采用多立克柱式的卫城建筑中，这座全部采用爱奥尼克柱式的小神庙显得格外吸引人（图2-3-8）。神庙是为了供奉雅典娜而建，并以系鞋带的胜利女神浮雕而闻名。这座浮雕位于神庙平台中的栏板上，虽然头部已损坏，但女神抬足伸手的动作，以及由此引起的衣褶

变化则十分逼真，这座浮雕也成为日后许多类似作品的范本，小小的胜利女神庙也因此而闻名。

神庙正处于山门旁边的一块狭窄的高地上，神庙主体近乎方形，但前后各有四柱的门廊，所以平面为矩形。前后四根爱奥尼克式柱子要比一般的爱奥尼克式柱子粗壮一些，其顶部的柱顶盘也同样加厚。虽然神庙不大，但全部由大理石块砌成的光洁墙面与美丽的爱奥尼克式柱子仍为神庙增色不少。此外，各建筑结构上精美的雕刻装饰也是神庙的一大特点，除了以上提及的平台上的著名浮雕以外，神庙从墙基部就有的座盘饰就已经加入了凹凸的沟槽装饰，而在神庙顶部，除了爱奥尼克柱头上饱满而圆润的双涡卷饰以外，檐壁上还雕刻了以古希腊与波斯军队的战争为题材的连续浮雕装饰。

图2-3-8　雅典卫城胜利女神雅典娜神庙　由于山门两侧的不对称，因此在山门以南修建了胜利神庙。这座小型神庙采用了爱奥尼克柱式，前后各四根柱子，神庙上面的檐部和下面的基墙上也雕有精美的浮雕装饰。但为了与高大的山门相协调，胜利神庙所采用的柱子要比一般的爱奥尼克式柱粗壮一些，这在所有的爱奥尼克式建筑中是很罕见的，而且为了同山门相对应，以取得理想中的平衡感，整个神庙的朝向也不像其他神庙那样严格，而是有一些偏。出于特定目的而建造的神庙虽然很小，但却显示了古希腊人不拘泥于固定的模式，视具体情况而适当地改变建筑形式的灵活建造手法

其他公共建筑

剧 场

古希腊建筑中另一种非常重要的类型，就是供公众活动的剧场。由于古希腊得天独厚的气候因素，人们的大多数活动都在室外进行。此时社会对于思想的限制虽然并不算严重，剧作家们有宽松的创作环境，可以表达自己的思想、抨击政治或传讲某种哲学道理，但此时的戏剧演出活动还是与宗教活动连在一起。因此可以说，剧场是举行宗教活动的一个主要场所，而演出也是宗教仪式的一部分。古希腊的演员全部为男性，在演出时佩戴面具来区分不同的角色，主要以合唱队、音乐队的音乐为主进行舞蹈和表演。

早期的剧场很简陋，只是找一处可以向下俯视的山坡即可，或许也曾搭建过一些临时的木座椅，那也是为祭司和权贵们准备的，大多数的人则站在山坡参加仪式。直到前5世纪到前4世纪时期，古希腊才有了专门在山坡上凿制出座位的固定剧场形式（图2-4-1）。一座古希腊剧场，通常由一座供演员合唱或表演的圆形或半圆形舞台、一座祭祀酒神的祭坛和可以容纳大量人员的观众席组成。最开始时，剧场是由土和木头建造的座位，然后一排一排地向上搭，后来座位又改为石材搭建。并且，这时的剧场都已经形成了相对固定的模式，即观众席呈多半圆形，依地势依次升高，以放射形纵过道为主，圆弧的横过道为辅。观众席面对的是一个表演区，表演区后设化妆和道具室，后来这种形式又发展成了舞台的形式，小屋两边成为台口，而小屋的外墙就是背景墙。古希腊的剧场一般都位于卫城的南坡，都是在山的侧面凿刻出来的。这里依地势的起伏正好在岩石上凿出座位，而在山体底部较平缓的部分则作为主要的表演场地。

现今保存最完整的古希腊剧场是埃比道拉斯剧场（The Ancient Theatre of Epidauros）。这是一座典型的利用地形开凿出的剧

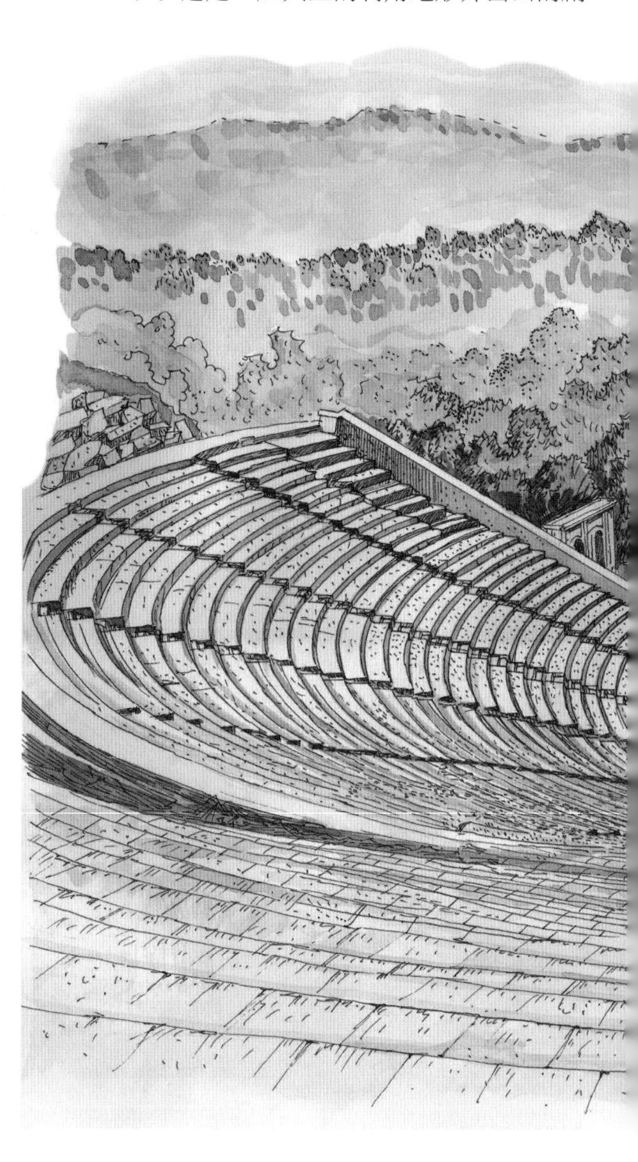

场，但与其他剧场不同的是，它由两部分斜坡组成。下部分三分之二以下的座位较平缓，而上部分三分之一的座位则明显地稍陡一些。这种碗形的设计不仅保证了每一位观众都拥有良好的视野，同时也使剧场的传音效果更好。此外，为了保证剧场中的声音效果，剧场中每隔一段距离还安装铜瓮，以增加共鸣效果，这样在圆形舞台上即使低声讲话，坐在最远处的观众也能听清。观众席面对的是一个圆形的歌坛，然后是一层柱廊，演员就在柱廊提供的平顶上演出。

作为公众聚集场所的剧场，在古希腊时期也具有露天会场的功能，人们可以在此颁布政令、举行庆典等活动，

图2-4-1　位于埃比道拉斯的古希腊剧场　这是现今保存最完好的古希腊剧场，依地势在天然的坡面上开凿出来的观众席，被一条条辐射状的阶梯分开，使观众可以迅速地进退场。而上面观众席的坡度要比下部略陡一些，以保证每位观众都有清晰的视野。剧场中间的圆形区域是歌坛，其中还残留着祭台和布景建筑的一些台基，从中可见当年剧场的热闹景象

而这种做法，也在古罗马时成为一种传统，是重要的公众活动场所。

运动场

古希腊另一种富有特色的建筑就是运动场，人们修建大运动场所并在其中举行各种竞赛，但也同样是只有男人参加的。古希腊时期经常进行的是赛跑和角斗的比赛，而且这些活动同戏剧表演一样，同属于宗教或祭祀活动的一部分，参加比赛的人经过严格的挑选，也受到人们的尊敬和推崇。比赛时所有的运动员都不穿衣服，赤身裸体地进行比赛。获胜者得到象征荣誉的橄榄枝，并绕场一周接受人们的欢呼。

这些大型的、供公众活动的场所是古希腊时期高度发展的文明象征，也影响了以后古罗马的建筑形式，是以后伟大的古罗马剧场的先声。古希腊时期的运动场多为长方形，一边是直线的端头，另一边则为曲线形式。早期的运动场也依山坡而建，所以多为一边看台，后期随着建造技术的发展，看台增加为两边，也有了如同剧场中石阶似的座位。早期的运动场多为单向跑道，在起跑处与折返跑处都设有凸出地面的界石，讲究一些的运动场里每个运动员都还拥有单独的起跑门和起跑界石。

在运动场中，还经常进行赛马或战车比赛，由于古希腊时还没有将赛跑与车辆比赛分开，所以一座运动场往往要进行多种比赛。虽然在古希腊后期，运动场的形制基本成熟，其中不仅包括完备的服务设计，还为国王和贵族提供了特殊的单独观看场所，但直到古罗马时期，赛马与赛跑比赛的场所才完全分开，在不同的场所举行。古希腊各城邦间定期举行竞技运动会，所以城市中的运动场也是一处重要的公众活动场所。

市民建筑

到了古希腊后期，一些经过规划的新城和新型建筑被相继建成。以前在城市中低矮的市民住宅及学校、商店等也有了很大的变化，神庙建筑的形制有所减小，不再像以前那么高大，甚至还出现了新形式的祭坛。位于小亚细亚北端的帕加马城（Pergamum）就是古希腊时期新型城市与建筑的代表。这座新月形的小城被比较完整地挖掘出来，在这里神庙等建筑的形制变得不再那么高大，而市民的宅院和公共建筑却大放异彩（图2-4-2）。在这里，柱廊成为市场中的主要建筑，因为经济的发展已经使市场代替神庙成为城市的中心。市场中所建的大多是沿道路一边或两边的敞廊，这些敞廊依商业活动的兴旺程度不同而有所不同。在商业繁华的地段，不仅敞廊的进深大，有些地方还出现了两层的敞廊。此后商业、宗教和各种不同功能的活动场所都有了明确的分区，城市也向着大型化发展。

祭 坛

帕加马城最著名的建筑就是宙斯祭坛（Altar of Zeus）了。这是一种全新的祭坛形制，与以往的祭坛全然不同，不再依附于别的建筑物，而成为一个独立的建筑物，因而体积也变得庞大起来。这是一座建在高台上呈“凹”字形平面的建筑，祭台设置在中间。基座上由爱奥尼克式的柱廊构成，完全没有内

图2-4-2　古希腊市民住宅 古希腊的市民住宅建筑也以院落为主，而且依据城市总体的规划，居住区的住宅平面多为正方形。从门廊进来后就是一个四面围绕着柱廊的院落，这里通常也是家庭祭坛的所在地。柱廊四周是家庭的各个使用房间，包括仓库、厨房、起居室和若干卧室，此外还要将妇女活动区域单独隔离开。在对古希腊住宅建筑的考察中还发现，此时市民建筑内已经有大量精美的马赛克图案作地面或墙面的装饰

部的空间，两边也全被巨大的阶梯占满了。高大的台基上布满了各式浮雕，这些以战争场面为题材的雕刻有着动感十足的画面，在视觉上削弱了基座给人的沉稳之感。不足的是，柱廊的高度仅有3米多一点，比基座还要矮一些，破坏了建筑整体的比例感，而基座繁丽的雕刻图案又使得整个建筑给人主从不清之感。真正的祭坛反而位于柱廊后面一座样式相对朴素的庭院中，这让每一个到来的人们都把注意力集中在前面基座上，而对祭坛反倒忽略了。1878—1886年，德国考古学者发掘后，将祭坛残留的部分运到柏林，现在帕加马博物馆复原展出。

到了古希腊后期，随着手工业和商业的发展，许多城市都发展起来。并且由于航海的发展，各国的文化与技术进一步交融，甚至来自东方的文化也开始影响到古希腊各城的建筑上来。拱券最早就是从东方传来的新建筑形式，不过没有在古希腊流行开，却在古罗马时期被发扬光大。公共建筑无论从内容还是形式上都得到了充分的发展，剧场、浴室、俱乐部、图书馆等新型建筑也已经形成固定的模式。这时期还出现了各种专门论述建筑的书籍，涉及构图、建设经验等各个方面，可惜没有留传于世。

这些城市与建筑的变迁对古罗马的影响很大，正是在古希腊文明与建筑的基础上，古罗马建筑取得了伟大的成就。古希腊和古罗马建筑一起成为西方建筑史中最为重要和辉煌的建筑发展阶段，在此时确定的建筑各组成部分比例、建筑样式都一直影响着西方建筑的发展。人们对古老的形式念念不忘，后来还多次发起了复兴古典建筑样式的运动。简而言之，古希腊建筑语言对于后世影响最大的地方在于三种柱式、正面山花的处理、雕塑在建筑上的运用等。古希腊建筑风格庄重、典雅，一直为后世所不断模仿。

03 古罗马建筑语言

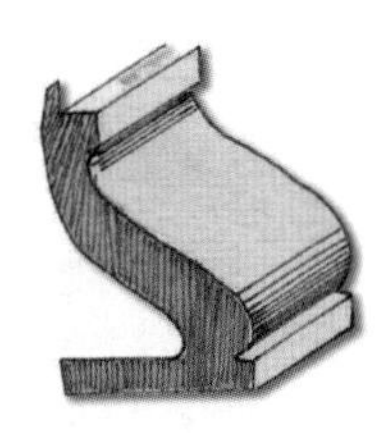

枭混线脚

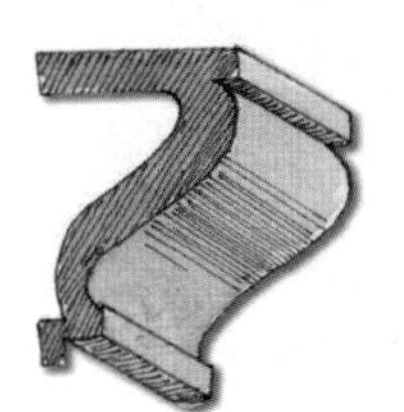
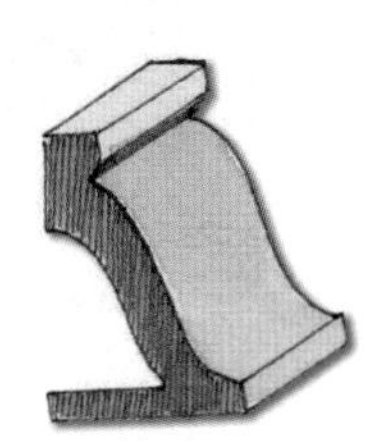

混枭线脚

图3-1-1　装饰性线脚 线脚中向外突出的弧线是混线，向内凹进的弧线是枭线，两者连用，就形成枭混线脚或混枭线脚。古典建筑中在檐口、基座、室内外都需要设置线脚装饰，这是两组由平行的直线组成的线脚，还属于较简单的形式，只通过线脚本身凹凸的变化，以及线脚本身直线与曲线的变化来增加表现力

建筑语言的历史发展

古罗马是继古希腊后崛起的一大帝国，这个原本在意大利的小城经过不断的发展，而成为地中海沿岸最先进、最富庶的国家。其最盛时的领土从东部的小亚细亚和叙利亚，到西面的西班牙和不列颠的大部分地区，北面到达今法国、瑞士、德国和比利时，南面更深入到埃及和北非。古罗马帝国不仅开发出了新的建筑材料，还创造出了新的建筑形制和结构，其建筑施工技术也达到了很高的水平，还培养出了众多优秀的建筑和工程专家。由于帝国雄厚的经济实力，古罗马开始了以古罗马城为中心的大规模建筑活动。

与古希腊时期大规模的建筑不同的是古罗马的建筑语言。古罗马是讲求实用性的民族，他们所建的各种建筑也均以实用性为主。因此虽然古希腊那些有着优美姿态的柱式被保留和发展起来，但也已经不再是以建筑结构的面目出现，而只是作为建筑结构上的装饰了。古罗马人对柱式的态度也决定了柱式的发展，多立克柱式因过于朴素而被加入了线脚（图3-1-1）和圆盘式的柱础，也变得柔美起来。爱奥尼克和科林斯式柱子因为更富有装饰性，得到了极大的推崇。不仅如此，古罗马人还对旧柱式进行改造，并在此基础上有所创新，创造出了更加精美和华丽的混合柱式（Composite Order）以及柱身没有凹槽的塔斯干柱式（Tuscan Order）。这样，古罗马的五种柱式基本形成了。需要强调的是，古罗马时期的建筑语言是用大量的墙

图3-1-2　古罗马安东尼诺与法斯提那神庙（Tempio di Antonino e Faustina）　这座小神庙已经有了一些古罗马建筑的特色，不再采用四面环绕的柱廊形式，而只在正立面入口处设置有着华丽柱头的几根柱子。由于古罗马时期国家富足，尤其是古罗马帝国时期，所以古罗马的建筑大都有着复杂而精美的雕刻和各式华贵的装饰

体承重，而代替古希腊建筑的柱子承重。古罗马建筑中壁柱这种装饰性柱子的应用，使得建筑的成本大大降低，而且所用石料的尺度也减小了，在视觉效果没有被减弱的情况下，通过“偷梁换柱”的手法，使其建筑语言更易被广泛应用。

人们还为这些古罗马柱式制定了更为详细和固定的比例与制作模式，这些对柱式的规定一直被后世沿用，即使是在文艺复兴时期也没有做实质性的改进。古罗马人对柱式的另一大发展是制定了多种柱式组合使用的规范。由于古罗马人建造的大型公共建筑，尤其是多层建筑，需要以众多的柱式来进行装饰，主要也是以视觉审美的规律为依据，把较粗壮和形式简洁的柱子放在底部，而把装饰华美的柱式放在顶层。这一改变也标志着建筑风格向多元化的转变。

除了对柱式的改造以外，如同艺术品般的神庙建筑形式被果断地抛弃了，即使新建的神庙建筑也不再由众多的柱子组成，只是象征性地设置一些半身柱。同时取消的还有环绕的台阶形式，改成只在入口处有台阶。恢宏的神庙不再是主角（图3-1-2），取而代之的是各种大型的公共建筑和市政工程相继投入建设，轰轰烈烈的建筑运动逐渐开始遍及古罗马帝国统治的各个地方。前面提到，古希腊时期的建筑是雕塑般的建筑，更适宜于人们从外部环绕欣赏与观看；而古罗马建筑的内部空间则开始扩大，并适合于各种功能的使用。古罗马建筑是真正意义上把外部视觉效果与内部使用功能很好结合在一起的古典建筑形式。

古罗马的所在地附近有许多的活火山，古罗马人将石灰等材料与这些活火山所产生的火山灰混合，创造出了一种新的建筑材料，这就是混凝土。在长期的建筑实践中，混凝土技术日臻完善，不仅建筑质量有所提高，施工速度也大大缩短了。这是古罗马建筑语言在建筑材料方面对人类所做出的重大贡献。从此以后，建筑的成本降低，而建筑的技术更加多方位地得以发展。

图3-1-3　古罗马式拱券剖面图　从古希腊时期的横梁式结构过渡到古罗马时期的拱券结构，是人类建筑史上的一次飞跃性进步。拱廊用两组连续拱券组成支撑结构，上面再砌拱券，就可以形成较大的空间，解决了不用横梁的结构问题。怎样处理起拱处与拱顶的关系是关键性的结构技术问题，拱券的优点是用较小的砌块建成，可以支撑较大跨度，而且拱券增加了建筑的通透性。后来还出现了一种依附于墙壁上的假券，作为建筑中的装饰

古罗马人把在古希腊没有流行开来的拱券广泛用于各种建筑当中，虽然从古埃及时期拱券就开始出现，但其复杂的构造限制了拱券的发展。古罗马人不仅开发出了新的拱券结构和施工方法，还把混凝土作为主要的建筑材料应用于拱券结构当中，这些改进尤其是新材料的应用，使得拱券技术达到成熟（图3-1-3）。著名的古罗马万神庙（Pantheon）穹顶就是利用浇筑混凝土结构建成，成为世界上最大的穹顶建筑。由于单独的拱券有厚实的砖墙，显得沉重而单调，古罗马人发明了用装饰性的梁柱结构来对拱券进行美化的方法。这种称之为券柱式的新形象，就是在原有的拱券上加入一对或多对柱子、檐部、基座等假的结构，而组成富于变化的形式。

因此，拱券是比柱式更加容易区别古希腊

建筑与古罗马建筑的重要词汇。拱券在古罗马建筑语言中，占有极具代表性的典型语法地位。最能代表这一新形式的就是凯旋门了，这是完全由拱券和柱式装饰起来的建筑形式，其展示和装饰功能要远远大于实用功能。而古罗马强盛、繁荣的社会环境也为营造各种建筑提供了物质保障，再加上统治者的提倡，这些都成为古罗马给我们留下众多超大规模建筑的重要原因。

虽然如此，古罗马建筑也有它先天性的不足，发达的奴隶制使得古罗马帝国的建造活动以规模大和施工速度快而闻名，但这些建筑却是粗糙的。因为奴隶们在极其残酷的压榨之下工作，奴隶主为了防止其逃脱，不给奴隶们配备锐利的劳动工具。技术工作主要掌握在奴隶主阶级的手里，而浇筑混凝土的工作几乎没有什么技术性可言，使得奴隶们不可能成为熟练的工匠。当然，奴隶们更不可能有古希腊人建造神庙时的高涨热情和一丝不苟的责任感，这就造成了古罗马建筑粗糙的外观。这种状况越是到帝国时期就越明显，而与之形成强烈对比的是，奴隶主追求奢华建筑的心理也随着帝国的建立而一发不可收拾。这就使古罗马建筑成为高大、粗糙的外观与华丽的雕刻、明艳的装饰这种矛盾的产物，也成为古罗马建筑最为独特的风貌。

由于古罗马人讲求实效和好战的性格，使古罗马一步步成为当时世界上最大的国家。虽然古罗马从很早就受到了古希腊的影响，无论是在文化还是在建筑上都追寻着古希腊的足迹前进，但是对古希腊却一直存在着矛盾的态度。一方面他们对古希腊人创造的伟大文明钦佩不已，在古罗马士兵攻陷古希腊以后，大批的古希腊艺术珍品被打包运回古罗马。那些精美的柱头、雕像都成为古罗马人竞相追捧的对象。另一方面古罗马人又对古希腊人保守、儒雅的风格不屑一顾。随着古罗马帝国的强盛，他们创造出了属于自己的辉煌而灿烂的文明。西方第一部留传于世的建筑著作、西方第一部成文的法律典籍、西方第一流的城市配套设施，许许多多的“第一”被古罗马人创造出来。

古罗马柱式的发展

在奥古斯都（Augustus）时期有一位颇有影响力的建筑师，他的名字是维特鲁威（Vitruvius），著有《建筑十书》（*Ten Books on Architecture*），共有十卷，是最早描述柱式的人，他的著作为我们提供了大量的、极具价值的建筑法则。书中记载的都是一些古罗马建筑师经过实践、以实例证明了的、历史记录与所描写的实例相对应的章节，这些章节丰富了书中的内容，并且使我们受益匪浅。

在他的书中介绍了三种柱式：一种是科林斯柱式、一种是爱奥尼克柱式，还有就是多立克柱式，并对塔斯干柱式也做了一些简单的解释。他在书中对每一种柱式的介绍都比较详细，甚至连首创于何地都做了介绍，并且他依据具体的建筑描写，分别向我们介绍了什么样的柱式适合什么样的建筑。但他的介绍比较松散，并没有按科林斯柱式、爱奥尼克柱式、多立克柱式、塔斯干柱式，这个我们熟知的顺序

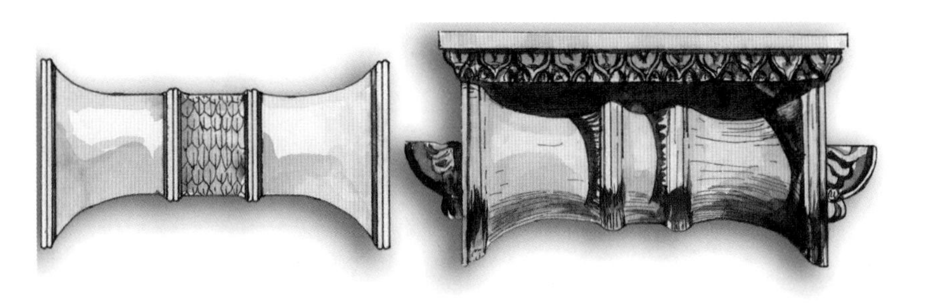

图3-2-1 柱顶垫石 柱顶垫石的形式可能来自原始的木构架建筑样式中，是柱式中不可缺少的重要组成部分，也是柱头部分重要的装饰区域。不仅各种不同的柱式其顶部垫石的形态不一样，就连一种柱式也可以有多种不同形态的垫石

进行排列，而且也没有介绍到第五种混合柱式，最重要的就是他没有将它们用一套很规范的程式，在所有的建筑设计使用方法中提出来。

在维特鲁威看来，那些各式各样的柱式应该是具有人性特征的。他认为多立克柱式像是一个男性，“它有着人类身体的比例并给人充满力量之感”，爱奥尼克柱式就像是一个女性，它比起多立克柱式更显柔弱了一些。科林斯柱式和爱奥尼克柱式在这方面有一些相似的地方，但科林斯柱式就更像是一个小的女孩子。

此外，他还提及建筑的节奏问题，当然，建筑中的节奏体系就是柱距，它在建筑中所起的作用是非常大的。在维特鲁威的书中记载着：古罗马人对于柱子分隔是极其重视的，他们依据柱子的直径而建立了柱子的五种标准形式：第一种是1.5倍柱径的密柱式（Pycnostyle）；第二种是窄柱式（Systyle）；第三种是正柱式（Eustyle）；第四种是宽柱式（Diastyle）；第五种离柱式——它也是最宽的柱式，它有着四倍的柱径。最为常用是窄柱式和正柱式两种形式。总而言之，最重要的一点就是各种各样的柱式为我们全面地表现出了建筑的各种品性，或纤弱，或优美，或有力量。建筑师在建筑设计中对于柱式的选择是极其重视的，这对于建筑风格的基调有着十分重要的影响，例如用哪些柱式，它们要表达什么意思，每一部分运用什么样的比例，增加或减少某些装饰构件，哪怕是什么样的柱式与什么样的柱顶垫石相搭配（图3-2-1），这些都会直接影响到建筑基调的运用和改变。

在那个时候，多立克柱式、爱奥尼克柱式以及科林斯柱式的特征已经被古罗马人所明确认识，而且古罗马人也了解了这些柱式的起源。古罗马人尊重这些柱式，但并不是将其神化、不允许在设计时将柱式做任何的改动，而是运用了一些限制的方法来保持柱式各自的特征。一代一代人孜孜不倦地、充满智慧地将这些柱式赋予生命的色彩，因此，它们也在保持传统的同时不断变化，不断进步。哪怕我们对柱式只有普通的了解，也会懂得其产生、变化和发展。

多立克与爱奥尼克柱式的发展

古罗马各柱式的柱径（Diameter）与柱高之间的比例分别为：塔斯干柱式柱径与柱高的比例是1:7；多立克柱式的柱径与柱高的比例是1:8；爱奥尼克柱式的柱径与柱高的比例是1:9；科林斯柱式柱径与柱高的比例是1:10；混合柱式柱径与柱高的比例是1:10。

图3-2-2　柱间三陇板的位置 三陇板是由以往木结构建筑中的结构而来，虽然石制建筑的结构与木结构完全不同，但却保留了柱间三陇板这一造型。西方古典建筑中的三陇板完全退化为装饰性的元素，是雕刻出来的，通常对应以下的柱子设置，再根据柱间距的大小来决定是否在柱间再加入三陇板

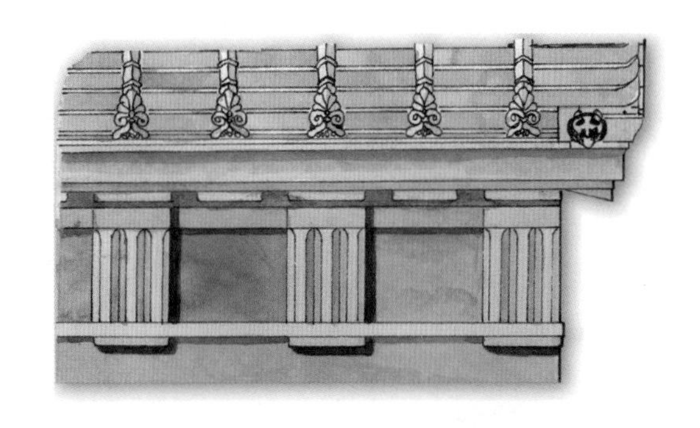

比起古希腊多立克柱式，古罗马多立克柱式在形式上要复杂一些，古罗马多立克柱式设有柱础，它的柱头包含着柱头部分，被称为“柱头环”（Collier）。多立克柱式以檐部和柱头细部的不同分为：檐部用托檐石（The Mutule Doric Order）和檐部带小齿（The Enticular Doric Order）的多立克柱式两种。额枋（Architrave）、檐口（Corince）与檐壁共同组成了檐部。额枋是围绕整个建筑物水平位置上的长条石料，檐口是由托石或小齿（支撑重力的部分）、泪石（挑出的部分）以及曲线脚（Cymatum）组成。檐壁处有只起装饰性作用的三陇板（Triglyph），三陇板原为结构上的梁头，在古罗马时期变为了纯粹的装饰性构件（图3-2-2）。

古罗马爱奥尼克柱式檐部的额枋、檐壁和檐口的比例是5:6:7，柱础是阿蒂克柱础（The Attic Base），位于柱础之上是由混枭线脚与小方线脚组成的柱头垫石，在柱头垫石的下方是两个方向相反的螺旋形卷涡，上方为额枋。它的柱高是柱下径的9倍。古罗马爱奥尼克柱式在柱头及连接双涡纹的线条均为直线，呈现出一种粗放、刚劲的韵味。

科林斯柱式的发展

科林斯柱式是古罗马人最为喜爱和常用的柱式（图3-2-3）。古罗马科林斯柱式的细部

图3-2-3　科林斯柱式的基座与顶部图 通过科林斯柱式的整体图可以看出，在整个科林斯柱式中，从基座到柱础，直到檐部的装饰也相对简洁，主要突出富有活力的柱头部分。而从右图的檐部放大图则可以看到，底部的额枋和檐口都有细致的线脚装饰，虽然这些线脚的面积非常小，但也十分注意勾勒出从下向上的层次感。通常在额枋的部分还做一些浮雕装饰，这些浮雕比线脚的面积要大，而且由于额枋较长，可以雕刻带有情节性的故事题材，这在古希腊神庙中也是比较常见的

图3-2-4　古罗马塔斯干柱式　这是古罗马五种柱式中最为简洁和稳重的柱式，柱身无凹槽。在多层建筑中，塔斯干柱式常用于最底层，柱础由半圆形的线脚和方形的普林斯组成，柱头也由1/4圆线脚和柱顶的垫石组成，檐口则采用混枭的线脚，是简单而自然的斜檐形式。由于这种柱式太过于朴素，因此在强盛的古罗马时期并没有被广泛地使用

装饰极为华贵与艳丽，其雕刻内容也极为丰富。它就像是一件精心雕刻而成的手工艺品。科林斯柱式的柱头与尺度间的比例是十分精准的，古罗马人以正方形的比例关系来对科林斯柱头进行划分与组合。他们首先将一个正方形的尺寸作为顶板（Tailloir）的范围尺寸，柱头的高度是正方形对角线一半的长度，并正好与柱头底部的直径相等。

在古罗马的神庙建筑中应用的科林斯柱式可以分为:华丽型科林斯柱式和朴素型科林斯柱式两种。例如古罗马的朱庇特·史达多（Jupiter Stator）也称双子星神庙中运用的是华丽型科林斯柱式，而位于古罗马近郊的蒂沃利（Tivoli）的维斯达（Vesta）神庙中运用的是朴素型科林斯柱式。

新柱式的产生

古罗马人在古希腊柱式的基础上又发明了塔斯干柱式和混合柱式。塔斯干柱式的建造形式在几种柱式是最简单的，它的檐口的额枋是用四分之一圆作为过渡的一个小方线脚，与一块光滑平整的石条组合而成（图3-2-4）。这样的设计不但发挥了材料的性能，从外观上看也更为美观。混合柱式是爱奥尼克柱式与科林斯柱式的混合体，因此它兼具两者的外形特征。混合柱式的柱头集合了爱奥尼克柱式的卷涡和科林斯柱式的莨苕叶。它的柱头是由柱顶垫石和四分之一圆线脚组成，柱身与柱头颈用阿斯特拉加尔线脚分隔开。基座、柱础与柱身采用了和科林斯柱式相同的外形，只是在某些细部做了小小的改动。

从古希腊继承下来的柱式被古罗马人风格化了，精致建造的拱门、拱顶的多层建筑却与那些结构很原始的建筑结合起来，形成一种新的形式。因此，古罗马人又把建筑语言提升到了一个新的高度。是他们创造了形式多样的柱式，使柱式不单纯只作为新结构类型中加强装饰效果的主要构件，它还可以起到一种调节建筑各部位之间相互关系的作用。在古罗马建筑中诸如这些柱式虽然没有起到任何作用，然而这些柱式却大大丰富了建筑物，使其

图3-2-5　带有雕刻装饰的石横梁式结构　这是在明确的柱式产生之前的一种建筑结构，这时建筑中的支柱还主要起承重作用，但人们已经在有意识地对其外形进行一些改变来美化它，柱式中的底座、柱身、柱头已经有了较明确的划分，也采用了分段的形式来进行不同的装饰

更具表现力和感染力，赋予它们生命力。柱式往往能够利用它们外在的形式和感觉把观看者带入美妙的想象中，柱式是整个建筑物的灵魂，它在视觉上完全统治了整个建筑物。

要做到这些并不容易，这并不是简单地用一些柱子，并在一些柱子上面设置楣构和雕刻叶形装饰就能办到的。要想使结构和建筑达到完全的统一，这就需要柱子有各异的形式，而不能是一种模式。我们所看到的柱子，都是由四周的构件所支撑的，它们大部分与柱上楣构相接连，这些柱上楣构仅仅是房顶上面的一个檐口或是一堵墙而已。

由此可以看出来，柱子在古典建筑语言中并不仅仅是依存在结构上的附件，它已经与结构密不可分了。它们若隐若现、似有似无地出现在结构的内外，它们是独立的、自由的建筑构件，然而它又时时地决定着结构。

在古罗马时期，所有重要的建筑物，除了寺庙是使用了以拱券和拱顶为基础的设计，柱式是更早的“横梁式结构”(Trabeation)系统，就是我们所说的柱和楣的结构（图3-2-5）。将拱券和柱子结合使用，虽然能对古老寺庙的结构起到一些帮助，然而柱子和柱上楣构却是紧密结合在一起的，两者分离就会显得不和谐，不完整。另外如果单凭柱子支撑拱门或拱顶建筑显然是不行的，它还需要有结实而坚固的柱子和厚重的户间壁来撑托其重量。不过古罗马人使这个难题得到很好的解决，这个答案就是使用壁柱，用墙壁来支撑拱券。

古罗马人长期实践的结果，使得柱子和墙壁相结合成为现实。檐口挑出的长度事实上已经明确限定了柱子的位置。换句话说就是，在没有移动檐口的情况下，无法移动柱子的位置。我们看到的“独立柱”(Detached Columns)，通常会有一堵墙衬托在它们的后面，但柱子本身并不靠着墙壁，柱上的楣构被固定在墙里。

另外还有一些四分之三柱，就是四分之三的柱子在墙体的外面，另外的四分之一在墙体的里面。二分之一柱就是二分之一的柱子在墙体的里面，其另外一半柱体的部分暴露在墙体外面。而后又出现了“壁柱”(Pilasters)，这是设置在墙壁上的浅浮雕式的柱子，通常来说壁柱是镶嵌在墙上的。如果你有兴趣的话想象它们是雕刻在墙外的方柱也未尝不可。

柱式可以有很多的变化，在某一个结构中，一个柱式在墙壁上凸出的多与少可以产生四种层次的综合，如阴影的四层浓淡、浮雕的四个层次。古罗马人运用了这种表现手法，不过他们从没有去归纳内在规律。但是后来，使用柱式就变得更加有目的，人们在选用时也会综合几种形式。

例如古罗马的大斗兽场，现在从它被破坏的比较少的一面中可以看到，它的中央围廊有很长的三层，拱门一个一个相互重叠着，在它顶上又建了一个更加牢固的顶层。其次在每一层的拱门中又增加了一些连续的柱廊，而这些柱廊的结构基本上并没有什么实际的功能作用，它几乎只有装饰的功能作用而已。就如同在墙面上有一些代表着寺庙建筑雕刻的浮雕，它也只是那些多层的拱顶和拱门建筑的装饰，而它本身并不是寺庙。这座古罗马大斗兽场始建于一世纪，它是迄今为止最壮观、最令世人赞叹的古代建筑实例的典范之一，也是我们理解从古希腊的柱、楣，到古罗马的壁、拱的最佳实例。

图3-3-1 法国尼姆的卡雷神庙
这座神庙明显是仿照古希腊神庙的形象而建的，只是四周环绕的柱廊采用了华丽的科林斯柱式，这也是古罗马建筑的特点之一，而这些柱式也是神庙外观最突出的装饰。神庙一边通透的门廊与另一边封闭的墙体形成对比，让进入其中的人们在视觉和感受上都有了一个过渡

共和时期的建筑语言

共和时期（Roman Republic）指的是从前509年开始，到前27年罗马元老院授予屋大维象征神圣的尊称“奥古斯都”为止近五百年的历史时期。在漫长的共和时期，古罗马的战争几乎从未间断过，一直处于侵略、被侵略和不断的内战、权力争斗之中。古罗马的第一位“恺撒”—— 盖乌斯·尤利乌斯·恺撒（Gaius Julius Caesar）是古罗马历史中一位举足轻重的人物，他出身于贵族世家，善于演讲。恺撒凭借自己的智慧和能力，在与当时另两位竞争对手庞培和苏拉的政战中取胜，不仅征服了意大利境内所有的对手，还远征希腊、西班牙、埃及以及北非，使之成为古罗马的殖民地，各地的税收也为恺撒和古罗马带来了巨大的财富。不仅如此，古希腊和临近各国的大量珍贵艺术品、工匠和建筑师也大量涌入古罗马，这些都极大地推动了古罗马建筑的发展，也是古罗马早期建筑大多带有古希腊风格的重要原因（图3-3-1）。他是那个时代罗马的英雄，传奇般的人物。

建筑理论成就

由于古罗马疆域的扩大，各地的建筑形式和风格都成为影响古罗马建筑的因素，但对古罗马建筑语言影响最大的也是最深远的还是古希腊建筑文化。古罗马不仅通过战争从古希腊运来了大量的艺术品，也有包括柱头在内的许多建筑构件。此时意大利还出现了一位历史上著名的建筑家——马可·维特鲁威·波利奥（Marcus Vitruvius Pollio），他是恺撒与奥古斯都两代统治时期的建筑师，受过文化和工程教育。维特鲁威在当时身兼建筑师、工程师、军事工程师数职，但主要以建筑著作而得名。他对有关古罗马建筑的各个方面进行了总结和归纳，写成了现存的最古老的一本综合建筑学专著——《建筑十书》。虽然这本书受当时社会状况存在局限性，对有些建筑实例并未作如实的记录，存在着不准确的地方。但书中涉及了城市规划、建筑工程、市政工程和机械工程等各个方面，而且还包括建筑教育、自然科学、社会科学等对建筑的作用和影响。这本书中所提倡的建筑要“实用、坚固、美观”的思想一直到文艺复兴时期还作为人们进行建筑设计的主要依据而发挥着巨大的作用，甚至对于现代建筑来说，《建筑十书》也是一本重要且难得的参考书目。

特别值得提到和强调的是，一些学者谈到西方古典建筑三原则时，说是“实用、经济、美观”，这是一种谬传。因为“经济”，也就是省钱，对于当时的奴隶主来说，是不会考虑的因素。而坚固，能长期使用，甚至留存千年，才是奴隶主关心的重要方面。从历史留存下来的建筑来看，好的建筑，一般都需要多花钱。古罗马的建筑语言，究其根源，还是集中于“好”这一点之上的。

古罗马共和时期，诸如神庙、广场等各种建筑类型均已出现，早期没有留下什么建筑作品，到了晚期才有一些建筑留存至今，但有不少也是经过后世整修的了。另一种重要的公众娱乐场所就是剧场了，共和时期罗马的剧场就已经有了很大发展。那时期也修建剧场，但与古希腊时期不同的是，已经脱离了早期必须依山而建的原始形式。由于古罗马先进的施工技术与混凝土的应用，使得这些剧场可以建在城市之中，成为单独的建筑。此时，剧场的基本构成还沿袭自古希腊剧场的模式（图3-3-2），后来才逐渐有了变化。舞台后部扩大为一座综合性的多层建筑物，并与观众席相连，而舞台就设在这个多层建筑的里面，利用高大的墙面作为背景。通常这个墙面都会大量用柱式、壁龛和雕像进行装饰，以丰富舞台形象（图3-3-3）。

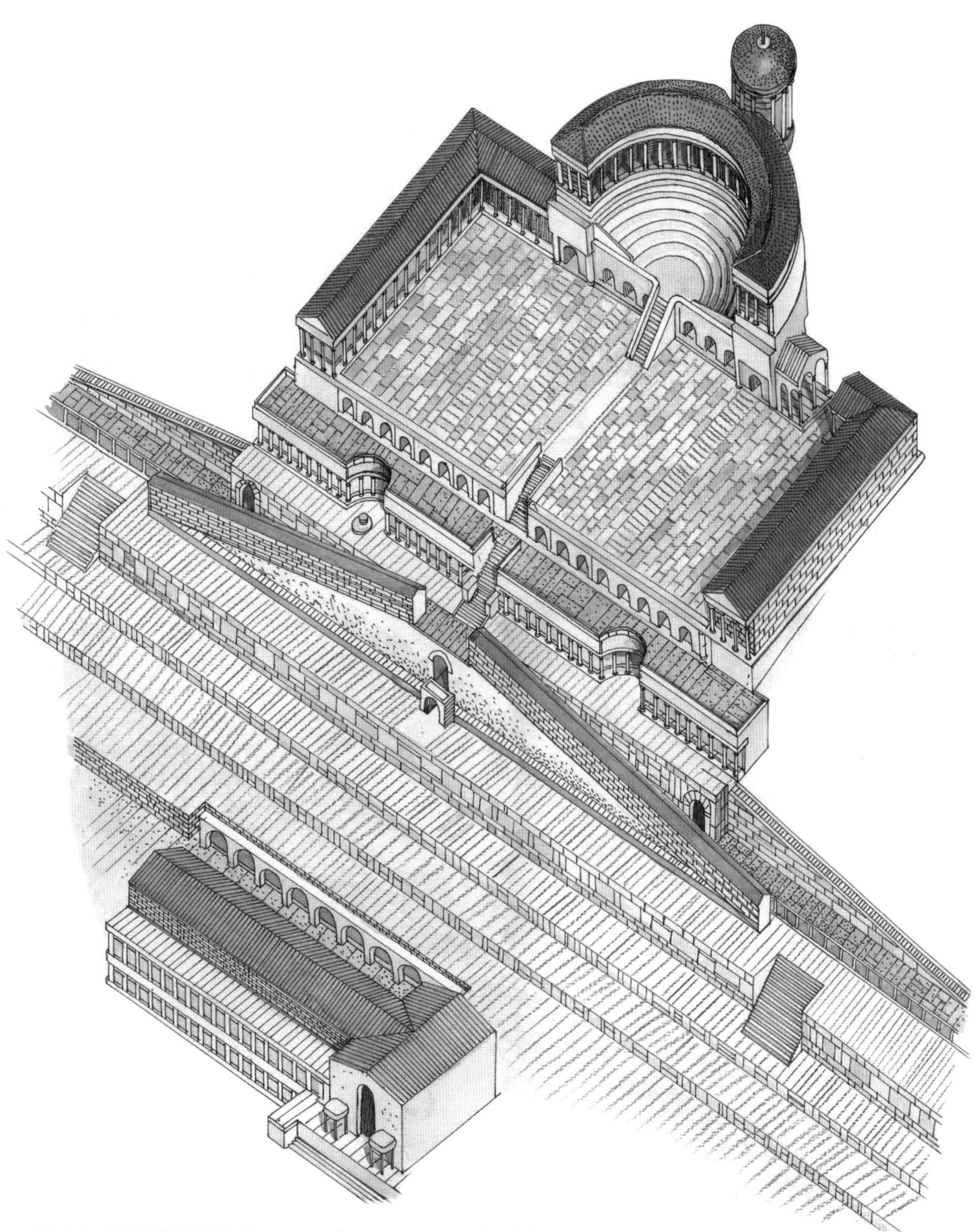

图3-3-2 普洛尼斯特命运神庙（Santuario Della Fortuna Primigenia） 这座神庙顺山坡的地势而建，因此整个神庙也分为高低不同的几个区域。最底层是开放的广场和早期的巴西利卡式大会堂，通过阶梯与上部的柱廊、广场相连接，最上层是一个半圆形剧场和后部的命运神庙。这个建筑群也反映出共和时期开放的建筑特点，集服务、展示功能于一体

图3-3-3 马塞勒斯剧院（Theater of Marcellus）
这座剧院从恺撒时期开始，整个修建工作到奥古斯都时期才完成，并以奥古斯都第一位女婿的名字命名。由于强有力的资金支持和混凝土的使用，古罗马的剧场已经不再局限于自然地形，而是完全成为独立的建筑，但其基本形制还采用原来的形式，由一个半圆的阶梯和舞台组成。外部正面分为三层，由41个装饰华丽的半圆柱支撑的连续拱券

住宅建筑

此时古罗马城中居民的建筑已经出现了两种倾向，大部分的居民住在以楼房为主的多层公寓中。这种公寓也分为不同的等级，条件好的家庭可以居住一整层，还带有小院落，而条件不好的家庭则只有几间房间。值得一提的是，这时的公寓在建造上已经形成固定的模式，可以快速大批量地建造，形同现代的楼房。当古罗马进入帝国时期

后，城中的人口迅速增长，人们大多居住在此类的公寓当中。当时的人们面临着与现在大都市同样的问题，地价昂贵而人口众多，所以楼房也越建越高。虽然出于安全的考虑，政府三番五次地颁布法令对楼房高度予以限制，但这种规定没能起多大的作用，因为解决眼前的燃眉之急，显然要比预防可能出现的事故更紧迫。

少部分的贵族和奴隶主集中居住在另外的区域中，他们的住宅主要是仿古希腊式的，是独立的三合院或四合院。通常一个院落以一个大厅为中心，四周有柱廊，形成一个大的天井。四周的屋顶都向内倾斜，将雨水引导到天井中庭的地面上，地上设有管道将水引向储水的池子以收集雨水。大厅是家庭的主要活动中心，日常的家庭活动和生活都在此进行。大厅后面向阳的北屋是正屋，不仅在众多房间中最为宽敞，其中的装饰也最为奢华、富丽。其他各处的房屋相连成一个整体，把妇女的活动区域单独区隔开来。到了帝国时期这种院落又不断增大，可以由几进院落组成，每进院落都有其不同的使用功能。每个这样的家庭都由单独的浴室、厨房、餐厅、花园和若干个卧室组成。地面有彩色图案的马赛克，墙上有壁柱和壁画作为装饰，花园中有精美的大理石雕像和喷泉，室内摆满了绘画作品。相比较起来，后期的建筑比前期规模大、装饰豪华，但其基本上还是沿袭了共和时期院落的形制。

神庙和公共建筑

共和时期建造的一些神庙建筑大都没有留下什么遗迹，在古罗马的博阿留姆（Boarium）广场上有几座始建于那个时期的建筑。幸运之神神庙（Temple of Fortuna Virilis）是共和晚期的一座爱奥尼克柱式神庙，但其修建的历史则可追溯到前2世纪，因此风格十分复杂，整体布局是意大利式，结构和细部却分别有古罗马和古希腊的风格。同在这座广场中还有一座小型的女灶神庙（图3-3-4），这座神庙连同在蒂沃利（Tivoli）峡谷中的一座圆形神庙一样，都是依照古希腊圆形神庙的形式而建的。在这两座神庙中都采用了一些古希腊建筑的形式，如环绕四周的台阶、科林斯式柱头等。

共和末期，一种新型的公共娱乐建筑形式出现，这就是角斗场。意大利境内现存最早的石制角斗场修建在庞培城，但当时的形制较简

图3-3-4　女灶神庙（Temple of Vesta）修复图　早期的古罗马建筑形制来自古希腊，通过这座神庙可以看出。不管是台基、四周有柱廊的圆形平面，还是华丽的科林斯柱式及檐壁上的花环装饰都是来自古希腊的样式。但与古希腊时期不同的是，此时古罗马的建筑已经采用当地的火山灰和混凝土筑成，只是在外立面贴有装饰性的石板罢了

单，无法与后来的古罗马大角斗场相比。但是，由于各地都大力建造角斗场，一个城市中有数座角斗场的情况也成为很普遍的现象，角斗场基本形成了长圆形的固定形状，不断增大的体积也为日后古罗马大角斗场的建造积累了经验。

在古罗马城中散布着各个时期建造的广场，而早期广场的形式主要也是来自古希腊，是城市中政治、经济的活动中心（图3-3-5）。古罗马城中心的罗曼努姆广场（Forum Romanum）就是共和时期的产物，总体呈梯形的平面布局，城市的主干道贯穿其中，周围散落着政府和各种商业建筑，广场是开放式的，公众可以随时在这里集会和参加其他活动。恺撒广场（Forum of Caesar）兴建于共和末期，这时广场性质已经发生了改变，不仅开始按照中轴对称的形式建造，还成为以广场和庙宇为主的、悼念恺撒个人的纪念场，是一个封闭的大建筑群。这个大建筑群的最前端是广场，广场上立着包括一尊恺撒骑马的青铜像在内的纪念物，其后则由供奉家庭保护神和恺撒的庙宇组成。这种形式不禁又让人想到古希腊末期广场与庙宇的组合形式，因为恺撒广场的平面布局与其如出一辙。此后从奥古斯都开始，广场的形式就依照这种样式发展下去，广场成为为统治者个人服务的地方，其性质也发生了改变，成为统治者炫耀政绩、显示才能的场所。

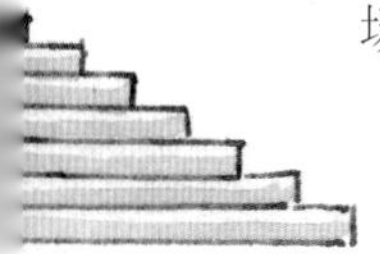

总的来说，古罗马的共和时期是一个向古希腊学习，并逐渐形成古罗马自己特色风格建筑的时期，也是古罗马伟大文明的开端，从年轻的恺撒·奥古斯都大帝建立古罗马帝国开始，古罗马迎来了一个相当长的和平时期，这也成为古罗马历史上最为辉煌灿烂的大发展阶段。古罗马人用武力征服了周边所有的国家，但也尊重人们原有的信仰和风俗习惯，只要遵守相关的法律规定，就可以成为古罗马的公民，而公民是可以担任公职的。因此，被征服地的人民并没有很大的反抗，而各地的赋税则成为帝国大兴土木的经济来源之一。从奥古斯都开始，在长达两百多年的时间里，古罗马一直处于和平、稳定的状态下。这时的罗马发行统一的钱币，这成为古代西方世界的标准货币。古罗马还有发达的海上贸易，各地的货品源源不断地供给帝国公民们消费。经济上的巨大成功也为接下来取得的一个又一个伟大的成就奠定了坚实的基础。不仅商业、农业、教育、科学、军事有了大发展，在城市建筑上更是取得了令人瞩目的成就。

图3-3-5　古罗马广场复原图 这是开放性广场的基本布局方式，广场四周分布着权力机关的建筑，如元老院和神庙、教堂等，广场入口处矗立着纪念性的凯旋门式大拱门，广场中设有演讲坛和各种雕像和圆柱，再远处则有国王的宫殿和大竞技场。在古罗马早期，广场是市民主要的集会和活动场所，政府在此发布各种命令，而人们则通过演讲和辩论自由地发表意见。但这种开放的广场随着帝国的建立而日趋封闭，最后完全变为国王个人炫耀功绩的场所

帝国时期的建筑语言

建筑语言永远是要向前发展的，永远不会一直停留在一个水平上。从共和末期的恺撒广场起，古罗马城中的广场性质发生了变化。广场成为统治者为自己歌功颂德的地方，对广场的修建自然也越来越重视，广场的规模和豪华程度也在不断加大。从广场的变迁不仅可以看到建筑的一步步改变，也可以看到古罗马向帝国的发展，以及帝国皇权一步步集中的过程。

广场建筑

奥古斯都中断了古罗马的共和历史，开始引领国家进入帝国时代。为了炫耀自己的成就，他在恺撒广场的旁边为自己兴建了一座金碧辉煌的广场——奥古斯都广场（Forum of Augustus），这是一座长方形的柱廊式广场，其实就是为活着的人建造的庙宇（图3-4-1）。广场由一圈花岗石垒砌成的围墙围合而成，这些墙不仅很厚，其高度更达三十多米，像一座堡垒，把整个广场与城市隔离开来。围墙内是奢华的建筑群，主要建筑是一座祭奠战神的庙宇，因为它被视为奥古斯都的本神。神庙中供奉着战神马尔斯（Mars）、爱神维纳斯（Venus）和奥古斯都的养父尤利乌斯·恺撒（Julius Caesar）的神像。

这座围廊式的庙宇建在高高的台基上，构成广场的中心。在两侧除了一圈单层的柱廊外，还分别有一个半圆形的讲堂，那是专为雄辩演讲设置的。广场内的建筑都由大理石建成，并且还饰以多彩的颜色作为装饰。广场中神庙和柱廊中雕刻精美的柱子，都是由来自古希腊的工匠们雕刻而成。在柱廊中还有精美的女像柱，这是仿照雅典伊瑞克提翁神庙中的女像柱雕刻而成的，还有一部分则干脆就是从卫城的建筑中而来的。这种为统治

者歌功颂德的模式也成为一种建筑语言，后世的古罗马统治者都相继模仿这种形式。

以后，古罗马城的列位统治者几乎都要新建广场建筑，或者对原有的广场进行添建，并由此形成了一条广场带。而从公元前1世纪到公元2世纪陆续建造的包括恺撒广场、奥古斯都广场等在内的一系列广场，则构成了帝国广场带。这些都是为纪念帝国时期各个统治者个人功绩而

图3-4-1 奥古斯都广场 这座广场是奥古斯都取得了独裁统治权之后建造的，广场四周有花岗石垒砌的围墙，广场内的建筑则全由大理石建造而成，四周有单层柱廊既装饰了整个广场又与神庙形成对比，使之显得更加高大。主体建筑为供奉战神的神庙，神庙两边还留有半圆形的辩论台建筑，而空旷的广场上则摆放着各式各样高大的雕像作为点缀。此时的广场已经完全转变为封闭且功能单一的建筑群，是为帝王歌功颂德的场所，这是帝国时期广场与共和时期广场的最大区别，也是帝国时期广场的典型代表

图3-4-2　古罗马图拉真市场示意图　图拉真市场是整个图拉真广场中保存最为完好的建筑，在当时是一座商业性的建筑。通过严谨有序的结构就可以感觉到，这是一座有着很强实用功能的建筑。建筑整体按照商业顺序划分为几大区域，连每一层出售哪种类型的产品都做了详细的规定，而市场前的一个小广场，则为熙熙攘攘的人群和来往运送货物的车辆提供了宽敞的周转地

建造的，尤其以广场带的西北面、奥古斯都广场的旁边、由图拉真皇帝修建的图拉真广场（Forum of Trajan）为代表，因为这是所有广场中规模和面积最大、也最为奢华的一座广场。图拉真广场由广场建筑群和一个市场组成，市场建在广场的一侧，是一个单独的区域（图3-4-2），这与以前广场与市场的完全隔离有些不同。虽然广场与市场之间也是相互独立的，但这种在广场旁边建市场的模式，在整个帝国广场区中却是只有图拉真广场所特有的。市场也是由许多高层拱券建筑组成的，规模也很大，因为当时

城市中的人口数量已经达到百万。依据整齐、严谨的建筑群来看，当时市场有着明确的商业顺序，货物也被分类、分区，一切安排得井井有条。同市场相比，广场的布局和建筑分布更加规整，整个广场建筑群分别由广场、巴西利卡、纪功柱及图拉真神庙四个部分组成。

由于图拉真广场的建筑师是一名叙利亚人，他把东方的建筑传统带入了广场的整体规划中，因而整个广场的布局参照了东方建筑的布局特点，采用轴线对称式。各个部分的建筑位于几个不同层次的位置，广场中随着空间的改变，各种建筑也在不断地改变，雕塑和建筑相间，室内与室外交替，形成不同区域的视觉重点，不同区域的建筑高潮。从东面三跨的凯旋门正门进入，就是周围有精美柱廊的广场，广场两侧柱廊的中间还对应着分别建有一座半圆形厅，既活跃了整个广场的气氛，又形成了广场的横轴。宽阔的广场正中，矗立着图拉真皇帝的骑马青铜像。

广场的西面，与图拉真广场垂直的是以图拉真皇帝家族名字命名的、古罗马最大的巴西利卡——乌尔皮亚（Basilica of Ulpia）巴西利卡。所谓巴西利卡（Basilica），就是从古希腊带柱廊的建筑中发展而来的一种建筑形式，这种长方形的大厅由一个中厅及两侧的侧廊组成，在大厅的尽端通常还带有半圆形的后殿。后来这种建筑形式被君士坦丁大帝用来作为基督教堂的建筑模式，而得到了很大的推广，形成一端带有半圆形圣殿的巴西利卡式教堂。

图拉真广场的乌尔皮亚巴西利卡有四列十多米高的柱子，把内部分为五跨区域。中央的内殿由两跨带木头顶的回柱廊组成，中央大厅的木架跨度更是长达25米。大厅内部两列柱身由花岗石做成，柱头则由白色大理石雕刻而成，外部两列柱子与内部颜色不同，呈浅绿色。在这座巴西利卡的两端还各设有一个半圆形的空间，以此强调了轴线对称的关系。大理石和各种镀金的青铜器把建筑内部装饰得豪华至极，连屋顶都覆满了镀金的铜瓦。图拉真皇帝把他从一次对外战争中掠来的财物，尽数用在了建造这座巴西利卡上，这座建筑也成为当时强大帝国的标志。

在富丽堂皇的巴西利卡之后，有一个小院子，院子中间柱廊式的封闭空间内就是高大的图拉真纪功柱。纪功柱是一座总高接近40米、外部分为18段、通体都由白色的大理石砌成的古罗马多立克式柱。纪功柱内部是中空的，有185级螺旋的石级通向柱头，最顶部设置的是图拉真皇帝的镀金青铜全身像。纪功柱外部柱身也呈螺旋上升状，雕刻着以图拉真皇帝在战争中取得的功绩为题材的浮雕，而且为了矫正视差，浮雕带向上逐渐变宽。在这座纪念碑似的高大纪功柱底部，同样高大的台基里埋葬着不可一世的古罗马帝国皇帝图拉真。这座纪功柱由大马士革建筑师阿波罗多拉（Apollodorus of Damascus）设计，院子的两侧分别建有一座图书馆，登上图书馆的顶部就可以清楚地观赏到纪功柱上部的浮雕。小小的院落与高大的柱子间形成鲜明的对比，而两侧图书馆与柱身上密布的雕刻图案则形成了很好的呼应。所有的这些设置不仅突显着高高在上和不可侵犯的王权，还彰显着对皇帝的崇敬之情。

图拉真皇帝虽然去世了，但整个图拉真广场的建造并未结束。继任者哈德良（Publius Aelius Traianus Hadrianus）皇帝在两年后，又在纪功柱的小院后面修建了圣图拉真庙。这是一个四周围绕着门廊式的大庭院，中部高高台基上是同样的围廊式庙宇，用于供奉和祭奠图拉真皇帝。仅庙宇的正面就由八根高大的柱子组成，装饰非常豪华，是整个广场建筑中最后的精彩收尾，至此图拉真广场全部结束。

到西罗马帝国灭亡时止，古罗马城的广场区已经集中了大量的纪念性和宗教性建筑物。但后来这些都被彻底地破坏了，不仅建筑内部被洗劫一空，连建筑上的材料也被大量地挪作他用。18世纪虽然开始了发掘和保护的工作，但收效甚微，现在除了图拉真广场上的纪功柱外，广场基本上只剩残存的废墟了。这些纪录帝王们功绩的建筑也如同那个辉煌的时代一样，一去不复返，只留给后人无尽的想象。

古罗马在建筑史上取得的最大成就莫过于公共建筑。古罗马主要的公共建筑都是供人们消遣和娱乐用的，除了上述提到的广场之外，古罗马的公共建筑还包括角斗场、竞技场、剧场、浴场等形式。这些形式的公共建筑是古罗马人离不开的主要休闲去处。

角斗场

早在共和时期就已经兴起的角斗场（Wrestle Public），在帝国时期被广泛地建设起来，它甚至成为城市中必备的建筑类型。这种新型的建筑与以往任何一种建筑都不一样。首先它只具有单一的娱乐功能，那就是供奴隶主和古罗马公民观看角斗的场所；其次它不再是贵族和有钱人的专利，而是平民化的、大众的休闲娱乐场所。现存古罗马最完好也最早的角斗场，是弗拉维圆形露天角斗场（Amphitheatrum Flavium），这也是出现在有关古罗马的图片中最常被拿来展示的建筑之一（图3-4-3）。弗拉维圆形露天角斗场通常被人们称为罗马大角斗场或圆形竞技场（Colosseum），它大约从72年由韦斯帕西（Vespasian）皇帝下令建造，到了80年下一任统治者提图斯（Titus）时期全部完工，前后修建工作只用了不到十年的时间。其施工速度之快、结构之合理、体积之庞大、内部设施之复杂无一不显示着古罗马的超人建筑成就。而且角斗场的许多模式为后世的体育场建筑提供

了可借鉴的经验。

新建的大角斗场位于古罗马城的中心，但最早建造大角斗场时，这里是位于几座小山围绕的谷底、原尼禄皇帝皇宫公园中的人工湖。新建的大角斗场实际上是一座平面呈椭圆形的无顶建筑，长轴188米，短轴156米，周边长527米，可容纳大约七万观众。

角斗场外立面由三层拱券和一层实墙组成，看台由三层、每层80个半圆拱的回廊构成。这些拱券在底层作为出入口，保证了观众快速进退场。各个入口还有不同的标记，以分别供皇帝、贵族、平民和奴隶进入。立面主要使用灰华石建造而成，依弧形墙的承重特点，建筑的主要承重部分由混凝土和灰华石砌成，其次用砖和石头，再向上则用混凝土和浮石，既增加了坚韧度，又减轻了重量。这时期的混凝土浇筑技术还处于最原始的状态，就是在用石头或砖垒成的墙体内浇注，其实混凝土所占比例非常小，而且墙体较厚。立面各层使用了三种柱式依次进行装饰，入口处是简洁而挺拔的多立克与塔斯干柱式，第二层为柔美的爱奥尼克柱式，上层则为华丽的科林斯柱式。每一券洞口都有专门的雕像进行装饰，顶部的一层为实墙，也由科林斯式的壁柱进行装饰。

大角斗场内部分为表演区和观众席两大部分。表演区也是一个椭圆形的高台小广场，是角斗士与野兽或角斗士之间拼杀的地方，为主要的表演舞台。在这个角斗台之下有着完整的走廊、居室、兽笼和升降系统。这个如迷宫般复杂的地下空间，不仅是大型活动的准备场所，也是居住场所，角斗士和野兽就居住在这黑暗而潮湿的迷宫里面，此外还有一些负责看守的卫兵。表演时角斗台上的大地板裂开，升降机将装有野兽和角斗士的大笼子送到舞台上。对于角斗士来说，舞台的光明远比底层的黑暗更加可怕，因为一旦从底层的黑暗走入顶层的光明，就可能意味着永远的黑暗——因为在角斗台上必须以一方的死亡作为表演的结束。

图3-4-3　大角斗场　古罗马城最大的露天竞技场——弗拉维圆形竞技场复原图。这座世界闻名的大竞技场是古罗马的一种大型公共娱乐建筑，是古罗马人观看格斗的场所。这座椭圆形的大竞技场可以容纳大约7万观众，几十个出入口和复杂的回廊系统保证观众可以在相当短的时间内进退场。由于竞技场主要采用混凝土和石砌而成，因此在以后成为古罗马建筑的采石场。人们通过破坏它来建造其他的建筑，直到1749年教皇才颁布命令阻止了人们破坏性的活动，并进行了保护性的建造和部分重建，才使今天的我们得以见到这一伟大的古代工程

表演区四周5米高以上是观众席，这种高度既保证了绝佳的观赏效果，又保证了观众的安全。大角斗场内部大约有60排的座位，分为五个区，最前面是贵宾席，贵宾席中又设主宾席以供皇帝及其家庭成员使用，中间两区是骑士席，后两区是平民席。支撑观众席的是三层放射式排列的拱顶，拱顶底基由砖、火山石和混凝土构成，其上由大理石砌成，最顶端一区的座椅则为木质结构，以减轻对外墙的压力。拱券和周围的回廊构成了复杂的通道系统，侧面、回廊、平行过道，各种出入口互相交错，且都有醒目的编号，使不同区的观众各自独立通过不同的入口，所有的观众都可以迅速地到达自己的座位或离场。大角斗场的顶层还密布着木质的外支点，巨大的帐布就系在这些支点上，可以给观众遮阳。

大角斗场在结构、功能与形式上的统一取得了建筑的最高成就，这也说明古罗马人在大型建筑上已经积累了相当成熟的经验，也说明古罗马建筑文化发展的高度。这种建筑语言形式在现代仍旧被大型体育场馆所使用，可以说，古罗马的大角斗场在某种意义上成为永恒。

竞技场

大竞技场位于罗马的帕拉蒂诺山（Palat-ino）和阿文蒂诺山（Aventino）之间的一个峡谷中，其真正的名字叫作马西莫赛场（Circo Massimo），专门为举行赛马和战车比赛而建造，也是当时最大的赛场（图3-4-4）。早在古希腊时，比赛场除了举行定期的运动会以外，还要举行马拉战车的比赛。而到了古罗马时期，为荣誉而战的比赛早已消失，取而代之的是奴隶间的残忍角斗，观看比赛也不再是祭祀或宗教仪式的一部分，而成为人们取乐的一种方式。出于实际使用的需要，古罗马人建造了规模庞大、结构复杂的角斗场，同样也建造了比古希腊更为先进的、专门的竞技场。

马西莫竞技场主体为矩形，两边抹圆，宽

大的比赛场中设置了起分隔跑道作用的小山，山上有排列整齐的雕像和其他纪念建筑。在古罗马，跑道已经变成完整的环形，而不再像古希腊时设置往返的标志。观众席环绕在跑道周围，呈阶梯形上升，还有为皇室和尊贵客人准备的单独看台。马西莫竞技场主要为举行双驾马车或四驾马车的比赛而设，其内部跑道十分宽阔，赛场内有马赛克镶嵌的壁画，以表现当时比赛场景为题材。在竞技场与大角斗场之间，分布着密集的建筑，这种公共服务性建筑与市民建筑相间的做法，也是为了方便人们观看演出（图3-4-5）。

图3-4-4 大竞技场 古罗马马西莫赛场复原图。这座比赛场是当时罗马最大的赛场，同时这个区域也是古罗马贵族住宅区的所在地。这个赛场主要用于包括驾马车比赛在内的各种体育运动比赛之用，也是从古希腊的体育比赛场发展而来，但无论从形制还是规模上来说都要大得多，也成熟得多

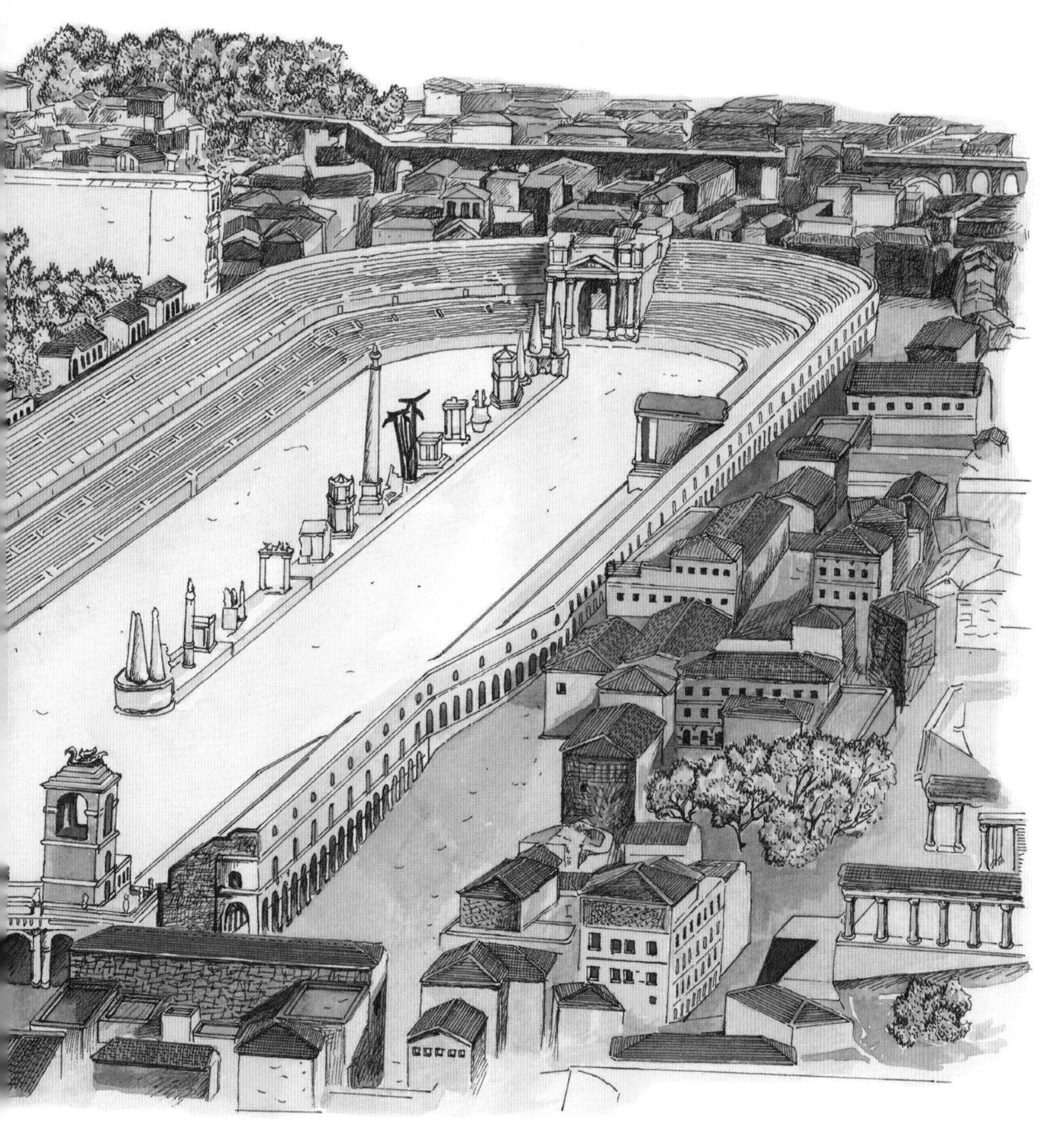

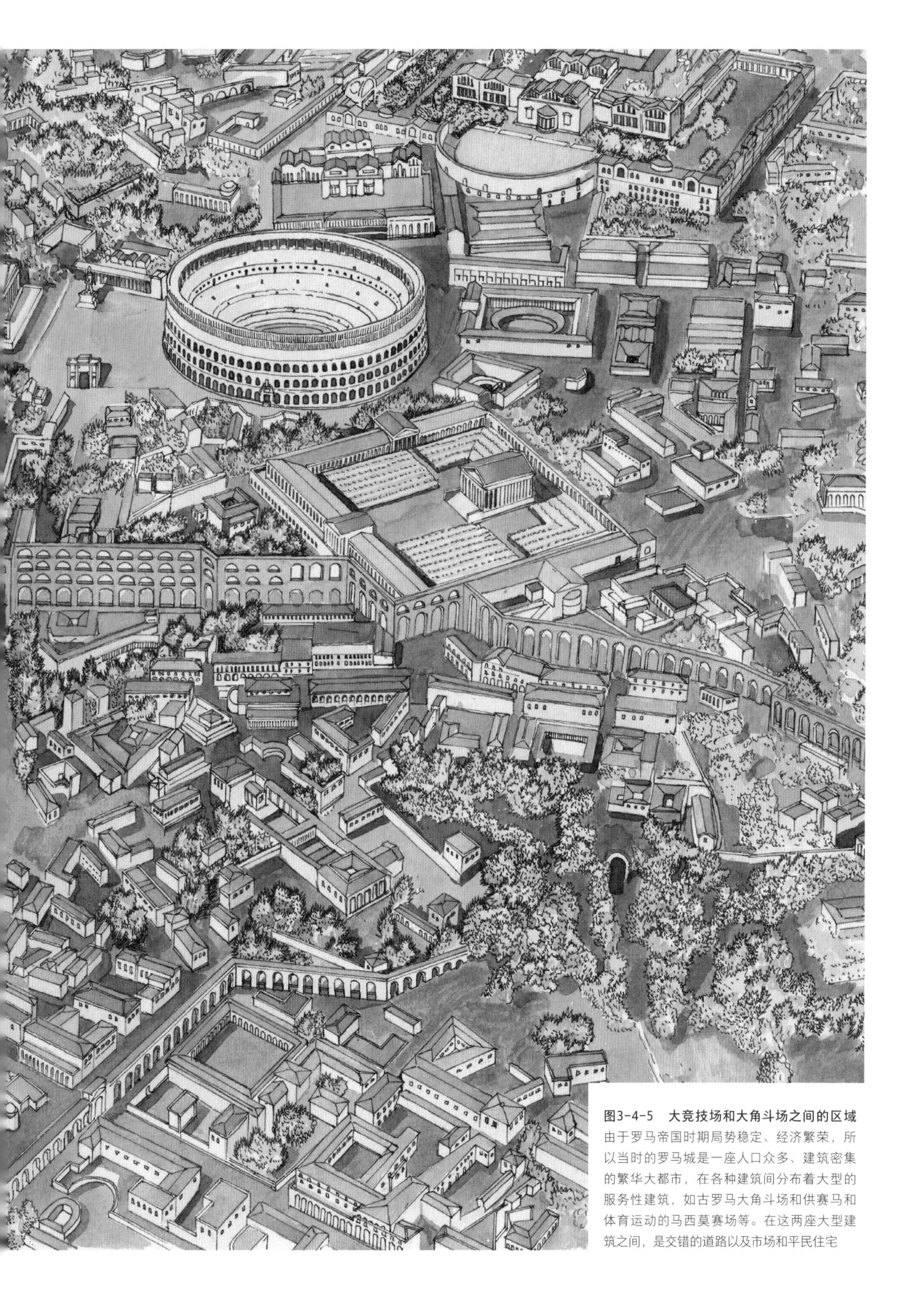

图3-4-5　大竞技场和大角斗场之间的区域
由于罗马帝国时期局势稳定、经济繁荣，所以当时的罗马城是一座人口众多、建筑密集的繁华大都市，在各种建筑间分布着大型的服务性建筑，如古罗马大角斗场和供赛马和体育运动的马西莫赛场等。在这两座大型建筑之间，是交错的道路以及市场和平民住宅

图3-4-6 法国奥兰治剧场 古罗马剧场基本上还采用古希腊剧场的组成方式，由半圆形的阶梯观众席和中部的乐池、后部的舞台三大部分组成。但此时由于工程技术的进步，剧场也摆脱了地形的羁绊，而成为可随处修建的独立式建筑了。奥兰治剧场有着一个复杂结构的舞台，其立面上不仅设有摆放着皇帝雕像的壁龛，还有隐藏的通道，演员们可以从舞台底部出口和墙面上出场，还可以顺着联通的阶梯走到看台上去，出其不意地出现在观众身边

剧 场

帝国时期剧场（Theatre）的建设又有了新的发展，剧场主要由舞台和观众席组成，观众席的建造方法同角斗场相似，但只有半圈，另外半圈是表演的所在。而且此时剧场的一大进步在于结构的变化，由于剧场对声效有特殊的要求，使得建造的形制要十分科学，而古罗马人在这方面已经具有了相当高的水平。维特鲁威的《建筑十书》中，就对剧场的声学原理和建造规定做了细致的记述，这也说明古罗马当时的科学已经达到相当高的水平。

古罗马帝国时期，剧场也同竞技场一样，几乎是每个城市必备的公众娱乐建筑。剧场的形制也基本固定了，是由半圆形观众席、乐池和舞台组成的模式。这时期最有代表性的剧场当属现在法国南部的奥兰治剧场（Ancient Theatre of Orange）（图3-4-6）。这座剧场同古希腊剧场有些相似，是从一座山坡地形处挖掘出来的，一排排向上升起的座位就嵌在山坡上。在剧场的顶部也设置了同大竞技场一样的遮雨棚。而剧场的底部，乐池与舞台的部分则是标准的古罗马式。中间的乐池较小，因为古罗马的舞台比古希腊剧场更大一些，不仅很宽，进深也较长，

因此挤占了乐池的空间。

合唱团和演员们同时在舞台进行表演，而舞台的设置则更庞大和复杂一些。因为舞台后部的高大建筑不仅是化妆、道具和更衣室，还是舞台的背景墙，而舞台后沿往往是装饰的重点。位于西班牙的梅里达剧场舞台后墙是由双排的立柱组成的，都用精美的科林斯柱头进行装饰，不仅各柱头上有天棚，柱间还有各式姿态的人物雕像，十分精美。奥兰治剧场的后墙是一堵很厚的墙，墙上也有雕刻精美的立柱，在这堵墙上还开有大小不等的壁龛，中间最大的壁龛上摆放着奥古斯都皇帝的雕像。后墙上还有突出的顶棚遮盖舞台，加强了演出的音响效果。

浴 场

古罗马另一类令人称奇的建筑是浴场（Thermae），世界上恐怕再没有什么国家能把入浴之所修建得如此规模宏大和功能齐全了。共和时期就有了较大规模的浴场，其形制主要来自古希腊，但因为受技术的限制，这时的浴场大多是不对称的建筑群。到了古罗马帝国时期，不仅十字拱和拱券的平衡技术发展成熟，各种设备的安装、搭配技术也已经被人们掌握，所以这时的浴场开始向着对称、严谨的空间设置发展，规模也越来越大。这时的混凝土浇筑技术有了进步，古罗马人发明了三角形的红砖，事先将砖的尖角朝里垒砌好墙面，再在其中灌入混凝土，由于墙壁内有交错的红砖，因此采用这种方法建造的墙面更结实。还有的是利用在混凝土中放置碎石的方法浇筑墙壁（图3-4-7），就这样垒一段再浇筑一段混凝土，逐层向上可至顶层，不仅施工简单适用性也较强。由于浴场湿热的特殊性，它从很早就由拱顶代替了木质屋顶，成为公共建筑中最先使用此项新技术的建筑类型。之后，拱顶代替木结构屋顶的建筑语言形式逐步转移到其他的大型建筑之中，并推动了建筑技术的发展。

古罗马浴场的发展十分迅速，不仅在规模上越来越大，其功能也摆脱了单一的洗浴。帝国时期的浴场中不仅有与洗浴配套的各种房间，还有运动场、图书馆、剧场、商店等，无所不包。而且这些大型的公共浴场要么就是不收费的，要么就是收费相当低廉，几乎所有的公民都能享受，这在一定程度上也弥补了简陋的居住设施带来的不便。现在听来可能还有些让人不可思议，但在当时却是极

图3-4-7 古罗马墙体 古罗马时期使用混凝土浇筑的方法砌筑墙壁，其具体的砌筑方法又可细分为多种。图中所示是将碎石与混凝土一起浇筑，碎石既是墙体的骨料，又大大节约了混凝土浇筑量。主体墙壁浇筑完毕以后，还要在其表面贴砖、石修饰，讲究一些的室内则还要另贴大理石板或马赛克

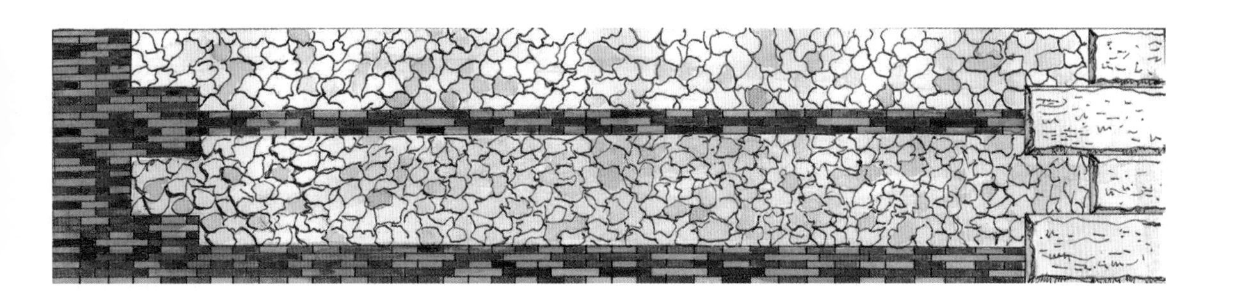

普遍的现象，浴场既是人们的一处主要的公共交往场地，也是人们主要的娱乐休闲去处。能够反映帝国时期浴场基本情况的主要有两处，古罗马城中的卡拉卡拉浴场（Thermae of Caracalla）和戴克里先浴场（Thermae of Diocletian）（图3-4-8）。

卡拉卡拉浴场和戴克里先浴场是古罗马城中数一数二的大浴场，前者可同时容纳1600人使用，后者则可以同时容纳3000人使用，由于建造技术已经成熟，建造模式也已经固定，所以两座浴场的基本建造结构也大致相同。提供热水的锅炉、仓库和奴隶的休息厅等都建在有拱券覆盖的地下，此外还有四通八达的地下过道，奴隶们可以通过这些过道到达浴场的各处去提供服务。大浴场以中央的浴场部分为主，内部呈对称均衡的布局。正中轴线上分别排列着游泳池似的冷水浴池、温水浴池和热水浴池，

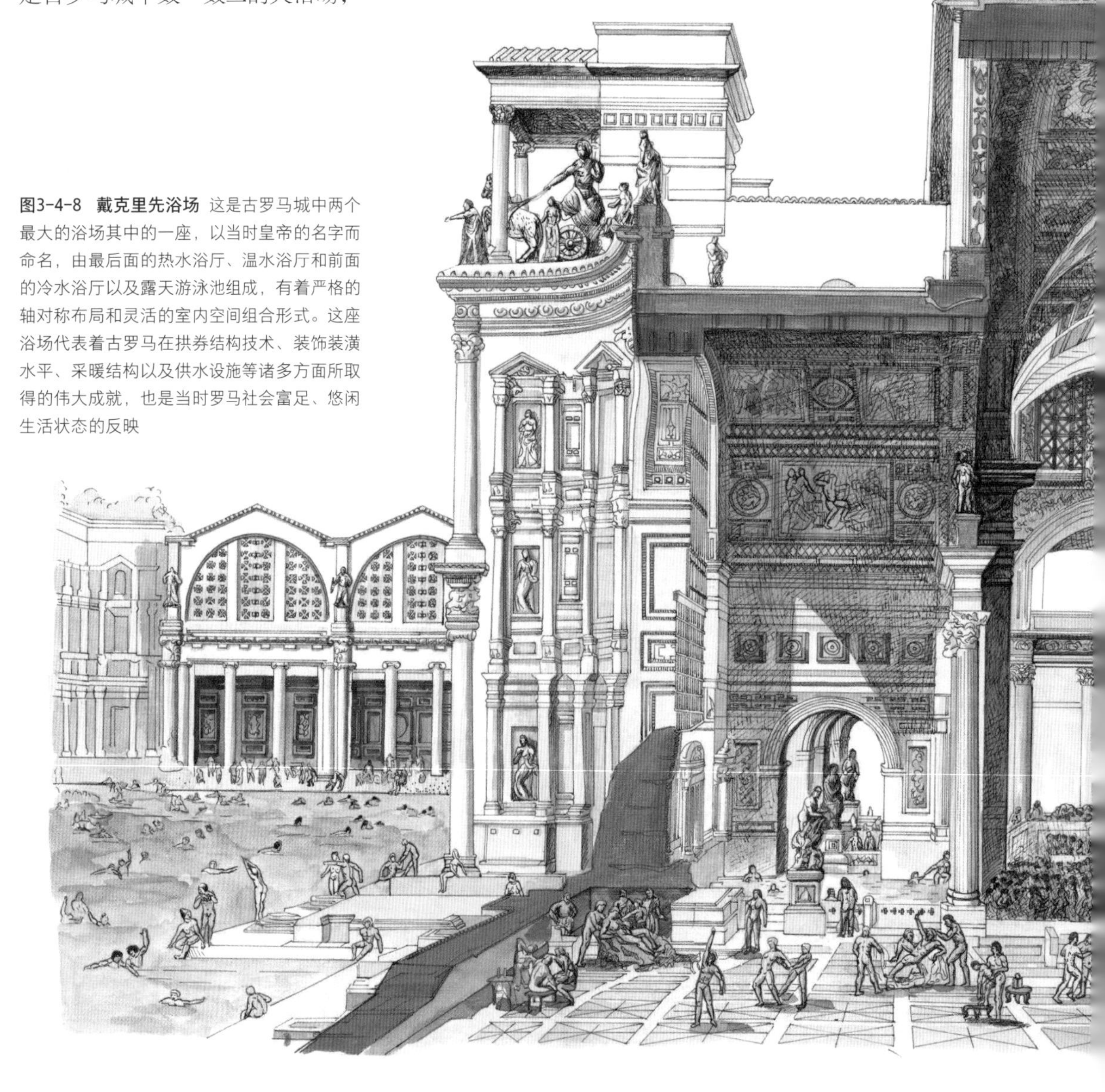

图3-4-8　戴克里先浴场 这是古罗马城中两个最大的浴场其中的一座，以当时皇帝的名字而命名，由最后面的热水浴厅、温水浴厅和前面的冷水浴厅以及露天游泳池组成，有着严格的轴对称布局和灵活的室内空间组合形式。这座浴场代表着古罗马在拱券结构技术、装饰装潢水平、采暖结构以及供水设施等诸多方面所取得的伟大成就，也是当时罗马社会富足、悠闲生活状态的反映

而两边则完全一致和对称地布置门厅、更衣室、按摩室、蒸汽室、运动场和小吃店等小院子，而且每侧都设出入口。浴场的前后和两外侧则设置商店、演讲厅和图书馆等。卡拉卡拉浴场的后部设运动场，而在运动场的看台后部就是浴场的储水池，戴克里先浴场后部则是一个半圆形的剧场。

浴场的核心也就是温水浴厅都采用大型的十字拱结构，而热水浴厅则都用圆形穹顶结构。这种结构只需要在大厅中设置几个墩柱，在墩柱的外侧则用短墙支撑由此产生推力。这种短墙的支撑结构，对其后的哥特式建筑飞扶壁的产生有很大的启发作用。在短墙上还可以做筒形拱，又扩大了大厅的面积。而顶部的十字拱都开有大的侧高窗，在热水浴厅的穹顶上也开有窗子以利于采光和通风。这样的结构就使得主轴上的三座大厅不仅宽大、高敞，更充满了变化；而两侧副轴上的一系列房间不仅为主厅提供周到、便利的服务，还在空间上形成大小、纵横的变化；浴场在建筑上取得的另一项成就是供暖系统的成功运用。浴场的地面是中空的，墙体和屋顶也都砌着一层空心砖，形成纵横连通的管道。来自锅炉的热水和热烟通

过这些管道输送到各个地方。这样，地面、墙面和屋顶都散发着热量，即使在冬天也使室内保持着恒定的温度，所以古罗马人有天天都沐浴的习惯。

大浴场的内部装修也十分讲究和豪华，由于红砖的外表非常粗糙，所以墙面和地面都铺着大理石板、马赛克的镶嵌画。在墙上还有装饰精美的壁龛，里面陈设着同样精工细琢的雕像。柱廊把不同的空间分隔开来，所有的柱子也是大理石的，而柱头部分不是华丽的混合柱式就是精美的雕像，把整个浴场装饰得如同一个艺术馆。由于高大而豪华的多功能浴场是由国家建造的，因此才会设施齐全但收费却相当低廉。这种社会福利模式保证了人们几乎可以在此生活，因此这里也成为人们主要的社交场所。起初浴场是男女混合沐浴，后来才做了规定，男女分开在一天的不同时间沐浴。但其他娱乐设施则全天对两性同时开放。在强盛的古罗马帝国中生活的人们，生活也是闲散的，竞技场、剧院和浴场都是他们消磨时光的好去处。这种奢侈而安逸的生活，也养成了帝国公民怠惰的性格，成为古罗马帝国覆灭的重要原因之一。

住宅建筑

帝国时期的公民住宅与共和时期相差不大，只是随着城市规模的不断扩大，高层建筑越来越多，越来越密集。平民的居住水平略有提升，但总体来说改善不大。因为从古至今在大城市中这种居住空间的矛盾一直存在，没有很好的解决方法。但值得肯定的是，此时的城市已经有了比较明确的分区，这些按照功能不同而划分的区域使城市中的管理和居住情况有所改善。这种城市规划模式为后来世界各国的城市兴建提供了可借鉴的经验。虽然密集的住宅区内街道狭窄，但城市中的主干路却是宽阔而严整的。从挖掘出的古罗马时期庞贝（Pompeii）古城中，就可以看到这种规划清晰、建筑整齐的城市形象（图3-4-9）。城市中许多公共服务性设施都是提前规划的，比如下水道、输水管等都是与城市一同建设的，这也在一定程度上舒缓了居住地狭小所带来的一系列生活和卫生问题。

改变最大的则是富人们的住宅，贵族和奴隶主们开始把他们的住宅迁到城郊边缘，或干脆迁到郊区。由于意大利境内丘陵起伏，就形成了颇具本土特色的住宅形式。这些住宅大多依山势而建，仍旧保留平地时几进院落组合的形式，只是几进院落分别建在高度不同的台基上。甚至还人为制造高差来建造这种住宅，先在较低的地方砌拱券，再在上面盖房子，拱券下面的空间，因为背阴凉爽被称为夏室。地面上的建筑大多装饰豪华，雕刻众多装饰（图3-4-10）。主要的建筑物大多被安排在最上面一层，两边则对称地设置花园，逐渐形成了一种由几层不同高度的平台建筑与几何形花园组成的住宅模式，而且这种模式一直被以后的意大利高级住宅所沿用着。这种别墅不仅面积很大，配套也很齐全。居住区主要由一个有水池的中庭和各种建筑组成，庭院中不仅有喷泉、草坪、各种花朵和植物，还有环绕的柱廊。在其他的区域则是耕地、果园、谷仓、作坊以及管理人员和奴隶的住房。

图3-4-10　庞贝城大门　由于古罗马时期的建筑主要由墙体承重，所以柱式主要起一种建筑装饰的作用，这种特点不仅体现在大型建筑上，在一般的城镇建筑中也很常见。庞贝城是古罗马时期一座比较繁华的城镇，在这里体现出的建筑特点，也代表了古罗马时期建筑的一些特点

图3-4-9　意大利南部那不勒斯的庞贝古城街道　被地震和维苏威火山爆发所掩埋的庞贝古城被挖掘出来以后，令人们大吃一惊的是，早在古罗马时期，已经有了规划整齐的住宅和街道，以及按照不同类型划分的区域。庞贝城中各种公共设施都相当完备，就连路面也是采用中间高、两边低的设置，以利于排水。这些发现在文艺复兴和新古典主义时期都成为人们竞相模仿的对象

皇家建筑

不管是东方还是西方，世界各个国家在历史发展的辉煌时期统治者都要为自己建造皇家建筑，古罗马帝国的皇帝们也不例外。在各个时期的皇帝当中，尼禄（Nero）与哈德良（Hadrian）皇帝是最为著名的两位。前者以骄奢淫逸的暴君形象和他的金殿而闻名；而后者不仅是位诗人，还是位极其热衷于建筑的皇帝，甚至他本人就是一位出色的建筑师。

公元64年，罗马发生了大火，过密的住宅造成的恶果是大火迅速地燃遍了大半个罗马城，连同尼禄皇帝的部分宫殿在内的许多建筑都被毁。这场火被部分史学家认为是尼禄故意点燃的，因为他不但没有下令灭火还命乐队进行伴奏，朗读抒情的诗歌以示庆祝。

火灾过后，尼禄不仅重新拥有了规模庞大的新宫殿，一座崭新的罗马城也拔地而起。罗马城得到了彻底的新生，不仅有了宽阔笔直的街道，新颖美观的建筑，连城市中的排水、消防等系统也重新予以了设计，保证从整体到细节都完美无缺。前文提及的卡拉卡拉浴场仅是此时众多建筑中的一座，可见当时重建工程之浩大。罗马城焕然一新，更加干净、整齐，尼禄让古老罗马城焕发出了勃勃生机。

重建罗马城的同时，尼禄搜刮了火灾后的所有砖石瓦砾，他同他的建筑师们一起建造了占地面积超过300英亩[㊀]的新宫殿。这座巨大的花园似的宫殿中散布着大量的柱廊、神庙、喷泉、浴室和亭子等各种类型的建筑，上文提及的古罗马大竞技场就是原尼禄皇宫中人工湖的所在地。新王宫中一切都是庞大而华贵的，光是王宫中的一个拱廊就有一英里[㊁]长，在进门处的柱廊式门厅中放置着尼禄本人的雕像，高达30多米。

宫殿区由一系列的建筑构成，最重要的建筑当然是他的宫殿——金宫。这座建筑是一个平面呈圆形的大厅，采用了过梁结构支撑半球形的穹顶，顶部还开有一个巨大的圆形天窗，这是一种新奇的建筑方法。而金宫的得名则是一目了然的，尼禄用了大量的黄金装饰他的金宫。然而尼禄只在这座如仙境般的灿烂宫殿中度过了四年美好的时光，就被迫自杀了，金宫也被洗劫一空。这座奇异而辉煌的建筑就如同它不可思议的出现一样，同样

图3-4-11 哈德良皇帝别墅中天篷建筑群 由于哈德良皇帝有着丰富的旅行经历，所以这座别墅也如同他的经历一样，由各个地区的各种不同风格建筑组成。这座天篷建筑群主要由围绕着池塘的一圈有雕像的檐廊、拱和过梁组成。环绕池塘四周不仅有著名雕塑家雕刻的作品，还有仿照古希腊伊瑞克提翁神庙中女像柱形象的雕像。这座别墅可以说是一座展览各国建筑的博物馆

㊀ 1英亩≈4047平方米。

㊁ 1英里=1609.344米。

以不可思议的速度消失了。

哈德良皇帝也许是古罗马帝国诸位皇帝中最见多识广的帝王了，他曾经亲自到帝国的各个行省巡查。包括如今的希腊、小亚细亚、巴勒斯坦和埃及，许多地方都留有他的足迹。巡查的目的有两个，一是让各地的人们相信，臣服于帝国的人都是平等的；另一个目的则是皇帝可以借此参观各地的古迹。这位皇帝对建筑充满了热忱，他为自己设计了庞大的别墅（Hadrian's Villa）。在这座庞大而复杂的别墅区里，不仅包括宫殿、广场、浴室、图书馆等生活服务建筑，还建有水上剧场，以及各地代表性建筑的仿制品，比如古埃及金字塔、古希腊神庙等。

别墅的水上剧场是建在一片水面上的孤岛，原来只靠两座可拉伸的桥进入，当桥全部拉伸回来以后，整个剧场都孤立于水中，传说这也是哈德良皇帝最喜爱的建筑之一。除水上剧场外，别墅中还有一个称为卡诺布斯（Canopus）的长方形水池，这个水池是模仿从古埃及流过的一条河流而命名，而水池一边建有连拱的柱廊，另一边则陈列着古希腊时期著名雕像的复制品，比如仿伊瑞克提翁神庙中女像柱式而雕刻成的女像柱列等（图3-4-11）。别墅内除了各个时期精美的建筑以外，其布局也十分巧妙。各建筑间或有柱廊相连，或有地道相通，地面和墙面还有精美的马赛克镶嵌画装饰。

哈德良皇帝还给古罗马的建筑师们以坚定的支持，这种皇家的支持推动了古罗马建筑的发展，在大型建筑内部空间尤其是穹顶的设计与建造上取得了令人瞩目的成就。由他主持建

造的古罗马万神庙（Pantheon）不仅成为古罗马最为著名的建筑，还在世界建筑史中写下了辉煌的一笔。

万神庙

早先的古罗马神庙大都仿自古希腊建筑，采用柱廊式结构，而万神庙则采用了穹顶集中式的结构建造而成（图3-4-12）。新万神庙平面为圆形，顶部穹顶的跨度和高度都达40多米，光是穹顶中央开的露天圆洞直径也有8.9米。穹顶完全采用模板混凝土结构，其制作工艺已经相当简单，经过改进的技术避免了许多高技术性的工作，不仅节省了人力，也提高了施工速度。首先每隔一段距离砌一道砖券，把整个拱顶分为几个相等的段落，再制作与每个段落一样大的胎模。待胎模支好后，在形成的球面上砌发券，最后浇筑混凝土。发券的作用在于避免混凝土凝固过程中出现裂缝，而且为了使混凝土不至坠到模板两侧，还在模板上插

图3-4-12　万神庙　这座圆形平面的建筑是古罗马最热衷于建造的哈德良皇帝下令修建的，由仿古希腊式的门廊和圆形的穹顶大厅组成。门廊立面由科林斯柱式和三角形的山花组成，带有古希腊神庙的气质，而大穹顶则是古罗马所特有建筑样式，由砖和混凝土筑成，代表着古罗马在拱券结构及技术上所取得的伟大成就

入一些砖作为固定，等混凝土凝固后，砖就留在了混凝土中，成为骨料。随着穹顶的收缩，越向上穹顶就越薄，骨料也采用更加轻的火山石和浮石。

万神庙的底部墙壁部分也用相同的方法砌成，以凝灰岩和灰华石为骨料，但每隔1米就改用大块砖砌一层。墙体内部沿圆周做了八个大发券，其中七个作为壁龛，一个是大门。万神庙内部穹顶都凿成方格式的藻井，不仅减轻了重量，这些藻井还刻成一层层的花纹，起到了很好的装饰作用。万神庙内部的墙壁和地面贴以大理石板进行装饰，各色的大理石组成各种图案。由于万神庙内部只有顶部的圆孔采光，当阳光从顶部照射进来的时候，整个大殿充满了神圣的气氛。神庙外部的墙壁分为三部分，底层贴以白色大理石板进行装饰，上两层也是墙体，包住了穹顶的底部，以平衡穹顶所产生的侧推力，而且这样的墙面也较高，比例均衡，符合视觉规律。

图3-4-13 万神庙内部 象征着天宇的大穹顶中部开有一个直径约9米的圆洞，象征着人与天的联系，也便于内部的通风和采光。底部四周的墙体上开有许多壁龛，供奉着古罗马的皇帝像。后来，这座神庙被改为基督教堂，画面中所描绘的就是成为教堂后的神庙内景

万神庙的门廊是从以往的旧神庙中拆来的，正面八根柱子用整块的埃及花岗石雕成，通体深红色，每根都有十几米高。柱头是科林斯式的，连同柱础、额枋、檐部全都用白色大理石做成。而包括整个穹顶在内的山花、雕像以及廊子里的天花梁、枋都是铜做的，外面包裹金箔，金光闪闪。万神庙是古罗马建筑技术最高成就的代表作，它之所以能够保留下来，是因为在以后的宗教改革中被改为了基督教堂，而同时期的许多建筑则大多被毁了。因为万神庙内宏伟的空间、从天而降的光线正好能代表上帝的力量，这座伟大的建筑才博得众多民众的喜爱（图3-4-13）。

强盛的古罗马帝国发展到戴克里先皇帝之后，逐渐开始走向衰弱，基督教的出现又把帝国推向覆灭的边缘。君士坦丁大帝（Constantine The Great）不仅承认了基督教的合法地位，还将古罗马分为东西两个帝国。随后，他还将皇宫迁到了现在的伊斯坦布尔，这个欧

亚大陆的交界处，并以自己的名字为这个东罗马的新首都命名。当基督教成为古罗马帝国的国教以后，西罗马帝国灭亡。从410年到455年古罗马先后两次遭到野蛮的洗劫，476年古罗马人统治的西罗马帝国彻底覆灭。

凯旋门

凯旋门（Triumphal Arch）在使用功能上是作为战争胜利的纪念碑，同时也是雕刻艺术的精品陈列处，它诞生于前29年，最初来自一种很古老的宗教仪式。每当古罗马军队凯旋回乡的时候，军人们都必须要穿过一道“神奇之门”，它通常都建在城市或是广场入口的地方。这是因为这道门据说可以消除归国军人身上对于本国的百姓所具有的毁灭性的能量。但在历史过程中，凯旋门逐渐成为古罗马帝国的一种威武和强盛的标志，形成一种固定的语言形式，并反复使用。到了古罗马帝国末期的时候，单就古罗马城中凯旋门的数量已经超过了60个，在整个古罗马帝国中凯旋门的数量更是不计其数。

古罗马凯旋门中最为重要、规模最大的要算是塞维鲁凯旋门（The Arch Septimius Severus）了，而最具代表性的同样是三段式的凯旋门，比如君士坦丁凯旋门（The Arch of Constantine）（图3-4-14）。

君士坦丁凯旋门在一个矩形表面上设置三个拱形的门洞，正中间的是一个主拱门，在它的两侧是两个较小一些的附属拱门。它的立面形式为，底座上是四根柱子，这四根柱子把三个拱门分隔开来，向上一直承接到了上楣，下面则是底柱。在每一个独立的柱子上方、上楣凸起的地方都刻有字母和浮雕，上楣上方的部

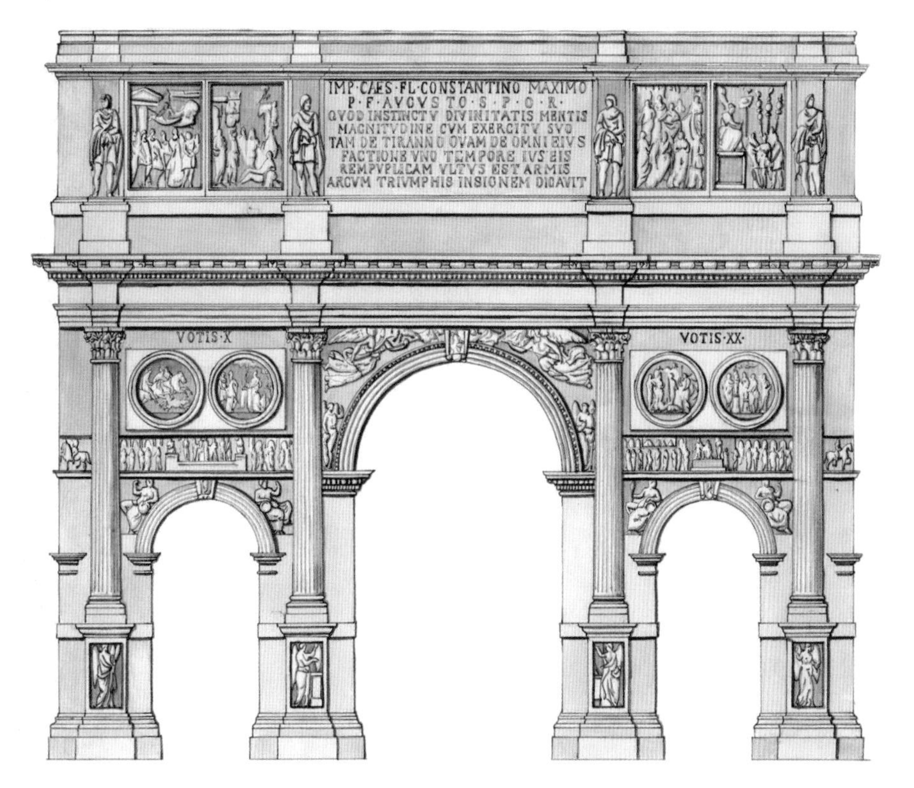

图3-4-14 君士坦丁凯旋门 凯旋门是古罗马时期最为普遍、也是兴建最多的纪念性建筑，几乎在古罗马帝国统治的各个地区都有此类建筑，但总体来说都带有古希腊风格影响的痕迹。这座君士坦丁时期的凯旋门在兴建的时候，由于经费不足，因此凯旋门的各个部分都是参照以往凯旋门的样式建造的，有些部分和雕刻甚至就是从原来的建筑中移来的。而最富戏剧性的是，这座凯旋门无论从形象还是形制上来说，却是最能代表古罗马建筑风格的作品，是一座有代表性的、纯正的古罗马式凯旋门

分被称作“顶楼”。柱上楣的底部是由坚固的拱顶石来撑托着中央拱门，中央拱门的拱基与其两个边门的拱顶石的支撑点是在同一条水平线上，一个主拱门和它旁边的两个附属拱门在高度与宽度上采用了同一比例来进行设计。柱上楣与地面之间的空间距离刚好容纳一个柱子和底座的位置。这样巧妙的结构安排，完成了它被赋予的象征性的意义，这样的建筑令世人感到无比的惊叹。凯旋门之上刻着的碑文与浮雕，记载着当年建造的起因和一些当时的统治者及战争中获得胜利的将领的丰功伟绩。凯旋门并不是真正意义上的门，它是为象征帝国的强盛和永恒而存在。

君士坦丁凯旋门，采用三重拱门的样式，基本形制来自古罗马广场上的凯旋门，就连制造凯旋门的材料也大多是由先前图拉真广场、哈德良广场等先辈的纪念建筑中来的，就连雕像也是照搬不误，只是把头部重新按照君士坦丁的模样做了一些改变。虽然这是一个拼凑的建筑，上面的雕刻也大都粗糙，但因其材料与形制多来自古罗马帝国时期，建成后的凯旋门已经看不出古希腊风格的影响，纯粹用古罗马建筑语言传达，是完完全全的古罗马式凯旋门建筑。到了15世纪，一些罗马的凯旋门特别是这座凯旋门对于当时乃至后来的建筑师们产生了十分深远的影响，尤其是对于那些画家们更有着极其巨大的影响。我们多次发现了把源于凯旋门的各种不同特征放在一起来使用的各式各样的建筑。这些学习凯旋门的建筑，其使用功能似乎已经包括了所有的建筑类型，凯旋门的模式又一次成为完全合乎语法结构的、支配整个结构的表现手法。

这种结果不禁令人莞尔，强盛的古罗马帝国皇帝们追求建造真正古罗马风格的建筑，但大都能让人看出古希腊风格的影子，而在其即将没落之时，强撑门面的拼凑之作却实现了先帝们的这一梦想。

公共服务设施

古罗马人在公共设施的建设上也取得了不俗的成就。首先要提及的就是配套齐全的输水系统，由于古罗马城所处位置并不能获得充足的水源，而随着各种大型设施的建设完成，古罗马城的用水量又在不断加大。所以修建分布于帝国各处的输水道（Aqueduct）就成了迫切需要解决的问题。古罗马帝国的供水管道几乎遍布于帝国的各个地方，其中最著名的两大供水系统就是为北撒

哈拉农田区提供浇灌用水的管道系统，和为古罗马城中提供日常生活用水的管道系统。无论是沙漠地带的良田，还是古罗马城中遍布的浴场和拥挤的住宅区，其用水量都是相当大的。由此可见，大大小小的输水管道该有多么大的规模。

这些帝国时期修建的输水管道，有一些现在甚至还在使用着，最著名的当属现在法国尼姆的加尔桥（Ponto du Gard）（图3-4-15）与西班牙境内塞戈维亚的输水管道（Aqueduct of Segoria）了。加尔桥是尼姆城输水管道系统的一部分，是为管道穿越河道而建的，总长约300多米，高约50米。大桥由三层拱券叠砌而成，下面两层等大，第三层则明显变小。输水道就在最上一层拱顶上，几千年来一直屹立

图3-4-15 加尔桥 古罗马时期兴建的大型输水管道系统四通八达，这座位于法国尼姆的输水管道保存较为完好。随着古罗马城市的发展，城市中大量增加的人口以及新建造的各种大型公共设施都需要大量的用水，而输水管道也随之越修越庞大，是古罗马创造的诸多伟大工程中的一项，有些输水管道甚至现在仍可以使用

在河面上，至今仍是普罗旺斯最雄伟的古罗马建筑之一。塞戈维亚的输水管道始建于图拉真皇帝时期，长达800多米，只有两层拱券，跨度也要小很多，但与加尔桥近乎平直的结构不同的是，它的总落差达30多米，主要采用当地所产的一种花岗石建造。

另一项伟大的公共工程是古罗马帝国境内的道路网。为军事目的设计的道路在古罗马帝国时期推动了穷兵黩武的侵略，到了相对和平的时期，古罗马帝国又不断地修建这个道路网，据说总长度可达8万公里。路面由几层石头垒砌而成，路面略呈凸面，以利于雨水流走。这个遍布帝国各地的道路网，每隔一定的距离就设置马厩、客栈，还有道路指南和专门的人员负责巡查，为徒步旅行的人们提供方便。与道路配套的桥梁也大量修建起来，大大克服了因地形影响给交通带来的不便。

建筑形式的新发展

古罗马建筑语言十分丰富，和古希腊的建筑相比，古罗马的建筑首先是在实用性上大大强于古希腊时期的建筑。古希腊人营造建筑的目的是为了祭祀神，以取悦神为目的，因此，古希腊建筑是高雅的，不是普及的；是神圣的，不是大众的；是理想的，不是现实的。与此相反，古罗马建筑总是把实用性放在第一位。正如古希腊的数学、几何学等学科的研究只是为了探索自然奥妙，而并不是为了实际应用一样，古希腊的建筑并不是为人们谋求自我享乐的空间。但是，古罗马帝国是一个极重现实的社会，所有的科技研究都会被拿来发展利用，建筑当然更不例外。因此，古罗马建筑在追求气势和雄伟的精神作用的同时，其使用功能也被大大加强，各种各样的实用性公共建筑都相继产生，尤其是一些建筑空间的发明，对于其后的公共建筑和教堂建筑产生极大影响，其中最值得一提的是巴西利卡。

巴西利卡是为了适应古罗马公民集会而

产生的一种宽敞的建筑，这种新形式的建筑始于共和时期，而且伴随着古罗马的强大，其本身的形制也得到了不断地完善和改进。最早的巴西利卡是长方形的大厅，内部边厅的双排立柱支撑着顶部由混凝土制成的拱顶，而中央大厅的屋顶据推测可能是由木支架支撑的屋顶覆盖。此后，巴西利卡得到了新的发展，大厅两边的侧面添加了半圆穹顶覆盖的空间。巴西利卡的大发展时期是从古罗马帝国后期，基督教获得其合法地位之后。巴西利卡这种带有宽敞大厅的建筑形式，正适合用来做大批信徒聚会的场所，因此巴西利卡也随着基督教的发展在各个地区兴建起来，并且与其他形式的建筑结合起来，就如同圣玛利亚·马焦雷巴西利卡（Basilica di Santa Maria Maggiore）（图3-4-16）那样，各地许多拥有独特结构的巴西利卡耸立起来。

古罗马人在科学、文化、艺术等各个领域都取得了巨大的成就，尤其对于建筑来说更是如此。不仅大大丰富和发展了古希腊的建筑形式，更是在此基础上形成了古罗马所特有的建筑风格语言。此时期积累的建筑经验、发明的建筑类型和形制成为以后影响深远的建筑模式。古罗马人对于建筑所讲求的是实用原则，这就使各式建筑更贴近于人们的生活，更便于人们的使用，这也成为古罗马建筑最重要的特点。古罗马不仅培养了许多工程技术人员，还留下了珍贵的建筑专著，这使以后的工程技术得以在此基础上发扬光大。尤其是拱券技术的成熟应用，更为以后拱券的发展奠定了坚实的基础。因此古罗马建筑可说是古典建筑语言中的宝贵财富，值得后人深入研究。

图3-4-16　圣玛利亚·马焦雷巴西利卡示意图 古罗马君士坦丁时期，由教皇利贝里乌斯（Pope Liberius）下令修建的。这是古罗马时期唯一采用三殿式巴西利卡的大教堂。教堂内部采用爱奥尼克柱式，两边对称设置大穹顶，教堂内部不仅有精美的装饰，在墙面上还有各式的镶嵌物，是古罗马帝国后期比较有代表性的大教堂之一

04 拜占庭建筑语言

建筑语言的历史发展

圣索菲亚大教堂的独特语言形式

穹顶

内部空间与装饰

拜占庭柱式

圣索菲亚大教堂对于建筑语言的影响

建筑语言的历史发展

建筑是一种文化，当然也是一种工程，但更确切地说是艺术与科技的结合物。建筑的文化特征使得建筑的发展必然与社会、地域、民族、传统等因素密不可分。

从180年以后，古罗马帝国就一直处于分裂状态，掌握军队的各地群雄并起，形成许多的军营皇帝。虽然此后的戴克里先皇帝对国家进行了整顿，加强了专制统治的力度，但从3世纪开始，混乱和无序仍旧是古罗马的主要社会状态。从4世纪起，古罗马帝国逐渐走向衰落，君士坦丁皇帝在把整个帝国分为东西两部分之前，集中全罗马的力量修建了东罗马新的首都君士坦丁堡（Constantinople）。这里原是古希腊的殖民地拜占庭（Byzantine）的所在地，在这里东罗马又创造了辉煌灿烂的建筑和文化。史学家们把这一时期的东罗马称为拜占庭帝国，因此拜占庭帝国的文化与建筑的发展自然以君士坦丁堡成就最高。

拜占庭建筑语言的特征为，教堂都是以穹顶覆盖在多边形与方形的平面上。这种屋顶形式与早期基督教的木屋架，或者是古罗马建筑中的交叉拱顶都不相同。拜占庭建筑的穹顶形式来自东方，又将穹顶与古典柱式混合使用，形成了自己的风格。

在穹顶的下面，往往有高高将穹顶抬起的鼓座，另外还有一个极具特色的做法，就是将穹顶的四面作垂直切割。这样，被切割后保留下来的部分，上面为穹顶，而下部分则为四个近似倒三角形的帆拱。帆拱与鼓座是拜占庭建筑语言最显著的特征。

基督教早在古罗马强盛的帝国时期就已经发展壮大起来，但其只信奉基督耶稣一个神，而且基督教认为皇帝也处于他们神的庇护之下的宗教信条与把皇帝的崇拜作为国家宗教的古罗马帝国格格不入。基督教和其信徒被认为是威胁国家安全的叛徒，统治者自然对他们没有好感，当时的法律判定基督徒为罪犯。尼禄在位时引发全城的大火就被理所当然地扣在了基督徒的头上，此后的统治者还以捍卫国家为名开始了对基督徒的迫害。虽然基督徒们的活动不得不转入地下，但由于此时社会混乱不堪，而基督教所宣讲的教义又深得民心，所以其影响还是日渐扩大了。

基督教徒们认为，教徒死后会得到重生的机会，所以并不采用传统的古罗马火葬法，而是采用土葬法，而且教徒们还倾向于与教友们合葬在一起，所以他们的墓大多位于地下的一个集体墓穴中。地下墓穴的结构还多承袭自古罗马，由厚墙支撑着拱顶构成，在拱廊的墙壁上开有盛放尸

体的壁龛，基督徒死后就被抬放到这种集体墓穴里，等待着重生（图4-1-1）。

而当时的社会情况是，连年的征战使得国内民不聊生，而境外的人只要为帝国而战斗不但可以入境，还可以获得土地，古罗马帝国的西面由于大批奴隶应征入伍导致大面积的耕地荒废，主要的支柱产业农业也因此每况愈下。在古罗马帝国东面，农业、商业和手工业却得以继续发展，逐渐成为帝国经济、文化和政治的中心。君士坦丁大帝统治时期，于313年颁布了《米兰敕令》，宣布宗教信仰自由，各地信徒开始在各地建造基督教堂。基督教发展得相当迅速，当时的君士坦丁大帝自己也接受了

图4-1-1 拉提纳路旁的地下墓室 早期基督教墓地大都位于城郊地区，而且都有着十分整齐的规划，地下墓道行列垂直相交。在每行或每列的墓道边都开设有停放尸体的壁龛。早期的墓室还采用古罗马的拱顶形式，而且墓室中的墙壁还绘有以圣经故事为题材的壁画。有的地下墓室面积相当大，而且不只作为墓室使用，有时还是基督徒们平日里秘密聚会的场所

洗礼，成为一名基督教徒。

395年，古罗马分裂为东西两个帝国，西罗马帝国以罗马城为首都，主要以农业为主要的经济支柱，以拉丁语系为主，但以后就被周边的民族吞并了，较早地走向了灭亡。以君士坦丁堡为首都的东罗马帝国，则以希腊语为主。君士坦丁堡地处欧亚大陆边缘，陆上和海上的交通都很发达，其对外贸易已经远达遥远的中国。依靠发达的经济贸易、手工业、工商业发展成为强盛的拜占庭帝国。基督教也在中世纪时分裂成两大派别，西罗马帝国的天主教和东罗马帝国的东正教。从此以后，宗教开始成为统治国家的主要力量，不仅人们生活的各个方面要通过教会，更重要的是宗教开始统治人们的精神世界。宗教建筑在东西两个帝国的发展情况也不尽相同，西部在古罗马建筑的基础上发展了拱顶和巴西利卡，而东部则只发展了穹顶结构，并且由于东正教重视教徒的集体活动，所以建筑也向着集中形制而发展。

图4-2-1 圣索菲亚大教堂 教堂以外部雄伟的身姿、内部大面积的精美彩色玻璃镶嵌画而闻名于世。这座大教堂是拜占庭帝国查士丁尼皇帝统治时期最为繁盛时代的代表性建筑，是人类拱券技术进步的标志。通过圣索菲亚大教堂，大穹顶的影响还扩大到北非、中亚以及俄罗斯等地区，在我国新疆和哈尔滨也有此类建筑。正是由于大教堂宏大的气势，使它在战争中幸免于难，后被改建为伊斯兰教清真寺，并在外部加建了四座邦克楼（Minaret）。四座高而细的楼虽然与大教堂整体风格不统一，但却消除了砖砌教堂本身的沉重感，不失为一种奇妙的组合

圣索菲亚大教堂的独特语言形式

由于战争的原因，东罗马帝国的首都最终被信仰伊斯兰教的人所占领。其辉煌的建筑绝大多数都被破坏，因此，对于我们今天了解拜占庭建筑来说，不能不说是一个极大的遗憾。其中，唯有圣索菲亚大教堂（Hagia Sophia）被保留至今，是今天研究拜占庭建筑极少的实例之一。

拜占庭帝国从5世纪到7世纪是最繁荣昌盛的时期，其疆土扩展得也最大。此时，包括古罗马后期、小亚细亚、古埃及等地建筑风格在内，多个地区和基督教、伊斯兰教等多个宗教的各种建筑风格相互借鉴、糅合，拜占庭帝国的建筑呈现出很强的东方韵味。

早在君士坦丁皇帝把首都迁到拜占庭以后，他就着手对这一地区进行了大规模的建设，君士坦丁堡也发展成为

一座较大规模的城市。城市中不仅有规划整齐的街道，包括竞技场、广场、浴场和游乐场所在内的各种大型公共建筑也一应俱全。国王的宫殿也有好几处，而贵族、富人的豪华居所更是普遍，城中店铺林立，人口很快达到了100万人，君士坦丁堡成为继罗马城之后的繁华大城市。

查士丁尼（Justinian Ⅰ）是把拜占庭帝国推向顶峰的皇帝，他不仅统一了原古罗马帝国的大部分疆土，对国家的管理也相当在行，使拜占庭帝国的经济实力迅速增强。另外，统治者对文化也采取了极宽容的政策，使得融合了古希腊、古罗马及东方传统的拜占庭文化也取得了较高的成就。由于帝国雄厚的经济实力，皇帝和贵族等社会上层阶级都大肆修建豪华的建筑，在这种背景下使得拜占庭帝国的工艺美术也有了很大的发展，室内的装饰艺术尤其发达。

拜占庭帝国最可夸耀、也最为被世人熟知的就是圣索菲亚大教堂（图4-2-1）。最先的

索菲亚大教堂是君士坦丁皇帝为供奉索菲亚神修建的，因为她是智慧之神。后来这座大教堂被一场大规模的城乡平民暴乱焚毁了，与大教堂一同被毁坏的还有很多公共建筑和一部分皇宫。历史又在这一点上演了惊人的巧合，如同尼禄时期罗马城的大火一样，查士丁尼皇帝有了重新建造首都的机会。他不仅重建了更为气派豪华的宫殿和公共建筑，还几乎动用全部国库修建了新的圣索菲亚大教堂。拜占庭帝国在建筑上创造的主要成就，通过这座大教堂体现了出来，那就是对穹顶的改进和帆拱的发明。

图4-2-2 圣索菲亚大教堂穹顶的建造过程分解示意图 拜占庭时期工程技术的一大进步，就是使圆形的穹顶能够与方形的建筑平面相适应，解决了古罗马时期在方形墙面建造穹顶的结构和建筑形式问题。首先在平面为方形的墙体上做好内部支撑的结构，然后沿方形墙面的四周起半圆形的发券，在四个券顶点上的水平切口处砌鼓座，而切口处所形成三角部分的拱壳就是帆拱。在鼓座之上就可以兴建大穹顶了，四周半圆发券的另一面也做成穹顶的样子，就形成了索菲亚大教堂众多小穹顶簇拥大穹顶的效果

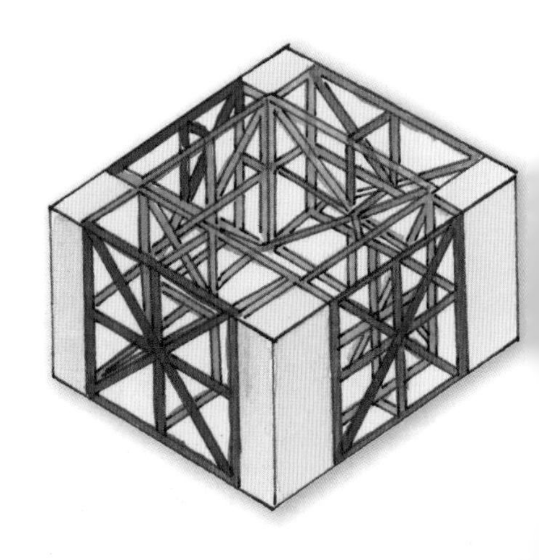

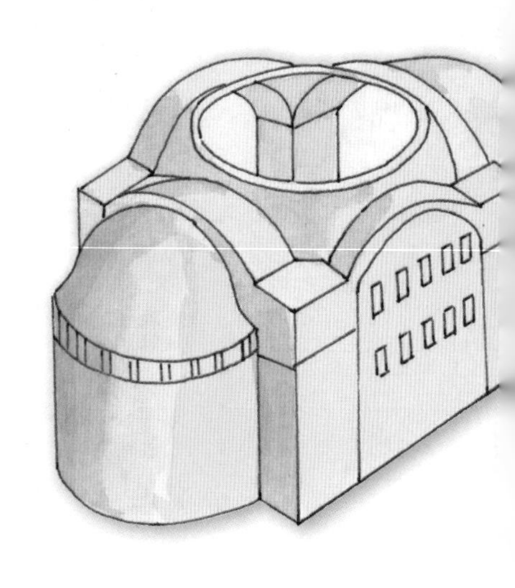

穹 顶

之所以要提到穹顶（Dome）技术，是因为古罗马对于穹顶的制造技术虽然已经达到了相当高的水平，但也存在一些问题无法解决。比如，穹顶只能建在圆形的墙之上，也就是穹顶建筑只能建成圆形的平面。虽然通过复杂的拱顶结构可以形成多层次的空间，但不能形成主要的中心区域，其应用性不是很广泛。虽然在有些地方也有些建筑平面是方形或多边形，而顶部是穹顶，但因为受技术水平的限制，只能适用于小型的建筑之上。所以要在方形的平面上覆穹顶，则需解决的首要问题就是，上圆下方的两种图形之间如何承重和过渡。其次，由于穹顶在各个方向上都有推力，而且穹顶越大则推力也越大，因此古罗马帝国时期穹顶建筑的围墙大都很厚。后来也有人对此进行了改进，把侧推力分散到不同的墙上去，就形成了环廊式或四瓣式的平面形式，但建筑立面和内部仍有局限性，虽较古罗马时期的厚重墙面有所好转，但最终也没有真正解决这个问题。

拜占庭的工匠们则很好地解决了墙与穹顶的过渡问题，具体做法是在方形平面的墙上沿四边砌发券，而在四个券之间以对角线的长度为直径垒砌穹顶，完成后的穹顶就如同一个大穹顶四边被发券切割后的样子，而整个穹顶的重量则分别由四个发券承担，这种方法不仅分散了穹顶

的重量，还可以用同样的方法把穹面建在任意的正多边形上。这种做法不仅使建筑内部空间更加规整，而且也打破了十字拱顶结构内部空间分隔的局限性。此后，这种穹顶的制作技术又向前发展，在四个发券的顶点上又做水平的切口，垒砌上半圆的穹顶，而切口四个角上的球面呈三角形的部分就称为帆拱（Pendentive）。这种穹顶的制作方法逐渐固定下来，形成模式，改为首先在切口上砌圆筒形的鼓座，再在其上设穹顶的方法，而鼓座、帆拱和穹顶的建造形式也成为拜占庭建筑的主要结构形式，也是拜占庭时期建筑最光辉的艺术表现形式，而且这种形式也在以后的欧洲各地普遍流行开来（图4-2-2）。

对于穹顶的推力问题，在拜占庭工匠们的努力下，也得以很好地解决。那就是与帆拱下的发券相对应垒砌筒形拱，筒形拱的下部再起发券，而里面的发券底部又正好落在中央穹顶的承重支柱上，除内部支撑穹顶的支柱外，墙面不再承受侧推力，建筑内部更加敞亮，外立

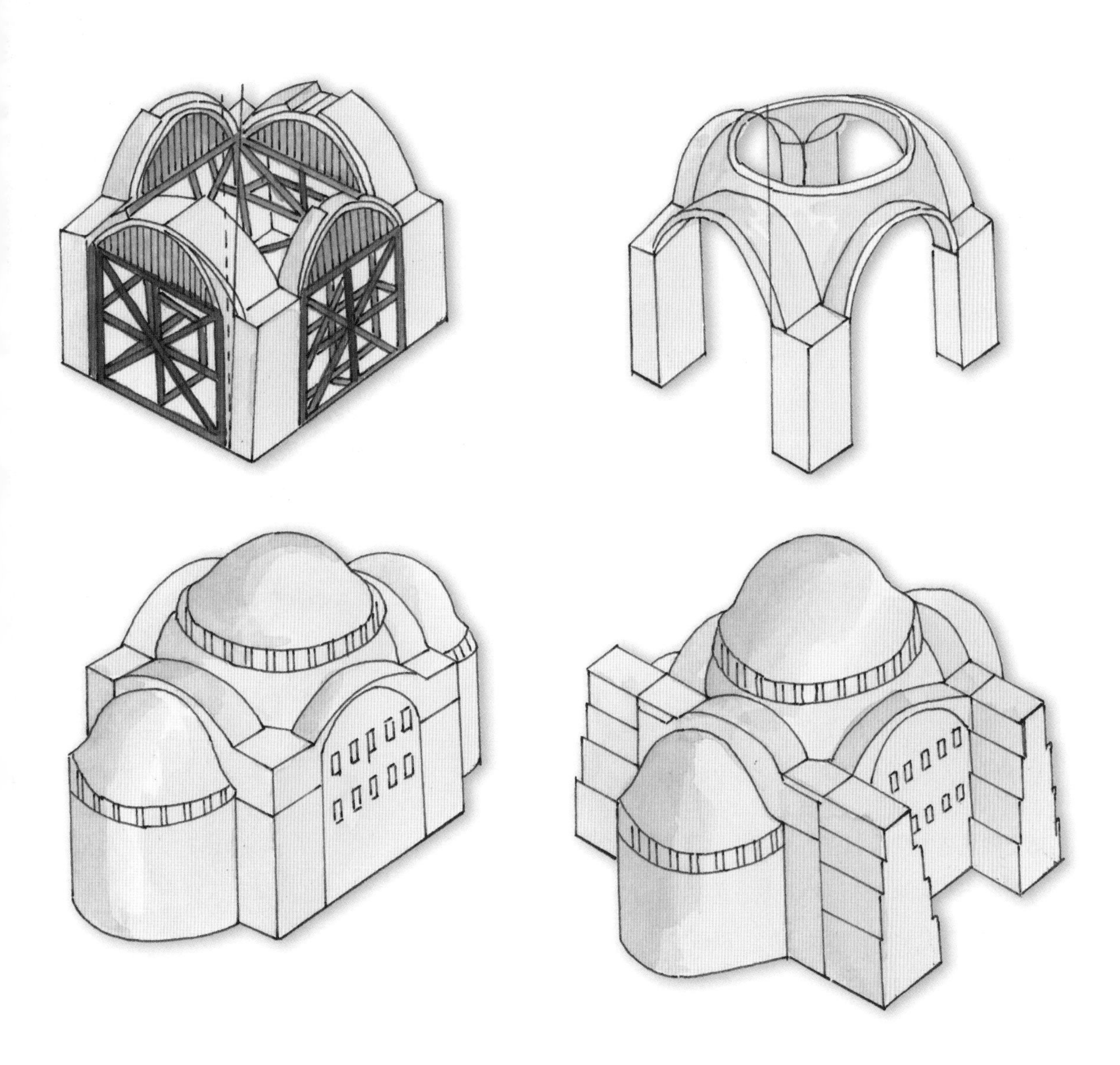

面的设置也更加灵活。这样建成的教堂建筑就形成了以下的形象：平面布局是方形，其上有四个长度相等的筒形拱，中央是大穹顶，而在大穹顶四角则是更低的小穹顶和拱顶，整个建筑不仅连为一体，还错落有致，气势非凡。大穹顶的上面覆以铅皮，除此之外没有过多的装饰。

圣索菲亚大教堂就是这种结构的产物，查士丁尼皇帝对这座大教堂十分重视，在平息了暴乱之后，他首先花重金聘请了小亚细亚的设计师为新教堂做了设计和规划，甚至他本人也直接参与到教堂的设计工作中来。这其中最有影响的两个人就是安西米厄斯（Anthemius）和伊西多洛斯（Isidorus），他们是博学的科学家和数学家，正是因为数学家的构思，教堂才有了严谨的结构，而科学家的介入又使得教堂有了不同于以往任何建筑的面貌。圣索菲亚大教堂最后建成的中央大穹顶直径30米，虽然比古罗马万神庙的穹顶要小一些，但其最高处则达到了60米，超过了万神庙，成为世界上少有的几个大穹顶建筑之一。穹顶由40个肋架和蹼板组成，蹼板的底部一圈开有40个窗户，这使穹顶仿佛悬浮在空中一样。由于施工的匆忙，大穹顶曾经塌陷，后来修建时又增设了扶壁，使之更加稳固。更重要的是，大教堂的内部形成了一个高敞的方形空间，这个空间是整体的，不再被承重墙分隔得支离破碎。

内部空间与装饰

圣索菲亚大教堂内部的中央空间被南北方向的加廊通道分隔开，而两侧的大理石柱就是支撑圆拱的承重柱，其上还开有双层的饰窗。南北两侧还设有楼层，以供女信徒使用，由于上层的柱列整体尺度要小于底层，让人觉得教堂更加高大。东西方向两个大穹顶下方的区域是完全空敞的，被当作副殿（图4-2-3）。同大教堂朴素的外观相比，其内部又是另一番景象，查士丁尼皇帝倾尽国库，从各个地区大

图4-2-3　圣索菲亚大教堂内部结构示意图　由于大穹顶的使用，教堂内部的中庭更加开敞和高大，东西两侧与中庭互相联通，形成纵深感很强的教堂大厅，而南北两侧则被细密的支柱隔开，这些柱子都有着拜占庭风格的柱头、镂空的雕刻花纹和丰富的色彩。虽然穹顶的侧推力主要由墩子和墙面承担，但为了增加建筑的稳固性以抵消穹顶的侧推力，还是在教堂两侧最外部设置了扶壁

量进口大理石、黄金、象牙、宝石来对教堂内部进行装饰，各地的长官也奉献出了本地的奇珍异宝。圣索菲亚大教堂内部，由各色大理石和金箔装点的柱子、墙面也犹如大自然中绚烂的花园一般，五彩斑斓，而地面、帆拱、穹顶面的天花上则先铺设纯金，再以彩色玻璃和各色宝石镶嵌，做成以圣经故事为题材的马赛克画。

拜占庭时期可以说是将马赛克（Mosaic）镶嵌技术发挥到了极致，不仅是在圣索菲亚大教堂中随处可见精美的马赛克装饰，在其他教堂中，马赛克装饰画也是教堂主要的装饰之一。由于拜占庭时期镶嵌画和装饰物中不允许出现人物或动物的图案，所以植物就成为此时期最主要的装饰图案，当单一的植物纹样稍显单调时，聪明的匠人就创造出了基于植物图案的各种变体，从而发展为一种抽象的图案装饰。此时的马赛克不仅表面镶有玻璃和各种色彩，还可以在表面镶金箔，而用马赛克做镶嵌画时，整个画面不仅有自然的颜色过渡，还有光影及透视变化，其细致程度可以与绘画相媲美。尤其是在教堂半圆形后殿的穹顶上，通常都以大面积的马赛克拼贴出巨大的耶稣像，而圣索菲亚大教堂中的这幅镶嵌画不仅面积巨大，其镶嵌也尤其精美。

这样的一座教堂只能以金碧辉煌来形容，其奢华程度无可比拟，因为仅用于教堂装饰的黄金就有14.5万公斤，其他珍宝更是不计其数。然而如此一座规模庞大、结构复杂、装饰豪华细致的建筑，却只用了不到6年的时间就建成了，让人不得不惊叹。据说查士丁尼皇帝经常亲临工地指挥，查看工程进度。当教堂完工后，他与大主教还率众举行了盛大的落成典礼。事实证明查士丁尼皇帝的决断是正确的，虽然为大教堂耗尽了帝国国库的财富，但建成后的大教堂以其雄伟的建筑吸引来了各地的圣徒朝拜，同时也为濒临破产的皇帝带来了滚滚财源。

也许是圣索菲亚大教堂太过宏伟了，所以它得以在战争中幸免于难。当15世纪土耳其人攻陷君士坦丁堡时，也被这座大教堂折服了。他们搬走了教堂里的基督圣像，用涂料将教堂内部的宗教马赛克镶嵌画遮盖了起来，又在教堂四角上加建了四座细而高的邦克楼。到20世纪土耳其共和国成立之后，圣索菲亚大教堂被改建为博物馆，被覆盖的马赛克壁画又得以重见天日，这也成为圣索菲亚大教堂一道独特的景致。

拜占庭柱式

拜占庭早期，建筑中的柱头还主要沿袭古罗马建筑中的柱式，主要的装饰图案还是以茛苕叶和涡卷图案为主，但已经在其中加入一些富有拜占庭风格的细节（图4-2-4）。在沿袭古罗马柱式及其装饰风格以后，拜占庭地区又传入一些东方国家，如波斯、阿拉伯等国的建筑和装饰风格，在不断的融合中，拜占庭帝国才逐渐形成了独特的建筑与装饰风格。拜占庭式柱头（Chapiter of Byzantine Style）有一大特点，就是主要采用三角形，也就是通过加工，使柱头部分大体呈三角形状，或在柱头上加一块倒方锥的垫石，或把整个柱头都做成倒方锥形。还有一种柱子的形式是从底部的方形向上逐渐过渡

图4-2-4 拜占庭式柱头（一） 拜占庭式柱头大多也是以植物的花纹作为雕刻图案，但其雕刻得却很深，形成明显的凹凸。这种柱头还受到古罗马柱式的影响，有着爱奥尼克式的涡旋形角饰。但随着拜占庭建筑的发展，柱头装饰中以往的雕刻风格完全被抛弃，取而代之的是带有独特拜占庭风格的镂空式柱头

图4-2-5 拜占庭式柱头（二） 这是不规则的皱褶式柱头，拜占庭式的柱头大多以变形的花边和细长的卷须来作为柱头的装饰图案，并且注重通过凹凸的对比来突显光影的变化，将柱头突显出来。拜占庭式柱头大都形状活泼，雕刻得十分精美。但因为柱头在表面形成镂空似的雕刻，与柱子所承受的重量形成了鲜明的对比，会给人以不稳定感

成圆形。

拜占庭时期有一种独特的雕刻装饰手法，这种雕刻手法可能来自于东方的纺织物中，因为从柱头上雕刻的图案来看，这种细致的雕刻就如同刺绣出的花纹一般。这种雕刻手法多用在石头特别是柱头的装饰上，而刺绣式雕刻形成的图案以纤细、通透和凹凸的强对比为主要特点，雕刻出的柱头极为精细和美观。对于柱子的装饰也发展出几种主要的样式，通常以忍冬草（Honeysuckle）叶、花篮、纺织物等复杂的图案为主，但柱头大多都采用镂空透雕的图案，单独看时非常精美，柱头的明暗光线对比也很强烈。但与巨大的建筑相搭配时，就给人一种难以支撑的感觉，柱头因雕刻得太过玲珑而显得脆弱，失去了整体的协调感（图4-2-5）。

继圣索菲亚大教堂后，拜占庭帝国再也没有如此巨大的建筑工程了。虽然查士丁尼皇帝此后又依照大教堂的模式在君士坦丁堡修建了几座穹顶教堂，但就其形制和规模来说，都比圣索菲亚大教堂要小得多。从7世纪以后，拜占庭帝国日渐式微，建筑也没有太大发展。由于先后遭受了几次西欧十字军的洗劫，君士坦丁堡大部分的建筑也都被损毁了，只有圣索菲亚大教堂奇迹般地幸存了下来。但巴尔干地区和小亚细亚地区的建筑风格却逐渐统一起来。在圣索菲亚大教堂大穹顶的影响下，东欧的各个国家和地区也都纷纷建造起有地区特色的各种穹顶式建筑来，而且穹顶巴西利卡和十字形平面的穹顶教堂成为主要的教堂建筑形式。

圣索菲亚大教堂对于建筑语言的影响

以君士坦丁堡为首都的东罗马帝国版图相当辽阔，其最盛时的领土包括了如今的希腊、巴尔干半岛及叙利亚直到埃及的一些地区，而东部基督教建筑的发展其平面为四边等长的十字形式，这种形式也成为其领土内各国基督教建筑的标准平面形式。圣索菲亚大教堂的影响也扩大到东罗马帝国的各个统治区，大教堂所使用的先进结构被广泛地采用，各地兴建的教堂建筑不仅呈现出与圣索菲亚大教堂相似的形制特点，还在此基础上有了新的发展，发展出一些极富地方特色的新式教堂形象。

在东罗马的拉芬纳（Raven-na）地区曾短暂地作为过渡时期的首都，而此后也一直受到统治者的重视，修建了许多教堂建筑。在这里，古希腊式的平面在基于十字形的基础上被拓展为正方形、八边形等许多新的平面形式，甚至是圆形。这种结构上的变化并不是很难，因为教堂的规模都很小，因此只需要在正方形的四个转角处加上斜梁就可以构成八角形或其他的多边形形状。圆顶可以直接架设在这样的结构上面，但这个简化的结构显然不能承受石制穹顶的重量，于是各地也对屋顶的形状做了一些变通。

最简便易行的办法是用坡屋顶或金字塔形的屋顶代替穹顶，屋顶的材料也采用较轻的木质材料，这样教堂在保持原来形制的基础上只是在屋顶部分略有改动而已。还有一种教堂也保持了圆顶的形式，制作圆顶的材料却改为一种陶质材料，这样使屋顶在保持为穹顶的基础上，其本身的重量却大大减轻了（图4-3-1）。

图4-3-1　圣魏塔莱（San Vitale）教堂　这是一座按照圣索菲亚大教堂形制修建的教堂，但在局部的结构上做了一些小改动。首先，教堂平面采用建立在希腊十字形基础上的方形，而在顶部则又在方形的四角各加了一条斜梁变成了八边形。这种斜梁的结构使得教堂的平面形状更加多变，但却无法承受穹顶的重量，因此，许多小教堂就省去了穹顶，而以结构更加简单的木结构坡屋顶代替

图4-3-2 修道院教堂 这是基于圣索菲亚大教堂结构的另一种变体建筑形式，虽然建筑也采用了大穹顶的形式，但其周围用于支撑穹顶侧推力的小穹顶却采用扶壁墙，这种有效的结构使小教堂的建造更加简便，大大节省了建筑成本。此后，扶壁作为一种简捷有效的结构形式得到了很大的发展，尤其是在哥特时期，扶壁不仅是重要的结构部分，还成为其建筑的一大特色

希腊和巴尔干半岛的一些地区最有代表性的基督教建筑是各式各样的修道院教堂，这些修道院建筑的外形就已经明显地展示出它们的古希腊十字式平面。小教堂采用了同圣索菲亚大教堂一样的结构，但除了中央穹顶以外，其他部分都只使用木架构的坡屋顶形式。中央穹顶高高隆起的鼓座上也开有侧窗，而且穹顶上所覆盖的是富有当地特色的波形瓦屋顶。在当地的一些小教堂中，除了砌筒拱分散中央穹顶的侧推力以外，还出现了扶壁墙的形式，这种简化的结构也是教堂建筑的一项进步，经过不断的完善与改进，扶壁最终在哥特建筑中得以大面积的推广使用（图4-3-2）。

图4-3-3 威尼斯圣马可大教堂 威尼斯原来就是拜占庭帝国的一部分，而圣马可大教堂的结构和外部形象也是间接来自君士坦丁堡中的圣索菲亚大教堂。圣马可大教堂采用希腊十字形平面结构，但却有多达五个的圆顶，因此整个教堂的外观非常特别。大教堂正立面入口处的五座拱门上也分别设置了五个尖拱的半圆形山墙装饰，山墙和拱门上还绘有彩画的装饰。大教堂顶部也耸立着各式的人物雕像，这座教堂可以说是最为特别的拜占庭风格建筑

威尼斯也是拜占庭帝国的一个属地，而在此地也建有一座具有东方气质的建筑圣马可大教堂（Basilica di San Marco）（图4-3-3）。这座教堂是在圣马可陵墓的基础上建造起来的，同当时的许多教堂一样，是按照圣索菲亚大教堂的结构建造而成的。这座大教堂也

图4-3-4　圣瓦西里升天教堂　这是拜占庭风格的圆顶在俄罗斯的新发展形式，由于当地冬季多雪，为了避免穹顶被雪压塌，所以将半圆的穹顶改成了洋葱形顶的形式，而17世纪的彩色瓦面又为这些洋葱形顶赋予活泼的外形。此外，俄罗斯地区还有一种木质的教堂建筑，在一座教堂中可以设置许多的小型洋葱形顶，其外观更为独特

采用希腊十字形结构，但整个教堂却有着五圆顶的奇异造型。教堂立面以中心的蒜形穹顶为中心，两边又各设置两个小穹顶。五道大门采用层叠的退柱式，五面半圆形的山墙绘制着精美的壁画，而屋顶上则站满了大大小小的圣徒雕像。至于教堂内部，穹顶上也仿照圣索菲亚大教堂大穹顶的形式开有一圈侧窗，而四壁除了都以黄金镶嵌以外，教堂内部还摆满了直接从君士坦丁堡运来的浮雕、镶嵌画及各种精美的饰品。

拜占庭风格在俄罗斯的发展经历了两个时期，早期是模仿期，在俄罗斯各地都兴建起了以圣索菲亚大教堂为范本的教堂建筑。但到了后期，俄罗斯终于在拜占庭风格的基础上发展出了最为独特的建筑风格。在俄罗斯，穹顶转变为一种极具表现力的新形象，从半圆或弧形转变为了洋葱形。这种转变是适应当地气候条件的结果，因为俄罗斯处于高寒区，冬天的降雪量非常大，当地房屋都采用非常陡峭的坡面形式，以防止被积雪压垮。而俄罗斯最有代表性的洋葱形顶教堂，当属莫斯科红场上的圣瓦西里升天教堂（Saint Basil's Cathedral）（图4-3-4）。

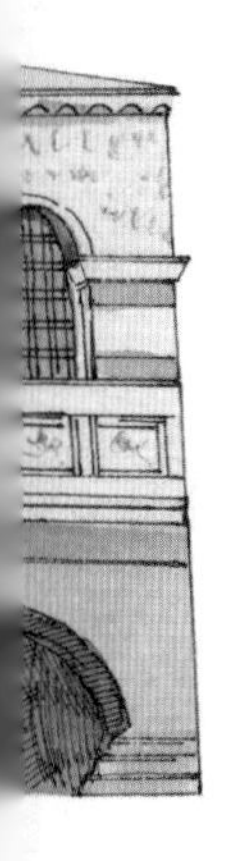

这座教堂是统治者为庆祝一次艰苦卓绝的战争胜利而修建的，教堂由中部尖挺的塔楼和四周环绕的许多洋葱形顶组成，中心塔楼的顶部由许多扇形的开窗装饰，层层叠叠地向上收缩为尖顶，而最富表现力的则是环绕在它周围的众多小洋葱形顶。这些屋顶分别坐落在造型别致的建筑上，而各个洋葱形顶的形态又有所不同，由于17世纪时给这些小洋葱形顶铺设了彩色的瓦面装饰，更加丰富了这些屋顶的表现力，它热热闹闹地矗立在广场上，与其他建筑格格不入，精美得就如同童话故事里的城堡一般，谁又能想到它实际上是一座肃穆而庄严的教堂呢?

05 哥特式建筑语言

哥特式建筑特点

法国哥特式建筑语言

英国哥特式建筑语言

其他国家哥特式建筑语言

哥特风格的世俗建筑

哥特式建筑特点

大约在11世纪，哥特风格（Gothic）在法国诞生了。从此之后，以法国为中心的西欧各国建筑都向着高大的尖顶形式发展起来，并在13~15世纪开始在整个欧洲流行开来。虽然我们熟知的哥特式教堂中的尖顶（Pointed Arch）、拱肋（Arch Rib）、飞扶壁（Flying Buttress）（图5-1-1），在以前早已经出现了，但发展得似乎都不够完美，并且也没有结合到一起使用。哥特式建筑则将这三种结构发挥到了极致，还发明了许多新的建筑结构。虽然哥特式建筑大都由一种结构模式构成，但它高高的垂直线条仿佛一直延展到天际，的确创造出一种神圣的感觉。而且哥特式建筑内部也充满了宗教气氛，当光线射入深深的内部空间时，从五彩的玻璃中映射下来的光线更为建筑渲染出一种神秘的氛围。这就是哥特式建筑语言给予人们最深刻的印象。

随着政治和经济的发展，大量的大型城市在欧洲大陆上相继崛起，教士们也逐渐从乡村走向城市。以前的那种有着厚厚墙壁、狭小和昏暗内部的教堂已经无法满足人们的需要。作为教区中心和城市中心建筑的教堂，不仅设有主教的座位，还成为人们活动的一处重要场所。除节庆时作为公众活动的大厅以外，教堂还同时兼有剧院、教室、法院等多种功能，同时也是人们大加装饰以炫耀和赞美城市的建筑。所以，人们就需要新形式的、既有着强烈的宗教象征意义又宽敞明亮的教堂，来作为城市的纪念碑。而这时的社会的建筑生产状况是，已经产生了专业的建筑师和工程师，他们不仅能在建筑营造之前画好各种形式的设

图5-1-1 哥特式教堂侧面的墩柱（Compound Pier）、肋架券（Pier Arch）和飞扶壁结构 肋架券除了是重要的建筑结构外，其相互交叉的形式也是屋顶的最好装饰，许多哥特式教堂中都直接暴露着肋架券，成为教堂内一道美丽的风景。飞扶壁有木质和石质之分，由于它的支撑，墙壁上得以大面积开窗，而其自身也是重要的装饰部分，与墩柱上所建的小尖塔一样，成为哥特式教堂外部颇具观赏特色的结构

图5-1-2 哥特双尖拱窗（Twin Windows with Pointed Arch）
尖拱是哥特式建筑的一大标志性特色，不仅体现在建筑主体顶部的结构中，各式各样的尖拱窗也是重要的组成部分之一。早期的哥特式教堂中，墙壁还有承重功能，因此所开的尖拱窗细而窄，但到后期结构成熟以后，墙壁则被大面积的尖拱窗所占据，窗棂也由石雕改为金属，使得窗子更显得轻盈、通透

计图，还能参照以往的建筑形式，运用数学和几何的方法运算出有关的数据。各种与建筑相关的工作，如石匠、木匠、画匠、玻璃匠等也已经形成专业和明确的分工，他们已经能够使用专业的工具制作比较复杂的样板了。

哥特式建筑是一种建立在以往建筑成就上的新风格建筑，这种建筑具有自己独特的建筑语言，在建筑语言的发展中也占有非常重要的地位。可以说哥特式建筑语言的独特依赖于建筑技术的提高，那高高耸立的尖塔不仅是一种全新的词汇，更是一种新的修辞手法，以它特有的虔诚表达着坚定的宗教信念。或许是这种建筑语言所表达的情感太过于强烈，所以其传播和影响的范围也比较有限，而且从中世纪后期起就逐渐退出了历史的舞台，只有一些先进的技术被后世保留了下来。虽然在此后，也有过哥特风格的复兴，但那也只是星点地运用一些人们熟知的词汇或哥特式修辞，体现在建筑上的真正的哥特式语言的表述已经一去不复返。

哥特式建筑在结构语言上主要有三大特点：第一大显著的语言特点就是尖拱（Pointed Arch），哥特式教堂中使用侧推力较小的二圆心尖券（Two Centered Arch）和尖拱，减轻了结构的重量。由于尖拱不像圆拱，其半径一旦固定就不可改变，而是可以任意改变弧拱的高度，也使正厅与侧厅拱券的高度更加协调。后来又对这一结构做了改造，取消了中厅与侧廊的高度差，使教堂内部的空间更加整齐划一。

第二大显著的语言特点就是高大的玻璃窗（图5-1-2），这是由于使用了独立的飞扶壁

结构，把券脚落在侧廊之外的横向墙垛之上。侧廊因不必再承担中厅拱的侧推力而使得中厅的侧高窗得以开大，而外墙上也因此有可能大面地开窗。在飞扶壁与墙垛之间还可以建造各种功能的小房间，因而使教堂的横厅越来越短。整个教堂的结构不仅更加简洁，也更加轻便，从外面看教堂就是由细长的石头筋骨与巨大的玻璃组成，其组成

图5-1-3　从顶部看哥特式教堂中的墩柱、肋架券及飞扶壁结构示意图　哥特式建筑是一种全新创造出来的建筑形式，虽然它也是从罗马的拱券结构发展而来的，但由于此时技术的进步，其结构已经与先前大不相同。顶部由肋架券结构支撑，墩柱仍旧在建筑中起支撑和抵消侧推力的作用。虽然哥特式肋架券的侧推力较穹顶要小得多，但仍需要一种有力的结构支撑。飞扶壁就是把拱顶与墩柱连为一体并传递重力于基座的结构

类似于现代建筑的框架式结构。

第三大显著的语言特点就是由于骨架券成为拱顶的主要结构（图5-1-3），十字拱（Cross Vault）也成了框架式的，因此拱顶的结构性更强，就使得总体的厚度减小，整个拱顶的重量大大减轻，减小了对各部分施加的压力，也使得拱顶可以适应于各种平面。简单而实用的拱顶技术的普及，也大大推动了哥特式建筑的发展。哥特式建筑还有一个重要的特点，那就是各式各样精美的装饰，雕刻、壁画、圆窗，以及宗教题材的玻璃彩画都是不可缺少的，这也成为各个教堂最吸引人的特色之一。

这三大特点也是哥特式建筑语言主要的表述方式，大面积华丽的玻璃窗宣告着中世纪宗教的盛行与繁荣，突兀的高尖塔则展示着高高在上的神明无处不在，并时刻护佑着拜倒在他脚下的民众，而骨架券和高耸的肋拱则高傲地显示着奇迹般的建造技术。哥特式建筑语言是一种充满自信且张扬个性的语言，尤其是标志般的尖塔，在这一点上，它要超过以往的任何一种建筑语言，因为这种独具魅力的语言是如此特别和清晰。

图5-2-1 北安普敦（Northampton）的埃莉诺女王十字架（Queen Eleanor's Cross）神龛 在高高的哥特式建筑中，常开有神龛，并设置宗教人物或国王的雕像。这些神龛也采用哥特式建筑标志性的尖拱形式，做得窄而长，上部有高高的尖顶，也充满了向上生长的态势。这些神龛设置得通常较高，更给人神圣、高大之感

法国哥特式建筑语言

法国是哥特式建筑的诞生地。因为在这一时期法国的经济和文化都处于欧洲各国之上，对以往建筑的拱券、飞扶壁等也已经有了深入的了解，并形成了一套相对完整和成熟的发展体系。因此，在这里也兴建了很多有代表性的哥特式教堂，由于法国的大教堂一般都建于城市之中，所以其风格以高大、壮观为主，并逐渐形成了哥特式教堂固定的建造模式和形制。浪漫如法国人，他们幻想着能创造出最接近天空的建筑，而从建筑语言中所反映出来的词汇也明显地重复着“向上、再向上”的主题。虽然组成哥特式建筑的主要词汇，如尖拱、尖窗、飞扶壁和拱顶没有一样是由法国人新创立的，但是法国人却将它们以一种全新的语序排列组合在一起，形成了一种新的建筑语言，一种属于法国的建筑语言，并将其传播到欧洲各地，成为风靡一时的建筑形式。最初的哥特式一直被人们称为“法兰西风格”，到16世纪

才有了哥特式的称呼，并成为此类建筑的固定名称。后来这种新的教堂建造模式又传到了欧洲的许多国家，在各个不同的国家又衍生出了不同的新形式，出现了尖顶的壁龛（图 5-2-1）、哥特式的世俗建筑等。这其中又以英国、德国、意大利的哥特式教堂最为突出，取得的成就也较高。

法国哥特式教堂虽然也呈拉丁十字形，但其横向的短边更加短小。从最早的一座哥特式教堂——圣・丹尼斯教堂（Basilica of Saint-Denis）落成以后，典型的法国哥特式教堂基本形象就逐渐固定了下来：西面是教堂的正门入口，通常两边都设有高高的钟楼，再由横向的券廊相联系。三座大门都是层叠的尖拱门形式，门的周围和尖拱券上布满了各式雕像，手法精巧。正门的上部设大圆窗，也同样有着雕刻精美的窗形和五彩的玻璃装饰，圆窗通常又被称为玫瑰窗。教堂十字交叉处的屋顶、飞扶壁和墙垛上也都建有尖塔，众多的尖塔都直冲向上，整个教堂显现着无限的生长态势。而四周的窗子则细而高大，以三叶草或四叶草的形象作为装饰，也布满了各式的彩色玻璃装饰。从整体上看，外观最大的特点就是建筑上布满了大大小小的尖塔。由于哥特式教堂大都十分雄伟，其工期都较长甚至达几十年之久，而不同时期所建的尖塔在形式和风格上又都各不相同，就形成了哥特式教堂独特的多样性风格。

著名的巴黎圣母院（Notre-Dame de Paris）就是早期比较成熟的哥特式教堂，它屹立在巴黎市中心，塞纳河西岱岛（Cite Island）的中央，无论从巴黎的哪个地方都能看到它挺拔的身姿。巴黎圣母院（图5-2-2）始建于1163年，但直到1345年才完全竣工。当人们从吉卜赛女郎（Esmeralda）与钟楼怪人（Quasimodo）的爱情故事中知道它时，这座教堂已经在巴黎矗立了几个世纪，残破不堪，于是社会各界纷纷募捐，才令大教堂逃脱了坍圮的命运。最令世人敬仰，也最为世人熟知的就是大教堂的正立面了，因为它不仅庄严、肃穆，还有着众多的图形变换以及精美的雕刻。整个立面被壁柱竖向划分为三大块，而横向的三条装饰带又将它分为横向的三部分。立面中不仅包含着多种形状，而且各种形状还相互组合，但由于区域划分得当，仍旧给人以规整、严谨的感觉。

巴黎圣母院几乎可以说是早期哥特式建筑语言的规范性样本，它在结构、立面和建筑整体形象上所表现出来的统帅作用，对后世影响颇深，有很多教堂几乎是原封不动地使用着它的建筑语言，连表述的语序都没有改变过。至于此后出现的一些规模更大、结构更复杂的教堂建筑，也同巴黎圣母院有着密切的联系，因为此后更加流利的表述语言也是建立在巴黎圣母院的初级尝试基础上的。

巴黎圣母院最底层是三个内凹的尖拱门洞，中间较大，两边略小。正中的门洞由六层拱券组成，每层底部都对称雕刻有高大的人

图5-2-2　巴黎圣母院立面　巴黎圣母院位于巴黎市中心，是一座典型的哥特式教堂，教堂只有中部十字交叉处耸立着一座玲珑的尖塔，而其正立面的尖塔只完成了塔基的部分，所以就形成了今天人们看到的形象。巴黎圣母院长130米，宽50米，高35米，其内部可同时容纳9000多人举行仪式。巴黎圣母院的另一大特点是顶部无处不在的精灵雕像，精灵的面部怪异而神秘，向下俯瞰着这座城市和城市中的人们。多年来，巴黎圣母院恢宏的体态与钟楼怪人的故事吸引着世界各地的人们前来参观，也成为最著名的一座哥特式建筑

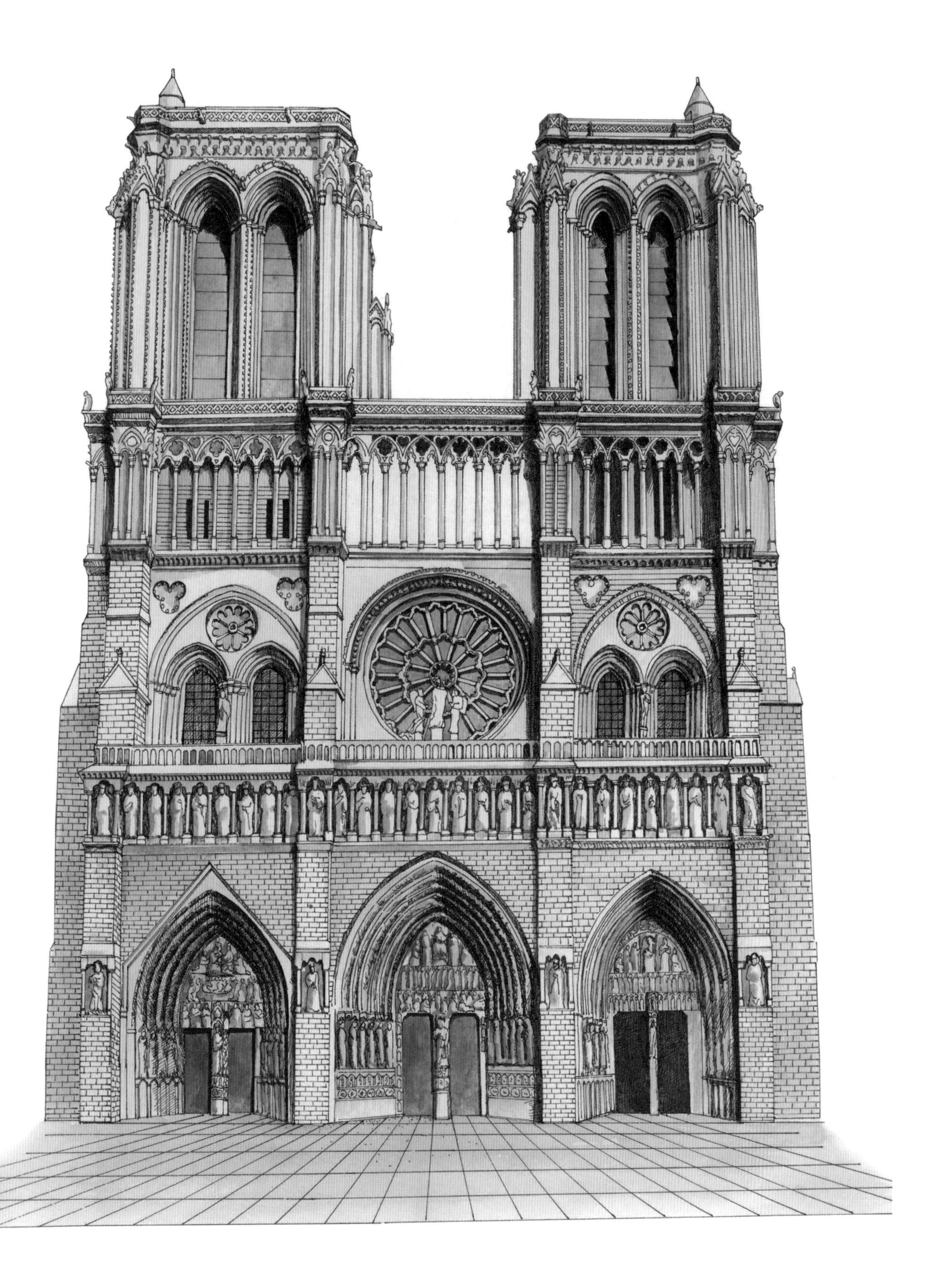

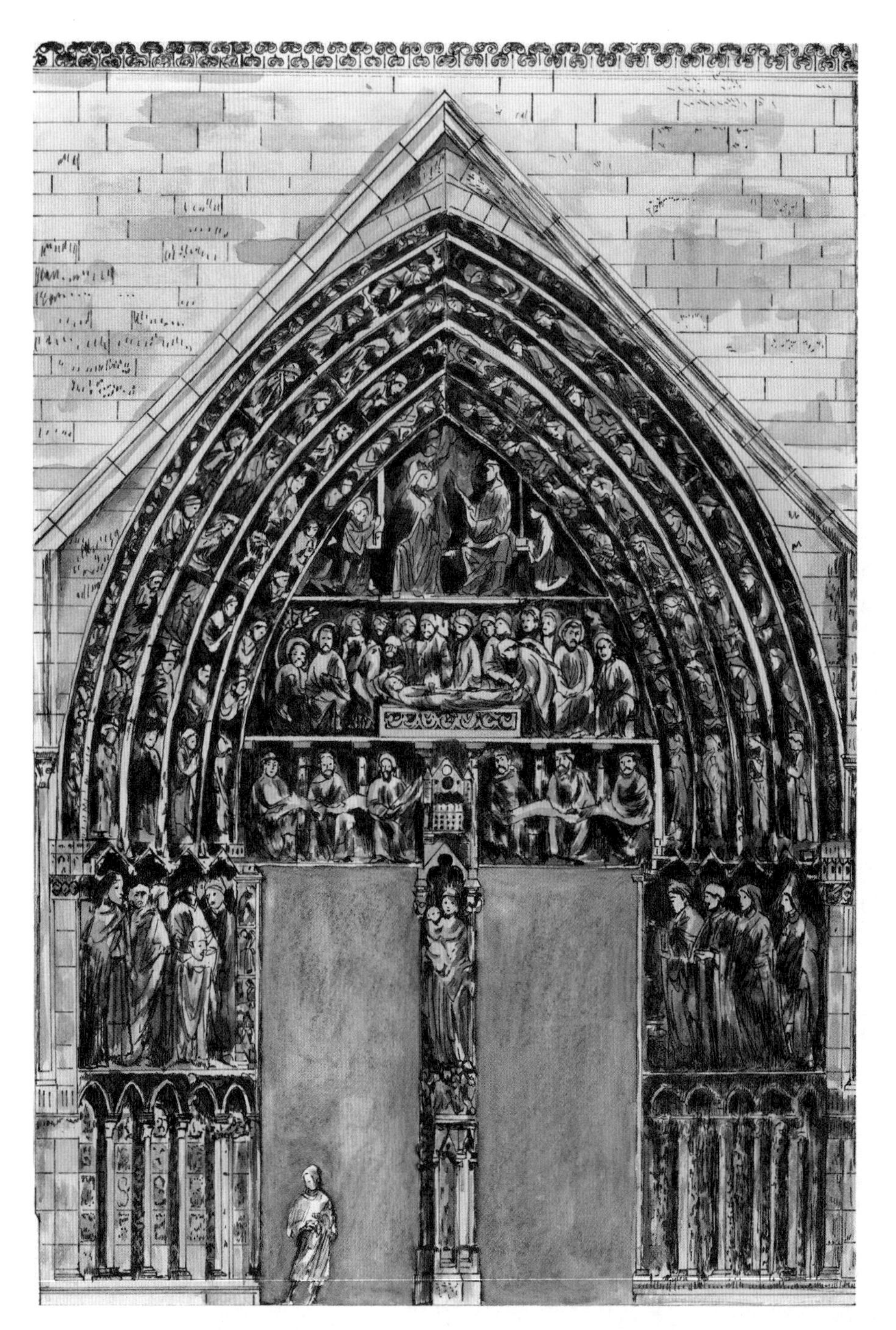

图5-2-3　法国巴黎圣母院西立面最北门　这个大门被称为“贞女玛利亚门洞”（Virgin Mary Gate），是巴黎圣母院雕刻最为精美的一座大门。大门的中分柱上雕刻着圣母与圣婴的雕像，以上则雕刻着以圣母生平故事为题材的组雕。大门的两侧雕刻着代表一年当中十二个月份的雕像，而围绕着门上的尖拱上则布满了圣徒与天使的雕像。以前这些雕刻都以金箔打底，其上则有着鲜艳的色彩

像。正中的门洞柱上雕刻着基督的形象，两侧分别是圣母、圣约翰和天使的形象。其他的地方雕刻以基督故事为题材的各式形象，对天堂、地狱都做了详细的表现，最底层的柱带则是基督复活的故事。右侧的门洞又称圣安娜门洞，除了天使簇拥的圣母像、当时的主教与国王的形象以外，还雕刻有圣母之母圣安娜的故事。左侧门则称为贞女玛利亚门洞，雕刻的是圣母玛利亚的故事，以及圣母和圣

婴的像，除此之外还有圣徒、天使与代表着一年十二个月的图画（图5-2-3）。这一门洞也以温馨的情调，被人们认为是最精美的门洞。来自人民的雕刻匠师们赋予大教堂以浓郁的世俗气息，大教堂上雕刻着反映人民生活和劳动的画面，用通俗的语言向信徒们传播着深刻的教义。

门洞之上是国王廊，是一条雕刻着28尊人像的横向装饰带，这些人像代表着以色列和犹太国历代的国王，他们全都头戴皇冠，手拿十字架或神杖。每个国王像都处于两个有着精美柱头的壁龛之内，而连续的壁龛和柱子就形成了一条精美的柱廊，柱廊上有星形的连拱廊，下有双层的花饰带。由于每尊国王像都有不同姿态，这也成为人们观赏的重点。长廊以上，两边是对称的巨大拱窗，每个拱窗都由大尖拱下的两个小尖拱窗（Double Lancet Window）组成，小尖拱窗上部则各雕刻有一个装饰性的圆形玫瑰窗（The Rose Window）。这两个小圆窗是在石壁上雕刻出来的，并不透光，真正透光的是长廊以上、两个大拱窗中间的圆窗。大圆窗直径达10米，中间是玫瑰花形的石窗棂，窗棂中镶嵌着彩色的玻璃。圆窗前雕刻着圣母怀抱圣婴的雕像，两旁各设有一个天使，两侧分别有亚当和夏娃的雕像。这一排窗子的上面，是一排细高的雕花石柱支撑的组合拱形式，再向上就是左右两座未完工的塔楼。这两座塔楼虽然未完工，只有一层带双拱窗的塔基，但细长的石棂窗仍然很挺拔。

教堂的中部，十字交叉处的屋顶上也设有尖耸的高塔，后部则是高低错落的飞扶壁和肋架券，这些结构的形制非常大，那分布的脚拱其半径就有十多米。圆拱宛如从飞扶壁中生长出来的一般，坚定地立在旁边，呈现饱满的弧形并向上拱起，有力地支撑着上面的飞扶壁。设计这两座塔楼的设计师，还在大教堂的顶部设置了许多奇异的怪兽。这些怪兽有的作为滴水口装饰，有的则纯粹就是装饰，它们都有着

图5-2-4　哥特式建筑中的开放式山墙（Gothic Open Work Gable） 这种开放式的山墙大多为石雕而成，其表面带有许多通透的孔洞。在石制的材料上雕刻出镂空的图案是一项非常高的雕刻技艺，称为透雕。在高而细的哥特式建筑中，用透雕手法处理过的山墙异常精美，而且其通透的造型不仅美化了教堂，也削弱了石材的沉重感，赋予教堂轻盈的体态

怪异的造型，而且无处不在，但大都表情严肃，几百年来这些怪兽盘踞在教堂高高的顶部，俯瞰着整个城市的变迁。

教堂内部的雕刻和装饰都要远逊于外面，只有排列整齐的细瘦拱窗上用彩色的玻璃绘制的宗教画面。入口处的巨大圆窗此时倒变得华丽起来，在外部光线的映衬下，被玫瑰形窗棂分割的彩色玻璃画将彩色的光线透射进教堂里，犹如天堂的福音降临人间。尤其是到哥特后期，窗棂采用大面积镂空雕刻变得愈加通透了，这种镂空的装饰方法还被应用于山墙的装饰上（图5-2-4），使教堂显得更加轻盈。教堂内部只有粗大的柱子与拱廊，上层的柱子被做得细而长，轻巧的感觉平衡了底柱的沉重。拱顶也没做太多修饰，仅裸露着交叉的拱线，但正是这简单的风格，更让高大的教堂内部显得空灵而神圣了。高耸的中厅与两侧彩色的拱窗都呈现向上伸展的形态，圣座与举行仪式的布置就笼罩在中厅之下，给人以即将通向天国的幻想。教堂的最东端内有环廊，布置有一间间的小礼拜室。

哥特式建筑语言发展到盛期时，法国产生了著名的四大哥特式教堂，即沙特尔大教堂（Chartres Cathedral）、兰斯大教堂（Reims Cathedral）、亚眠大教堂（Amiens Cathedral）和博韦大教堂（Beauvais Cathedral）。兰斯大教堂有着最为精美的玻璃彩窗和各式各样雕刻装饰的柱头，而博韦大教堂则有着哥特式教堂中最高的中厅，可惜最后塌陷了。沙特尔大教堂所处的教区比较富裕，而从1194年开始重建的大教堂，直到1507年火焰式尖塔时期还处于不断的修建当中，这使得它拥有众多不同风格的组成部分。由于技术上的发展，也使大教堂的结构进一步简化。飞扶壁起到了更好的支撑稳固作用，因此底部的通廊被取消，整个教堂立面只剩下高券廊、低拱廊与高天窗三部分，而且上部的天窗与拱廊几乎达到了同样的高度，教堂内更加通透、明亮。两侧飞扶壁上的细束柱也从底部直达拱顶，变成拱肋，更显示出中厅的高大。与以往不同的单架间设置，使中厅通道的梯台扩大了一倍，更强化了中厅的神圣之感。由于教堂的捐建者大都来自贵族和商人阶层，因此内部的装饰更是极其华丽，沙特尔大教堂也因此成为一座重要的、充满魅力的哥特式大教堂（图5-2-5）。

亚眠大教堂是哥特辐射式风格（Rayonnant Style）教堂的典范，它起初是按巴黎圣母院的形制建造的，但其雕刻是全面而精细的，虽然立面有些不对称，但其富丽堂皇的程度却是无可比拟的。亚眠大教堂的中厅拱顶高度达44米，而两侧的束柱和拱顶斜梁都退化为装饰性元素，因为教堂靠自身的结构已经达到了相当坚固的程度。最有特色的是亚眠大教堂的花窗，由于自身结构的支撑，使墙面得以解脱而完全布满了花窗，成为装饰墙。三叶形的花格窗占满了教

图5-2-5　法国沙特尔大教堂剖透视图 作为法国四大哥特式教堂之一，沙特尔大教堂不仅有着庞大的规模，还有着复杂的结构。教堂内部的飞扶壁被很巧妙地隐藏了起来，所以人们实际看到的飞扶壁只是其中的一部分而已。沙特尔大教堂入口处的尖塔由于施工时间较长，因此两边有着不同的外观和风格。这也是哥特式教堂所共有的特点之一，由于结构复杂，施工速度较慢，许多教堂的双塔始终没有完成，或者只建起了一塔，或者只建成了塔基

堂内部，使人们几乎看不到墙面，各式的彩色玻璃被石制窗棂串接起来，与上面的高天窗既对比又呼应。后来，随着结构的不断完善，这种形式自然发展成了底部与高天窗通为一体的形式，教堂的内部也变得晶莹剔透（图5-2-6）。

在这之后，哥特式建筑向着华丽的方向发展，由于玻璃制造技术的提高，原来教堂中那些小块的玻璃窗（Plate Tracery）逐渐被大块的、色彩明快的玻璃窗所代替，小块玻璃所组成的那种带有叙事情节、色彩丰富的图案也转而被色彩相对单纯的大幅圣像所取代，其艺术与欣赏性反而有所下降。在路易九世（Louis Ⅸ）的提倡下，法国的大教堂都向着辐射式风格发展了。在法国百年战争之后，法国大规模的教堂修建告一段落，又出现了火焰式的新风格。所谓火焰式风格（Flamboyant Style），就是以回旋卷曲的花蔓为题材，制作成花格窗，这种花格窗十分富有活力，各种线条都充满动势地向上生长，犹如熊熊燃烧的烈火一样，因此而得名。由于火焰式的结构不能应用于内部结构，所以门廊和窗子就成了主要的表现部分。

由于哥特式教堂的尖顶要尽量地向上延伸，整个教堂要呈现出强劲的生长态势，所以各个结构如墙、飞扶壁和顶部的尖塔不仅要有高高垂直的线条，还要显得轻盈、利落并充满向上的劲度。为了达到以上的这些效果，哥特式教堂的结构越向上就越细，各部分的拱也都是尖的。尤其是屋顶上大大小小的尖塔，不仅有着锋利的塔尖，还尽量进行镂空的装饰，另外在飞扶壁上也进行了精美的透空装饰，使得教堂上部显得玲珑剔透，给人一种欲飞的感觉。

法国晚期哥特式建筑的代表，圣芭芭拉教堂（The Church of St. Barbara）就是一个生动的例子（图5-2-7）。教堂外部耸立着有如森林般密集的尖塔，飞扶壁和支撑的墙面也加入了更多的装饰。此时的建筑师已经熟练掌握了根据结构来设置飞扶壁及尖塔数量的技术，那些无用的结构被节省下来，而高瘦的造型也使得教堂外部显得

图5-2-6 法国中期哥特辐射式风格建筑 辐射式风格的特点就是窗花格的线条呈辐射形式，由于结构技术的进步，教堂的高度大大提升，而玻璃窗的尺寸也越来越大。当玻璃窗成为墙面的主宰，其线条自然呈辐射状，细而长的窗子有很强的垂直感和内聚力。这种超大型的窗子不仅通过彩色玻璃美化了教堂，也让教堂内部变得亮堂堂

图5-2-7　法国科特博格的晚期哥特式建筑——圣芭芭拉教堂东立面 教堂四周围绕着陡峭的飞扶壁和高低错落的尖塔，细长的壁柱与窗户也与之相呼应，整个教堂立面显得挺拔而热闹。此时的教堂内部已经发生了变化，其风格不再简朴，装饰越来越向着华丽和精致发展。不仅如此，飞扶壁与支撑的墩柱也进行了装饰，墩柱已经变为尖塔的形式，而且塔身也布满了壁龛和雕刻图案

图5-3-1 英国伦敦老圣保罗教堂 这是一座典型的哥特式教堂，由交叉十字形的一边翼端作为立面，而交叉处的八角形的大尖塔统领的众多小尖塔组成整个立面，挺拔而秀丽。早期英国垂直式花格窗（Bar Tracery）、大门等也都采用尖拱的形式，上面布满了壁龛和各种雕刻

更加通透了。

当哥特式建筑在法国流行了几十年之后，这种建筑样式也随着工匠们传播到欧洲的其他地方，在英国和德国也相继兴建起规模庞大的哥特式建筑来。这时的哥特式建筑风格已经发展成熟，结构已经日趋完善，施工和艺术表现力上都处于相当高的水平。法国的哥特式建筑语言已经发展为一种成熟而独立的建筑叙述形式，其影响也逐渐扩大，开始影响到周边各国建筑语言的改变。此后欧洲各国的哥特式建筑规模逐渐变大，各地区在承袭法国哥特式建筑语言的同时，还根据本地区的不同情况对其做了相应的改变，把它改造为一种更易于民众接受的本地区建筑语言。法国的哥特式教堂在各地做了相应的改变，教堂的形象变得多样，哥特式建筑语言也逐渐丰富起来。

英国哥特式建筑语言

英国的哥特式教堂也是在法国拉丁十字形（Latin Cross）的教堂平面基础上发展而来，但又多加了一个横厅，而且竖向的中厅更长，中厅东部的尽头也不再是圆形，而改为方形。总的来说，英国的哥特式教堂平面变化更多，更活泼，已经突破了法国哥特式教堂固定的形制。英国教堂内部两侧的楼层也简化为走廊，并用敞开的三联券（Triforium）相连。由于有了两个横厅，因此顶部的尖塔也就改为单个，并设在两个中厅的交点上，老圣保罗教堂（Old St Paul's Cathedral）就是这种教堂立面的最好范例（图5-3-1）。

英国最早的一座哥特式教堂是坎特伯雷教堂（Canterbury Cathedral）的唱诗席厅，由于发生了火灾，于是来自法国的一位名叫威廉的匠人受命重建这座大厅。后来工程又被委托给英国本土的匠人接着完成，就形成了教堂现在的样子。教堂由几个既相互独立又相互联系的建筑物组合而成，长长的中厅只是教堂的一小部分，接下来是带有横厅的唱诗席厅。唱诗席厅有三层高的哥特式立面，分别由肋拱、束柱、尖拱和半圆的回廊等组成，柱头上还雕有莨苕叶纹作为装饰。原本简单的屋顶被肋拱和穹顶所代替，粗糙的柱子也被修长和经过精心雕琢的柱式所代替，而采用黑色大理石做成的束柱也成为以后英国教堂中的传统样式。唱诗席后是带有高台的司祭席（Presbytery），而这并不是教堂的尽头。后来的匠师又在司祭席后加建了一座三一礼拜堂，这座建筑采用的是双柱式支撑，飞扶壁也被大理石的墙柱所代替，而且礼拜堂的圆形烛架远远高于唱诗席，造成了内部空间的变化。由于这一系列建筑的设置，也使得大教堂的长度一再加大，而这些都成为以后英国教堂的建造模式，形成了英国教堂狭长、活泼的建筑风格。

英国的哥特式教堂中比较有名的还有林肯大教堂（Lincoln Cathedral）和威斯敏斯特大教堂（Westminster Abbey，也被译为西敏寺）。林肯大教堂以其装饰性的肋拱和穹顶而著称，教堂内部各个部分都很大，中厅底部是侧廊式的连拱券，中层是连拱券廊式的通道，而上层则是高侧窗。由于底部采用的是石灰石，而上层采用的是黑色大理石，又在材质上产生了明显的对比，而细长的束柱与顶部凹进

图5-3-2　英国威斯敏斯特大教堂主入口立面　这是一座英国早期哥特式教堂，细长的窗子、尖塔、飞扶壁以及圆窗都是颇具代表性的组成元素。受法国哥特式教堂影响，威斯敏斯特大教堂同许多早期哥特式教堂一样，内部空间又深又长，开间狭窄，尤其是高大的中厅更显细窄。但建筑外部却与法国哥特式教堂有很大不同，此时的教堂多强调垂直的线条感，各部分都有着独立的形象，顶部三角形的通透山墙尤其精美，但对总体立面的协调性不够重视，因此稍显凌乱

图5-3-3　英国威斯敏斯特大教堂亨利七世小教堂中的哥特式柱脚　亨利七世小教堂是晚期哥特式风格建筑的典型代表，建筑内部的主柱由下而上直通到顶部的拱顶，而这座小教堂的拱顶采用的悬式帆拱尤其精美。教堂中的立柱也受垂直式哥特风格影响，其立面多由长方形组成，就连细长的尖拱其底部也已经是长方形。此后垂直式风格逐渐发展成为都铎式风格

的线脚装饰组合又显得协调与平衡。最令人眼花缭乱的是装饰性肋拱，由于肋拱不再采用集中到穹顶的形式，而是顺着边肋和穹顶到达任意一处，所以线条十分自由，有很强的跳跃感。由于教堂采用了双壳墙的结构，使得穹顶的推力不再完全依靠飞扶壁，而改由侧走廊的回廊墙体来支撑，这种结构使得中厅券廊的间距拉大。而宽大的开间、不到顶的柱子、形式自由的拱肋，这些又都使教堂内部呈现出很强的水平感。这也是早期英国哥特式教堂的一大特色，即室内使用宽阔的侧廊开间和水平直线，较法国教堂的室内更深长。随着教堂内部的加大，每部分的风格也逐渐出现了差异，不再是统一的了，大量的柱子与深刻的线脚成为教堂内的一大亮点。

威斯敏斯特大教堂（图5-3-2）是典型的受法国教堂与英国教堂双重影响的建筑作品。它的东面带有法国式的辐射式礼拜堂，而突出的十字耳堂和拱肋则又有英国哥特式教堂的特征。而且，由于王权的统治，教堂也开始向着富丽和华贵发展，金箔和各种颜色把教堂点缀得金碧辉煌，教堂内的装饰元素越来越多。尤其在威斯敏斯特大教堂中的

亨利七世小教堂（Henry Ⅶ's Chapel）中，各种装饰物更是繁多，连柱子都是通身雕刻的（图5-3-3）。随着教堂建筑的不断发展，无论是结构还是装饰风格都日臻完善，教堂内外的装饰性结构越来越多，花式的窗棂也变得多样起来，有复杂的几何形，还有网状及流线型的图案。

英国哥特式建筑越向后发展就越强调垂直的线条，直至后来发展成了垂直式（Perpendicular）哥特风格，这也是英国哥特式教堂的独特之处。建筑表面的各个部分都有意地突出垂直感，连窗户的窗棂也以竖向的分割为主，而柱子也是垂直上升的，直到顶部变成纵横的装饰性拱顶。这时期的建筑以剑桥国王学院礼拜堂（King's College Chapel）为代表，其内部屋顶上的帆拱堪称精品。这座教堂是都铎王朝（Tudor Dynasty）为纪念其功绩所建，因此更重视对建筑的装饰。它的平面极其简单，为一个矩形平面，外部没有十字形的耳堂和侧廊（Aisle），内部中厅、唱诗厅（Choir）与圣坛（Sanctuary）之间也没有明显的空间区别。与简明的平面结构相比，教堂立面却变得越来越复杂和精美了，人们不断挑战立面的负荷能力，在上面开设的壁龛（Niche）、大面积的直棂窗、雕像以及细碎的花纹和装饰线脚几乎布满了整个立面，教堂立面玲珑剔透。

剑桥国王学院礼拜堂最为精彩的部分在墙壁与天花，由于建筑结构已经发展成熟，使得这座教堂的墙壁上布满了巨大的窗户，如网般细密的石窗棂间镶遍了彩色的玻璃片。当太阳升起的时候，阳光透过玻璃窗，将室内照射得极其光亮，宛若天国。然而这还不是最美的，当你仰头上望时，又会被另一番景象打动：极细的壁柱向上伸展开来，到顶部化作石帆从墙面开始伸展，直至铺满整个屋顶，这种扇形拱顶（Fan Vault）如伞骨般撑开的帆拱轻盈地将沉重的屋顶托住，仿佛是林荫大道上被树叶遮住的天空。

英国哥特式教堂还有一个富有特色的类型，那就是木质屋顶的教堂。为了减轻高大的屋顶重量，英国哥特式建筑的屋顶常采用木结构，如人字形桁架结构、托臂梁（Joist）结构等，再在这些木质屋架结构的外部以石材或金属覆盖（图5-3-4）。被公认拥有最为精美的木质屋顶的哥特式教堂，是位于剑桥郡马尔奇地区（March）的圣温德里达教堂（St. Wendreda's Parish Church）。这个屋顶充分展示了英格兰木匠们的高超手艺。在这个屋顶中，由曲形梁托承接悬臂梁大部分的重量，而在每个伸出的梁上都有一座木雕的天使图案，中间屋顶的一排天使悬在正中，而两边的两排天使则凌空展翅，呈现出就要高飞的瞬间。像这样的例子还有很多，如威斯敏斯特的圣史蒂芬厅也雕有大量的天使图案，诺维奇教堂上的石雕图案等，这些教堂中通透的窗子设计倒像是为了成全想要看清屋顶的人们。现在这些教堂大都已经成为博物馆，有些地方为了游客观赏方便，为游客提供一部手推的镜面车，以免游人长时间的仰脖之苦。

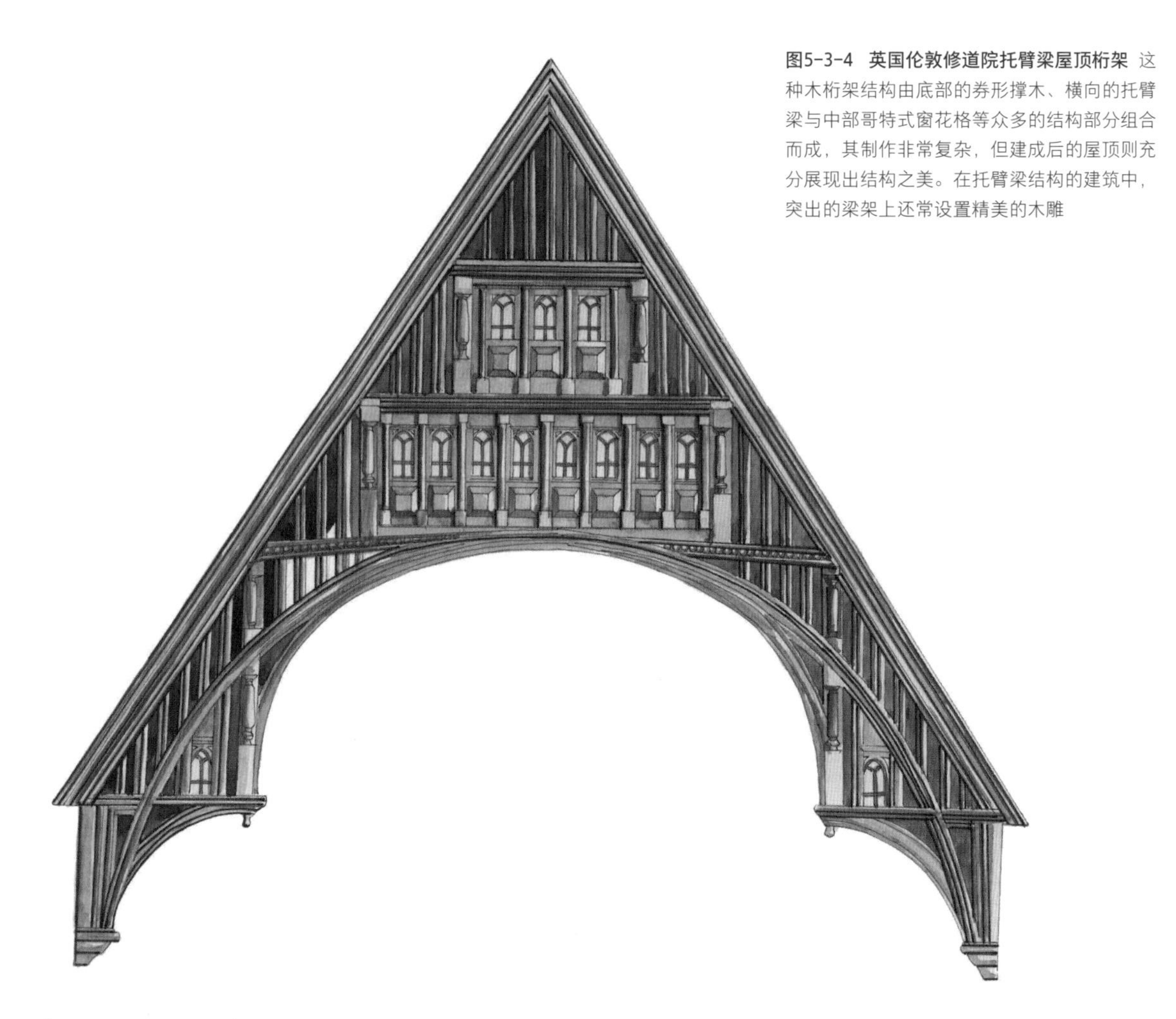

图5-3-4 英国伦敦修道院托臂梁屋顶桁架 这种木桁架结构由底部的券形撑木、横向的托臂梁与中部哥特式窗花格等众多的结构部分组合而成，其制作非常复杂，但建成后的屋顶则充分展现出结构之美。在托臂梁结构的建筑中，突出的梁架上还常设置精美的木雕

其他国家哥特式建筑语言

哥特式风格除了在法、英两国盛行以外，欧洲的其他国家也受到了这股强劲的哥特风格影响，在建筑上也有了许多改变。仅意大利对于哥特式风格就有几种不同的变体，意大利的米兰大教堂（Milan Cathedral）可能是最为辉煌的哥特式建筑了，它有着可以容纳四万人的大厅，从外部看，整个教堂上耸立着135个大大小小的尖塔，而下部则相应搭配了几千个用于装饰的雕像，宛若遍布参天大树的森林。米兰大教堂就像严阵以待的士兵一样精神抖擞，而错落的尖塔也给哥特式建筑冷峻的外表增添了几分热闹之气。

德国哥特式教堂的垂直线条更加突出，而水平线条则被一再弱化，细密的垂直线条勾勒出冷漠森严的教堂建筑。尖塔造得非常高，最著名的教堂是乌尔姆教堂（Ulm Cathedral）和科隆主教堂（Cologne Cathedral）（图5-4-1）。乌尔姆教堂的尖塔高160米，从教堂开始营建到完工大约用了500年的时间，耗时惊人地长。而这些教堂内部也同样有着震撼人心的场景，因为全部的框架式结构几乎都露在外面，支柱间是巨大的、布满窗棂的窗户。教堂内的支柱全都高傲地一柱通顶，几乎没有墙面，这种清冷的风格也让每一个进入教堂中的人马上就能感受到教会所宣扬的精神。

西班牙的哥特式建筑虽然也采用法国的形制，但由于曾经是伊斯兰教区，所以这里的哥特式教堂又掺进了大量的伊斯兰建筑表现手法，不仅尖拱券变成了马蹄形（Horseshoe Arch），石窗棂和各种雕刻也都是以几何形状和各种植物花纹为主的。

虽然各地的哥特式建筑有着很大的不同，但有一点是各地建筑都相同的。不管是法国还是欧洲的其他国家，哥特式教堂中都已经抛弃了古典建筑的手法，因为古老的建筑结构已经不能适应新建筑形式的需要了。

图5-4-1　科隆主教堂内部　这座大教堂是在一座中世纪教堂的基础上修建而成的，其平面为拉丁十字形，由主立面双塔和十字交叉处尖塔，共三座高塔组成。主教堂长144米，两座塔楼高157米，是整个欧洲的几所大型哥特式教堂之一。科隆主教堂主立面部分的两座拱顶高达40.5米，而跨度达15.5米，是目前最为高大的一座教堂中厅

哥特风格的世俗建筑

哥特风格不仅影响了欧洲各地的教堂，也影响到了各地的民间建筑，而世俗化的哥特风格在各地又呈现出不同的风貌。法国的哥特式建筑主要体现在防卫性的城堡（Castle）、城镇建筑和市政大厅里。这些建筑大多形式活泼，并没有什么固定的模式，而建筑的形态也主要取决于实际的用途，但与哥特式教堂一样，在这些建筑的入口、窗户和飞扶壁上仍旧体现着哥特式建筑的特点。由于民间建筑大多是木结构，所以与墙壁间不同材质的对比明显，而且由于窗子的加大，也使整个建筑显得更加轻快。城镇建筑的最大特点就是不规则性，因为地少人多，所以不仅建筑平面没有一定之规，连门窗的位置也可以随意安

排。楼梯通常从建筑立面中突出出来，与阳台（Balcony/Pavilion Porch）和尖顶的凸窗（Bay Window/Bent Window）一起构成了建筑灵活的形象。哥特式教堂中的尖拱、尖塔与彩色的玻璃窗都是这些建筑中最好的装饰。

在一些富有的资产阶级建筑中，用石头建造的城堡也带有很强的哥特风格。这种城堡大多是不对称式（Asymmetry）建筑，往往在建筑中设置一些圆形的尖塔和碉楼，具有很强的防御性（图5-5-1）。而且这些建筑与教堂不同的是，空间更加灵活，更富有变化。建筑外部的石材墙壁坚固，而城堡内部往往是由带回廊的楼房围合而成的院落。

总的来说，英国的城堡建筑已经没有了战争的痕迹，而发展成为庄园，庄园中的建筑也形成了交错式入口的模式。建筑上体现的哥特风格只有从那些弓形窗、垂直的窗棂和尖尖的顶部才看得出来。而法国的世俗哥特式风格则可以从那些极尽雕琢的阳台、窗户和壁炉上看出，此外那些小尖塔和顶盖也是建筑中不可缺少的构成要素。德国的哥特式风格建筑在民间主要体现在市政厅的建筑上，作为城镇代表的市政厅甚至比教堂还要重要，而倾斜的屋顶上开的屋顶窗，还有上面

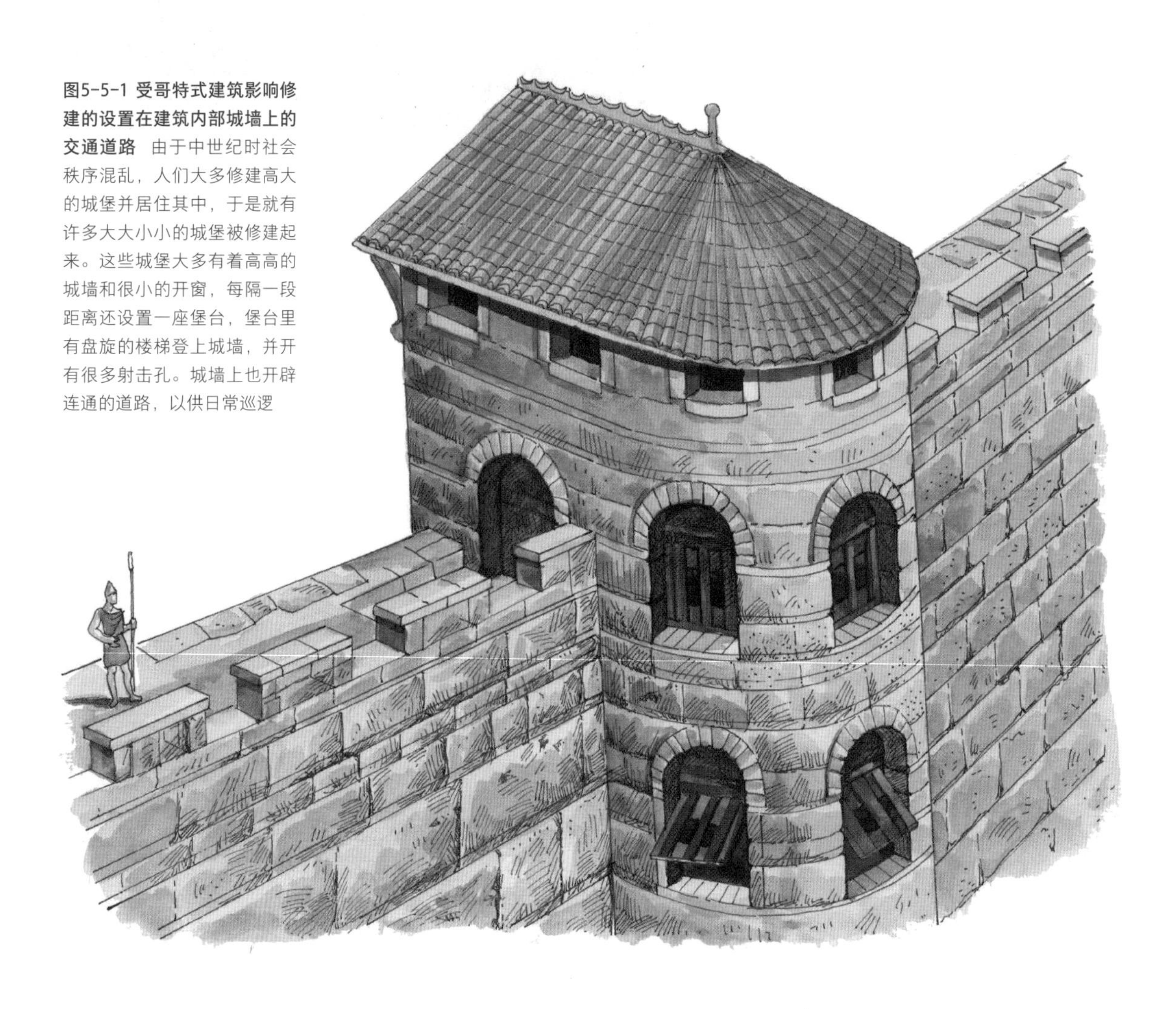

图5-5-1 受哥特式建筑影响修建的设置在建筑内部城墙上的交通道路 由于中世纪时社会秩序混乱，人们大多修建高大的城堡并居住其中，于是就有许多大大小小的城堡被修建起来。这些城堡大多有着高高的城墙和很小的开窗，每隔一段距离还设置一座堡台，堡台里有盘旋的楼梯登上城墙，并开有很多射击孔。城墙上也开辟连通的道路，以供日常巡逻

细瘦的装饰性尖钟楼则是市政厅的标志之一。

意大利是一个吸纳各地文化精华的国家，也是一个风格多样化的国家。在威尼斯，由于商业的发达，这里的建筑也是哥特式与东方风格相融合的，比如大运河旁边的总督府（金宫，Palazzo Ducale）。这座建筑采用双排的连拱廊，虽然顶部有着小尖塔形象的装饰，立面上也采用尖拱的形式，但无论从形象还是玫瑰色与白色大理石的墙面上看，这都是一座带有威尼斯装饰风格的建筑。几种风格的搭配还出现在意大利其他的一些城市中，有些搭配显得相得益彰，有些则显得不伦不类，比如在佛罗伦萨兴建的旧宫。然而也正是在这种风格的混合摸索当中，随着古典元素的增加，哥特风格逐渐转变为文艺复兴风格（Renaissance Style）（图5-5-2），佛罗伦萨也成为文艺复兴建筑风格的发祥地。

图5-5-2 受哥特式建筑影响的有回廊（Ambulatory Corridor）的教堂后端立面 在这些建筑中，保留了哥特式建筑高大雄伟的外观特点和细长的拱窗形式，并通过长长的柱子加强了建筑本身的垂直线条。屋顶显然比哥特式要平缓得多，在各个小圆筒形的建筑外壁上，还可以看到类似扶壁墙一样的墙垛。通过古典建筑元素和较规整的构图可以看出，这时的建筑已经开始出现早期文艺复兴的萌芽

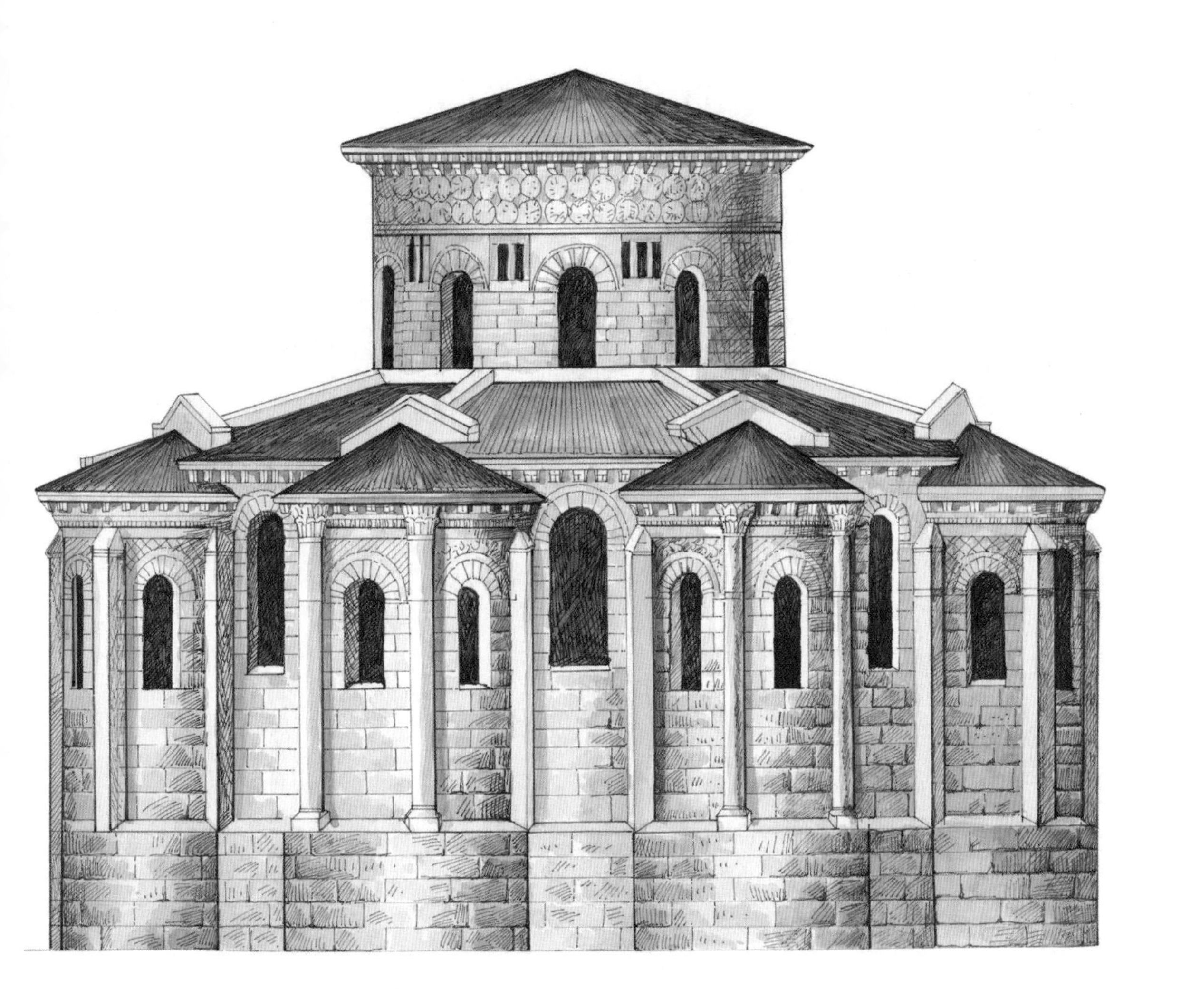

06

赛利奥柱式

伯鲁乃列斯基的穹顶

阿尔伯蒂的建筑书籍

伯拉孟特与坦比哀多

艺术家与建筑师

帕拉第奥的建筑语言总结

其他国家的文艺复兴建筑

法国的文艺复兴建筑

西班牙的文艺复兴建筑

文艺复兴建筑语言

文艺复兴建筑语言的发祥地

从14世纪起，资本主义开始在意大利的一些地区萌芽，以后陆续在意大利各个地区发展起了资本主义制度。这股风潮还继续发展到了欧洲的其他国家：法、英等国进行了资产阶级革命，英国建立起了中央集权的国家；德国还进行了宗教改革运动，并又一次席卷了整个欧洲。这两个大的运动对欧洲社会的变革起到了绝对的作用，并激发了社会各个方面的革命。由于新兴的资产阶级以古希腊和古罗马的思想文化为基础向宗教神学发起挑战，因而在文学、艺术和建筑领域也掀起了轰轰烈烈的复古运动。无比辉煌的文艺复兴建筑（Renaissance Architecture）语言也因此诞生。古老的柱式、山花等建筑词汇又回到建筑中来，人们重新制定了严格的比例和尺寸，拱券、柱廊又成为最流行的建筑立面元素。然而历史的发展毕竟不是简单重复，由于人们思想的进步和科学技术的进步，这时的建筑实际上是打着古典旗号的新建筑形式。从当时人们按照古典建筑风格和形式绘制的理想城市建筑图中，就可能看到这种蕴含在古老建筑形式中的新思想和新观念，而通过这座理想中的城市所折射出的一些建筑思想也在日后变为现实。

文艺复兴运动主要是采用古典的建筑样式，但又不是单纯的重复，而是结合了拜占庭等其他地区的建筑风格，并在此基础上又有了新的发展，如威尼斯的一座小教堂中就同时出现了半圆形的山墙、哥特式圆窗和古典的拱券、柱式等元素（图6-1-1）。而且此时期建筑的一大特点是讲究比例关系，这种现象早在古希腊时期就早已出现过，但文艺复兴时期又开始重新重视建筑各部分之间的比例，尤以人体的比例关系被认为是最美的。

总之，文艺复兴是人类历史上从未有过的艺术革命。人们在这场革命中重新把古希腊、古罗马时期的经典建筑语言拿来运用，在经过语法改造和融入更多的新词汇后，终于形成了一种新的、极富感染力的建筑语言。

这时的建筑虽然也出自行会之手，但并不再单纯地属于工匠的作品，而是工匠与新知识分子、艺术家、建筑师、科学家共同努力的成果。意大利由于便利的水陆交通而拥有发达的对外贸易，也是早期资产阶级的诞生地，基于思想领域的文艺复兴运动，就是以意大利为中心逐渐发展到全欧洲的。文艺复兴风格的建筑也以意大利的佛罗伦萨、罗马、威尼斯三个地区所取得的成就最高，出

图6-1-1　意大利威尼斯圣母玛丽亚教堂（Maria dei Miracoli）这座造型别致的教堂有着可爱的筒形屋顶，其入口处采用大理石贴面，古老的壁柱、拱形券作为立面的装饰，与半圆形的山墙及圆窗形成很好的呼应。由于教堂富丽的装饰以及与众不同的造型，它还被当地人戏称为“威尼斯的首饰盒”

现了一批高水平的建造者，为我们留下了许多文艺复兴时期最有代表性的建筑作品。

图6-1-2 乌尔比诺（Urbino）公爵府邸（Palazzo Ducale）中的壁画——理想城 这座受阿尔伯蒂思想影响绘制的理想城市，既展现了新式建筑，又显示了新式的城市规划思想。通过整齐、严谨的布局及建筑面貌，还展现了文艺复兴时期建筑师理性的设计思想。这些建筑明显按照一定的比例关系建造，外观和谐而优雅，而这些建筑中所体现出来的网格形、放射形建筑模式，也在以后的建筑设计和城市规划中广泛应用

文艺复兴时期的建筑语言是以人文主义作为理论基础的。所谓人文主义（Humanism），是指欧洲文艺复兴时期代表先进的资产阶级文化的主要思潮。这其中包括两方面的含义：第一种含义是指一种与中世纪神学以神为本不同的、以人与自然为对象的世俗文化的研究；第二种含义是指一种贯穿于资产阶级文化中的基本精神，也就是资产阶级的人性论和人道主义。这种以人为本的思想，是对中世纪以神为本的思想的一种巨大超越。人类心灵的这种解放在建筑上的反映，则是建筑古典语言的一次大的发展。

古老的柱式又受到人们的重视，研究、运用甚至是在建筑中重新诠释这些柱式成为古典复兴的第一步，许多知名的建筑家都投入到这项活动中来，并各自都取得了不小的成就。人们甚至将源于柱式中的均衡比例关系运用到城市的规划上，创造出理想化的新型城市（图6-1-2）。此后还有一些雕塑家也直接参与到这项活动中来，比如米开朗基罗（Michelangelo Buonarroti），从当时的一些雕塑作品中就

可以看到这一点。

在16世纪的时候出现了一些在历史上很著名的革新人物，他们赋予古典建筑语法一些新的意义。其中一位很有名的人物就是伯拉孟特（Donato Bramante），他的建筑具有极其非凡的影响力，当时许多想在自己设计的建筑中重现古罗马建筑语法的建筑师似乎都没有取得像他那样的实际影响力。在伯拉孟特之前有阿尔伯蒂（Leon Battista Alberti），他也取得了非凡的成就，他运用古罗马凯旋门的建筑特征，创造出了完美的古典教堂，并使之成为艺术建筑的典范。他通过对古罗马遗迹的分析和对维特鲁威著作的研究，重新介绍了各种柱式。他通过对科林斯柱式和爱奥尼克柱式的研究增加了第五种柱式——混合柱式。不过他的观点中依然留有维特鲁威的痕迹。还有设计佛罗伦萨诸教堂穹顶的伯鲁乃列斯基（Filippo Brunelleschi），他所设计的佛罗伦萨教堂的穹顶中有一个高12米的鼓座，鼓座的墙厚4.9米，其上使用了壁柱，他给了科林斯柱式全新的活力。

在其后的岁月里，人们参照古典建筑史，仍然不断对各种柱式的标准形式进行仔细的揣摸和研究。一些非凡的理论家们，都积极地投身到了这种伟大的尝试中去。人们对古典建筑语言的使用也突出表现在建筑中，此时期的建筑也呈现出各不同阶段人们对于柱式的理解（图6-1-3）。在1537年的时候，首先是赛利奥（Sebastiano Serlio）创造出了自己的柱式，接下来是1562年的维诺拉（Vignola）的柱式（图6-1-4），然后是1570年帕拉第奥（Palladio）的柱式，1615年时斯卡木兹

图6-1-3 佛罗伦萨乌菲兹府邸（Uffizi Palace）柱廊 这座柱廊采用了古希腊和古罗马的一些建筑元素，建筑立面上的设计十分严谨和整齐，体现着理性而有节制的建筑风格。通过这个柱廊可以看出设计者对建筑远近透视感的熟练运用，而视觉尽端采用的拱券形式，又造成了建筑本身封闭与通透的对比，这也是十分大胆的处理手法之一

（Scamozzi）也先后创作出了各种柱式，并公开发表。后人在这些柱式中进行选择、比较，并在建筑设计的实践中进行了运用和尝试，最终使得全世界标准化柱式的问世。这是建筑语言的一次重要统一。

赛利奥柱式

赛利奥提出了现在人们所公认的五种柱式，此后，建筑界将这五种柱式作为典范，并以此训练建筑师的基本功。这是一个里程碑，为以后的建筑学做出了杰出的贡献。他秉承了帕鲁齐的艺术设计理念，编著了建筑学上第一部全部图解的图书——《建筑五书》（*The Five Books of Architecture*），并详解了文艺复兴时期的建筑语法。这本书成为建筑学史上的一部经典著作。这本书为意大利建筑师和法国建筑师的设计带来了极大的方便，而德国人则在赛利奥书的基础上，编写了自己的文艺复兴建筑图集，而英国人则在伊丽莎白女皇一世（Elizabeth Ⅰ）时期就直接抄袭了这本书。在此后，于1663年建造了希尔顿剧院的克里斯托弗·雷恩（Sir Christopher Wren），也在具体的设计实践中发现了这部书对于古典建筑的设计的巨大贡献。

在赛利奥的书中，首先开始的是一幅关于柱式的雕版插图，当时来说这是一个首创。塔斯干柱式是短而粗的，位于图的左侧。向右挨着它的是多立克柱式，多立克柱式稍高一些。再向右的是造型优雅的爱奥尼克柱式。在图右边的倒数第二个柱式是科林斯柱式，科林斯柱式高耸、精细。混合柱式放在画面的最后，富丽且高耸。这幅图中的五种柱式，都被放在一个柱基上，五种柱式从左到右，一个比一个高。赛利奥在一定意义上来说，让建筑语法中的柱式更加规范化了。

后世的人们几乎把奥利赛的五种柱式完全接受了下来，可见他的影响力是巨大的。

图6-1-4　文艺复兴时期建筑师维诺拉对古典五柱式所做的归纳和说明 从左到右依次为：最为简洁、朴素的塔斯干柱式，以男性身体比例为基础的多立克柱式，以女性身体比例为基础的爱奥尼克柱式，以茛苕叶的形象为装饰的科林斯柱式，混合了爱奥尼克和科林斯双重风格、风格最为华丽的混合式柱式。在对柱式进行归纳的时候，维诺拉以柱子下端半径为假定度量单位，并以此作为标准，来表示其他部分尺寸的方法也为以后的人们所遵循

随着时光的流逝，他的理论被一代一代的人们传承。在17~18世纪，所有的建筑入门书都是在开篇时，用图说的形式依次排列这五种柱式，图片包括了柱基座、柱身、柱头和柱子上部楣额处的构件。当时欧洲的建筑院校，首先要求学生做到的就是能熟练画出一种古典柱式以及细部。这种影响一直延续到了19世纪末，当时英国出版的《建筑百科全书》（*Encyclopedia of Architecture*）中仍然有“正确地认识和运用柱式是建筑艺术的基础”这样的说法。而在文艺复兴时期这种对柱式的应用更为广泛，一个经典的文艺复兴建筑立面也应该是由柱式及其所限定的比例决定的统一、均衡的形象（图6-2-1）。

各种在文艺复兴时期就确定的柱式，以这种书籍记录的方式得以保存和发展，对于其后的世界建筑艺术发展产生了极其深远的影响。从建筑风格上说，柱式是一个非常巧妙的，而且又无法取代的试金石，古代人类的所有智慧在其上都有体现。直到现在人们还是对它十分敬佩和赞叹。

人类有着巨大的创造能力，这一点在各种科学技术的发明与发展方面都得到了证实。但是，建筑却是一种与文化和传统有着极其密切关系的工程学科。石柱从古埃及神庙逐步发展到古希腊、古罗马建筑中，在柱式上实际并没有极大的创新。人们没有习惯在建筑中使用八角形或六角形断面的柱子，也没有使用梭柱或中间细、两端粗的柱式，这些都说明建筑语言的约定俗成性。建筑的创新，在古典建筑时代是极其困难的。传统对于人们思想的束缚，使人的欣赏习惯也大大受到限制。只有在古典美学基础上所构成的建筑空间、建筑立面模式，才能符合人们的接受能力。而创新，只能是在一个小幅度的范围之内进行一些适度的尝试。

图6-2-1　文艺复兴风格建筑立面　基于柱式的良好比例关系，文艺复兴时期的建筑整体各部分之间也非常讲究比例和搭配关系。一座建筑中可以包含有拱券、柱式、雕塑等多种组成元素，但由于各部分间都有严谨而和谐的比例关系，而且通常以建筑二层为表现重点，所以整个建筑立面并不给人以繁乱之感，而是主次分明

虽然此时的建筑仍以教堂为主，但教堂已经不是主要的建筑代表。各种公共建筑、富人的府邸、别墅逐步成为重要的、有代表性的建筑。此时出现的一些建筑师大都博学多才，除了作为建筑师以外，往往还有诸如学者、数学家、文学家或科学家等多重身份，他们的待遇也不同于过去的工匠，在社会中已经有了相当高的地位，而建筑也由于建筑师的不同呈现出各种独特的风格来。

伯鲁乃列斯基的穹顶

意大利文艺复兴初期的中心是佛罗伦萨，

佛罗伦萨城中的主教堂（Basilica di Santa Maria）被认为是意大利文艺复兴的第一建筑（图6-3-1）。佛罗伦萨主教堂是行会兴建的一座纪念碑式的建筑，专为歌颂共和政体而建造，虽然基本平面还采用拉丁十字形，但最东端的平面被设计成八边形，并预备在上面建一个大穹顶，其形制很有特色。它的建造，也标志着意大利建筑史开始翻到文艺复兴建筑新的一页上来。穹顶的设计者是伯鲁乃列斯基，传说他是行会工匠出身，原来是一名金匠，是有着高超技艺的雕刻家和工艺家，同时他也设计建筑，将他对于古典建筑语言的理解通过富有个人特色的方式表现出来（图6-3-2），是文艺复兴时期有着多方面才

图6-3-1　佛罗伦萨主教堂　由意大利文艺复兴时期建筑大师伯鲁乃列斯基设计并主持建造。教堂由钟楼和环形殿组成，教堂外墙以大理石贴面，强化并突出了建筑的水平线条，这与哥特式建筑截然相反。设计师在古罗马拱券的结构技术基础上又有所创新，这个顶部八角形平面和弧形拱结构的大穹顶，代表了文艺复兴时期结构技术所取得的最高成就。伯鲁乃列斯基本人也因大穹顶的设计和对透视学的研究，成为文艺复兴早期最著名的建筑师

图6-3-2　佛罗伦萨圣灵教堂（Basilica di Santo Spirito）室内中厅　当建筑师们将注意力重新转回到传统的建筑形式时，各种带有古风韵味的新式建筑就诞生了。伯鲁乃列斯基在这座建筑的设计中，重又采用了古罗马巴西利卡的建筑模式，不仅在内部使用拱券和柱廊的形式，通过侧廊与中厅高度的比例关系可以看出，对古典风格的建筑复兴不止停留在表面上

艺匠人的代表。为了设计大穹顶，他曾经专程到罗马参观和研究古典建筑，从竞技场和万神庙的建造结构中，学习了不少古典建筑的技艺。他不仅制作了大穹顶的模型，还制定出了详尽的施工方案，并发明了一些新的运输机械，不仅降低了工程难度，也加快了施工速度，并以其精密的结构和周到的设计，最终在主教堂的穹顶项目中被选中。

与古罗马和拜占庭的穹顶不同的是，佛罗伦萨主教堂的穹顶由于采用了更加成熟的技术，使得结构更具有独立性。在此之前的穹顶，都是直接在柱子之上设置，因此只有从较远的高处俯视，才可以看出整个穹顶的高大和美丽。而当大多数人从四周仰视穹顶时，穹顶就会被建筑周围的墙体所遮挡。人们花了金钱建造穹顶，可是自己又欣赏不到，为了防止这种事情发生，佛罗伦萨主教堂将穹顶抬高，使之完全显露出来。为了突出大穹顶，人们还在底部砌了一个高12米、平面为八角形的鼓座。而为了承接来自大穹顶的侧推力，鼓座墙的厚度将近5米。即使这样，因为穹面形制过于巨大，所以本身仍旧需要尽量减少重量以减小相应的侧推力。为了把重量减到最小，设计师不仅采用了以往穹顶所采用的、越向上墙体越薄的方法，还对穹面本身做了两项创新性的改进：首先，没有采用半圆形的拱形，而是采用一种双圆心的、类似于哥特式尖拱样式的新形式；其次，用骨架（Fabric）券的结构，把穹面分为内外两层，而中间则是空的。通过这些改进，虽然穹顶的形制很大，但侧推力却被大大降低了。正是有了上述的想法，人们把穹顶抬高的愿望才得以实现。

穹顶的施工顺序大致如下：先在八边形的每个角上起一个主券和两个副券，再由主券间水平砌的九道平券把主、副券连在一起，形成一个由24个肋拱组成的骨架，在顶部则由八边形的环作为全部骨架的收尾，最上面建采光亭（Lantern）。穹顶的面就依托于这个骨架砌成，底层是石头，上层是砖以减轻重量。两层之间、穹顶的三分之一和三分之二处是水平的走廊，顺着上层的走廊还可沿踏步一直到达顶部的采光亭。

在砌垒穹顶的过程中，还在穹顶的墙面上嵌入了铁钉、插销等以便与底部的铁链相连，而且在穹顶三分之一处还设有木箍，这些又都起到了弱化穹顶侧推力的作用。建成后的穹顶总高107米，高高地凸起在城市的上空。作为世界上最大的穹顶，它超越了以往所有穹顶创造的巨大尺度，还突破了以往穹顶的技术限制，在结构上又有所创新，为建筑的文艺复兴写下了灿烂的第一笔，这也预示着文艺复兴运动中的建筑将会迎来一个崭新而辉煌的未来。

在大穹顶的建造过程中，设计师伯鲁乃列斯基还创造出了许多新式的施工机械，比如他发明了垂直运输的设备，由于采用了滑轮，使受力大大减小，节约人力物力，却提高了运输能力。他还制定了严谨的施工方案，使得施工完全在计划中进行，使得这项曾经被认为要修建上百年的建筑只用了十几年时间就完成了，并且没有出现过任何意外的事件。此外，在大穹顶和这之后的许多建筑中，透视法都被应用其中，尽管发现透视法的人众说不一，可能是来自佛罗伦萨的画家，也可能就是伯鲁乃列斯基自己，但连同以上所提及的新结构、新施工技术，所有这些都充分说明了一个情况，那就是当时社会的科学技术水平已经有了很大提高，而大穹顶正是先进技术的产物。伯鲁乃列斯基没有等到大穹顶完全竣工就去世了，但他的名字却因大穹顶而永久地流传了下来，而他设计的这座穹顶不仅实现了当初建造者的愿望，成为城市的象征，也成为意大利的代表建筑之一，更是那个时代的优秀建筑作品代表。

伯鲁乃列斯基在建造大穹顶前后，还有两座由他设计完成的代表性建筑，一是佛罗伦萨育婴院（Ospedale degli Innocenti）、一是帕齐礼拜堂（Pazzi Chapel）。佛罗伦萨育婴院采用了长长的连拱廊形式，这些大跨度的券拱被一个个科林斯式柱子承托，顶部是小尺度的窗子。细小的线脚和薄薄的檐口形成比例均衡的构图，底部大面积的空敞和上面的小窗形成对比，所有设计都使得这座建筑显得简洁而轻巧。帕齐礼拜堂，是伯鲁乃列斯基为佛罗伦萨有钱有势的银行家设计的一系列建筑中的一座（图6-3-3）。这是一座拜占庭式的穹顶建筑，前门是一个小穹顶组成的柱廊，而后是一个大穹顶和筒形拱（Barrel Vault）组成的长方形大厅，后面又呼应地建了一个小穹顶作为圣坛的所在地，穹顶也采用了骨架券的结构建成。这座礼拜堂通过建筑外部形态的组合变化，内部柱子与券面、墙壁的颜色对比，以及建筑内部华丽的装饰，使得各部分既有自己鲜明的个性又成为一个统一的整体，同时还在外部一个修道院和一个尖塔之间起到了很好的过渡作用。

此外，伯鲁乃列斯基设计修建的圣洛伦佐主教堂（Piazza San Lorenzo）和佛罗伦萨圣灵教堂也体现了文艺复兴时期建筑的特点，通过透视法和严格的比例关系获得了平衡、协调的完美效果。伯鲁乃列斯基还设计出了更加简化的巴西利卡式教堂，并形成了固定的模式，创新了教堂的传统形制，使建筑内部与外部的联系更加紧密。而在教堂中所采用的、以各部分尺度关系和等分法为基础的建筑形制，也成为以后文艺复兴风格建筑所继承的传统之一。

图6-3-3　伯鲁乃列斯基在佛罗伦萨为帕齐家族设计的礼拜堂　这座建筑是建筑师按照文艺复兴时期理想建筑样式建造的，是将理想城中出现的网格形和严谨的比例相结合的产物。在这个建筑空间中，出现了古罗马式的拱券和柱式，建筑中虽然也设置了一些装饰性元素，但无论装饰图案的风格还是面积都同整齐的线条一样规整，显示出较强的秩序性

阿尔伯蒂的建筑书籍

1450年德国人约翰·古登堡（Johannes Gutenberg）将中国人发明的活字印刷术发扬光大，他用金属铅来铸字，这样便于重新循环使用。一时间各种印刷物开始流行开来，价格比原来手抄本的书籍一下子便宜了许多，维特鲁威的《建筑十书》被译成各种语言版本在欧洲大陆上发行。这时期及以后的建筑家们，也开始把自己在建筑实践中的心得与经验写成文字，以供后人参考。阿尔伯蒂就是将专业的建筑书籍付诸印刷出版的第一人。阿尔伯蒂同伯鲁乃列斯基一样，都不是建筑师出身，而且阿尔伯蒂同时还是学者、数学家和体育家，但这仍不妨碍他

成为一名出色的建筑师和建筑理论家。

阿尔伯蒂实际设计建造的建筑并不多，只有三座教堂以及一座教堂和一座府邸的立面。但就是这几座建筑却为以后的设计者们树立了榜样。他所设计的建筑及建筑中所表现出的独特建筑语言也为其他建筑师所模仿（图6-4-1）。

阿尔伯蒂从一开始就认定，建筑并不应该是工匠辈辈相传的产物，而应该是与绘画和数字有着紧密关系的一门科学和艺术，贵族出身的阿尔伯蒂还极端地认为建筑也是高贵的职业，并非一般的平民所能胜任的，当然这里的建筑指的是建筑设计而非实际的施工了。他在

图6-4-1 圣马可图书馆（National Library of St. Mark）
意大利威尼斯的圣马可图书馆由建筑师珊索维诺（Jacopo Sansovino）设计。珊索维诺将阿尔伯蒂的建筑思想引入威尼斯，这座图书馆是简单的长方形建筑，立面两层都采用连续的券柱式，因而整个建筑显得高大而宽敞。由于建筑师本人还是一名雕刻家，因此在建筑中设置了大量的雕刻作品。檐壁上的横窗中有连续的高浮雕带，檐口上还设有花栏杆和各式的雕像，以及小方尖碑，使建筑有了一个极具观赏性的外观

研习维特鲁威的建筑著作时发现了许多不完善的地方，这使他下决心撰写一部全面的、论述自己对于建筑观点的专门书籍。尽管他本人大多情况下只负责设计建筑，而建筑施工相关的工作仍交由专门的工匠完成，但他却致力于归纳各种设计原理、制定严谨的设计建造规程和模式。

从1440年起，阿尔伯蒂就开始了他的撰写工作，直到1485年，《论建筑》（*De Re Aedificatoria*）才最终出版，这是文艺复兴时期第一本印刷的建筑专著。后人的成果都是在前人实践的基础之上，吸收其长处而发展得出的。阿尔伯蒂明显受维特鲁威的影响，因为这本书也是按照《建筑十书》的体例编写的，并涉及与建筑有关的各个方面。而且，为了掌握第一手数据，阿尔伯蒂还亲自深入施工现场，进行了大量的试验工作，并研究了很多建筑物的设计原理。文中主要观点认为建筑的美来自于各部分良好的比例关系，因此这本书是又一次肯定了古典建筑语言的固定语法。阿尔伯蒂对建筑中正方形、圆形等各种几何图形的比例关系都做了详尽的论述，通过这些向人们展示了他对于建筑以数的比例为基础的美学理论观点。阿尔伯蒂的另一项成就还在于，他对于当时建筑的一些观点还影响到了现代建筑上，为现代建筑的设计奠定了基础。

尽管在现实生活中，平庸的建筑师总是嘲笑一些建筑伟人“如何自己不设计建筑，也可以教别人变成建筑大师”。但是伟人的思维，从本质上来说，就是要做与常人不一样的工作，并且用自己的先进思维去影响常人和带领常人，使常人不断模仿他们的语言。阿尔伯蒂关于建筑的处理方法、各部分比例的搭配、内部空间的设

置的论述也都成为以后建筑师们所遵循的原则。在佛罗伦萨的新圣母教堂（Basilica of Santa Maria Novella）中，他设计的立面有着极严谨的比例关系，连同他设计的巨大螺旋装饰都成为以后建筑师模仿的对象。而在为银行家的府邸设计立面时，他还参考了包括古罗马竞技场在内的一些古典建筑的建筑形象，在不同的楼层采用不同的柱式，设计出了富有特色的壁柱体系。

古罗马各式各样的凯旋门也给予阿尔伯蒂灵感，凯旋门最重要的贡献就是把空间区分成窄、宽、窄三个不等分的部分。阿尔伯蒂把凯旋门的这一特点也运用到了基督教教堂中，他所设计的教堂立面借鉴了罗马凯旋门，比如，他在里米尼设计马拉泰斯塔诺教堂 (Templo Malatestiano) 的时候，就为马拉泰斯塔诺教堂设计了一个古典凯旋门式的入口（图6-4-2）。此后，阿尔伯蒂还把这种形式不断完善，不但改造出人们更易于接受和更普及的样式，还把古希腊和古罗马的雕塑形象运用到以后的两座教堂中。若干年以后，在他生命创作的最后阶段，他主持设计了曼图亚的圣安德烈亚教堂（Basilica of Sant'Andrea），在这座教堂中，他不但在教堂的正门运用了凯旋门的主题，并将这个主题引入到了教堂的中堂和拱门，使其成为这个教堂的基本结构。更有甚者，以后的一些建筑干脆将这种凯旋门的建筑语言应用到了祭坛的设计上（图6-4-3）。不仅如此，在正门和柱廊的设计上他也运用了

图6-4-2　马拉泰斯塔诺教堂　阿尔伯蒂将凯旋门的四柱三券立面形式与立面的结构应用于普通建筑立面中，而这座教堂就是此种风格立面的代表性作品。立面上中间的拱券门最大，还在两边的墙上设置了假券。不仅如此，在教堂内部的结构如柱廊的设置上，他也采用同样的方法，使这座建筑成为一座立体的凯旋门

相同的设计风格，这样一来，似乎整个教堂全都运用了凯旋门的设计理念和风格。

在阿尔伯蒂的提醒之下，源自古典建筑中的一些建筑形象和相关规定重新又成为文艺复兴时期所遵守的信条，比如代表不同风格的柱式应用于不同的建筑之中等。此外，一种新的建筑形象也出现了，这就是被称为粗石造的建筑形式，也就是在建筑的最底层采用半成品的毛石，据说这样可以使建筑富有乡土气息。在阿尔伯蒂设计的后两座教堂——圣塞马斯蒂亚诺教堂（San Sebastiano）和圣安德烈亚教堂中，尤其以后一座圣安德烈亚教堂所取得的成就最高。在这座教堂中，阿尔伯蒂创造了一种新型的教堂形制，他取消了以前教堂中的耳堂，而改设为小礼拜堂，顶部的巨大筒形拱顶由镶板装饰。这些措施使得教堂内部不仅更加高大宽敞而且更具观赏性，而教堂拱门处设置的希腊式墙面与壁柱，还有高低拱的组合、壁柱与窗子的搭配等，不但能同时让人回想起神庙和凯旋门，还成为以后文艺复兴建筑所普遍采用的外观形式。

从15世纪中期开始，佛罗伦萨的共和制逐渐被美第奇家族的独裁统治所取代，同时佛罗伦萨的经济也开始衰退，资产阶级纷纷把资本投入房地产业上，佛罗伦萨城开始了一个建筑活动繁荣的时期，而此时建筑的代表也从教堂改为富人的府邸建筑。建筑师也脱离了行会，开始为有钱的贵族和商人服务，经常依托于某位资助人，并为之建造各种类型的建筑。意大利大部分地区的经济由于战争和航海新发现的美洲大陆以及新航路影响而逐渐走向没落，唯有少数地区还保持着比较繁荣的经济。

图6-4-3　意大利罗马圣 · 玛利亚 · 德波波洛纪念碑　这是15世纪文艺复兴时期罗马的一座祭坛，也采用了凯旋门式的立面，但其中部的拱形龛被加大，两边的龛则被缩小，以突出主次关系。虽然顶部高低不同，但也可大致划分为基座、拱券的龛和顶部三大部分。从不同地区的这些相似的建筑立面可以看出，当时以凯旋门样式为建筑立面，甚至总体结构的做法相当流行

而此时文化和美术领域的文化复兴运动则趋于成熟，比如罗马，由于教廷的回迁而重新成为文化中心。

意大利文艺复兴的盛期和晚期建筑主要集中在罗马和威尼斯，而这时期所创造的大批建筑也离不开一批优秀建筑师的劳动。文艺复兴风格盛期著名的建筑设计师主要有伯拉孟特、拉斐尔（Raphael Santi）、米开朗基罗（Michelangelo Buonarroti）等。而建筑类型也较之初期更加多样，教堂、宫殿、府邸都有很突出的代表作出现。

伯拉孟特与坦比哀多

伯拉孟特生于意大利乌尔比诺附近，并在那里学习绘画。他早年与菲拉雷特（Filarete）同时在一位资助人的资助下工作，并受菲拉雷特的影响，绘制了许多建筑图，这些建筑图成为以后他作品的初期模型。这些建筑图不仅包括一些单体的建筑，还有城市的规划图等，而从这些图中包含的透视原理来看，已经达到了建筑设计绘图的水平。通过这些图的绘制工作，伯拉孟特也逐渐走上了设计、修建建筑的道路。从早期在米兰时他就开始进行建筑活动，并有一些建筑作品产生，但还带有明显的阿尔伯蒂风格的影子。直到后来伯拉孟特来到了罗马，逐渐形成了自己的设计风格，才真正开始了他的建筑师生涯。

伯拉孟特有一段时间曾到过米兰，并结识了达·芬奇。达·芬奇（Leonardo da Vinci）是著名的画家，但也同样绘制了许多建筑图。他对人体比例有着非常深入的研究，著名的《维特鲁威人》画稿就展现了完美而平衡的人体比例。虽然达·芬奇的手稿中也有不少建筑的设计图，但可惜的是全都停留在纸上，没有一个被建成。他本人也没像伯拉孟特一样转行为一个建筑家，而是成了文艺复兴时期著名的画家。虽然是这样，但在他的手稿中已经有了以大穹顶为中心的、采用希腊十字（Greek Cross）平面的集中式教堂（Concentrated Church）建筑，并且做了一些有关穹顶的试验。而伯拉孟特的兴趣既在建筑学方面，也在按照古代的方式去设计建筑的兴趣方面，他更侧重的是设计建筑本身这个方面。

伯拉孟特很可能与达·芬奇探讨过集中式教堂以及大穹顶，因为在此后的建筑中伯拉孟特就使用并完善了这一建筑形式。他在1502年为蒙托里奥（Montorio）的修道院设计建造了一座小圣堂，虽然大体上还是有阿尔伯蒂规定的古典建筑原则的痕迹，但还是成为文艺复兴盛期建筑的代表性作品，这座小型的纪念性建筑就是著名的坦比哀多（Tempietto of San

图6-5-1 位于意大利罗马蒙托里奥圣彼得修道院中的坦比哀多 伯拉孟特设计的这座小型建筑是在文艺复兴时期有着重要意义的标志性建筑，对整个文艺复兴时期及以后各个时期的建筑都有着相当大的影响。因为在这之前的建筑师大都是简单、重复地使用古典建筑元素。但在坦比哀多的设计上，伯拉孟特却使用了透视和几何学的知识，对古典建筑元素进行了整合。这座建筑中形成的以穹顶为中心、柱廊围绕圆柱体的建筑形式，和小穹顶采用的不同于万神庙的新结构等，都成为一种新的形制，而此后的许多建筑，包括伟大的穹顶建筑都不同程度地参考了这种新的形制

Pietro）（图6-5-1）。

这是一座依照罗马灶神庙的圆形小亭建造的建筑，地下有墓室。地上部分先是几层环形的阶梯，而后是一个圆形的基座，基座上是圆形的建筑物，墙体直径达6米多，墙面外是由一圈16根多立克式柱子组成的柱廊。柱子上承托的是一圈栏杆装饰，其上就是独立的鼓座与穹顶。虽然小亭在对室内的设计上似乎缺乏光线的考虑，但整体并没有给人沉重之感，因为在这个建筑小品当中，伯拉孟特娴熟地运用了透视学与几何学知识，看似简单的小亭包含了几何图形的变化、虚实的对比和层次的转换。首先在基座之前设置了几层阶梯，这样就有效地减少了建筑的突兀感，而有了

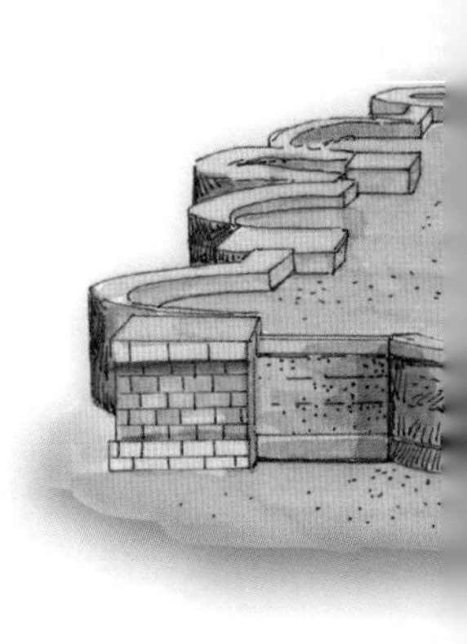

渐进的过渡；其次，与内部稍显封闭的墙面对比，外围设了一圈通透而且样式简单的柱廊，上部还有栏杆，这些设置又削弱了整体的沉重感；最后，挺拔的尖顶与鼓座上瘦长的拱券相配合，又使上部显得轻盈、利落。这些设置使得总高接近15米的圆亭也没有造成很强的压迫感，而是给人饱满、通透和极其亲切的感觉。

在这座建筑中，建筑师所采用的各部分组合搭配方式十分巧妙，伯拉孟特给它设计了相当漂亮的瓦顶，把原有的科林斯柱式改为了多立克柱式，这种设计正好符合了彼得大帝好勇善斗的个性。他把神庙建立在了三层台阶的上面，并在柱子的下方加了一个连续起伏的底座，这样的建筑设计给了这个小建筑物以短促的、急速的、突然隆起的效果，这个设计足以显示了它的高贵与神圣。其后是多立克柱式，往后是栏杆。在每一根多立克柱式上都有一个相应的多立克壁柱在里面凹进去（即在内殿上的墙壁上），它的内殿比外面柱廊升得要高些，中间的圆柱体与底部垂直并向上伸展，一直延至穹顶，用一个呈半球形的穹顶覆盖着，这种全新处理手法对于罗马神庙而言也是前所未有的，因此这座小小的建筑物已经不再是一个毫无变化的翻版了。

坦比哀多独特的处理手法形成了一种建筑模式，这使得以后的建筑师很容易就能按照这种模式对小亭进行复制，还不妨碍对各个组成部分进行改动。正是由于以上几点在设计上的优越性，坦比哀多一经建成就获得了广泛的认同，不仅在当时赢得了很高的声誉，在这之后还产生了更大的影响。不仅影响到后来英国的一些建筑，这个小亭及其穹顶甚至还可以说是后来雷恩设计的伦敦圣保罗大教堂穹顶的原始模型。它还启发了包括米开朗基罗在内的许多建筑师，才创造出了像圣彼得大教堂穹顶这样的辉煌建筑。

图6-5-2　霍克斯摩尔设计的英国霍华德城堡的陵墓　在巴洛克风格的建筑中仍能够感受到坦比哀多的影响。在这座陵墓的设计当中，霍克斯摩尔也使用了圆柱形建筑加柱廊围绕的方式，但顶部采用了较为含蓄的圆顶。这座建筑是陵墓的祭祀空间，而真正的陵墓是在这座建筑以下由拱顶支撑的地窖中。通过这座建筑再一次证明了，在一些严肃的建筑当中，古典形式仍旧是最好的选择

图6-5-3　吉布斯设计的英国牛津拉德克里夫图书馆 坦比哀多为后人提供了一个模式，而以后的设计师又在此基础上发展自己的表现方法，把各个部分修改一下，加上或去掉一些无关紧要的东西，于是一个似曾相识的新建筑形象就出现在世人眼前了。吉布斯的这个设计较霍克斯摩尔又进了一步，更加大胆地使用了双柱形式，并且用山花将一直默默无闻的底部突出出来，建筑顶部的侧开窗被取消，而强化了墙垛并进行了美化

图6-5-4　伯拉孟特设计的拉斐尔宫（已毁） 这座建筑充分说明了伯拉孟特为什么是一位被后人尊崇的设计师。整个建筑两层，底层墩柱和上层栏杆以及双柱处于同一直线上，使得立面有很强的统一性。依照古罗马建筑的传统，主要的房间都设在二层，而底层则使用了较大的拱券作为商用空间。虽然遵循的是古罗马的传统，但却有着多项创新。比如在二层使用了成对的多立克式柱，这是不符合古罗马建筑规则的，而且基座与柱式、栏杆成一条直线在古罗马也没出现过。伯拉孟特在这座建筑中又使用了他特有的新式古典建筑语言，而这种语言无疑又成为以后建筑师争相模仿的对象

然而坦比哀多的影响远不止于此，17~18世纪，后人不断地、反复地采用坦比哀多柱廊围绕着圆柱体建筑的建筑手法。在设计霍华德城堡（Castle Howard）的陵墓时（图6-5-2），建筑师霍克斯摩尔（Nicholas Hawksmoor）为了让其更具有悲剧色彩，他把柱子排列得十分紧密，俨然成了一个密实的栅栏，穹顶缩小并且压低了许多，再以一个较为幽暗的平台作为基础沿着底层平行地横卧着。

吉布斯（James Gibbs）在设计英国牛津拉德克里夫图书馆（Radcliffe Camera）时也运用了相同的手法（图6-5-3），他把柱子重新组合起来，而且使用了双柱的形式。柱子从底部的基础开始直到顶部栏杆的扶手，以并不相等的间隔距离立在一段墩座的矮墙上。墩座墙上环绕一圈的拱门则相隔着，用它们突出的带有山花的部位对于这一组间距来进行强调。虽然这些建筑的外形已经发生了很大变化，其具体的组成部分也不尽相同，但仍然能让看到它们的人一下就回想起坦比哀多，并很快地找出它们对于原作所做的改动。

然而伯拉孟特在对于古典建筑的独特理解与诠释方面的成就还不止于此，他曾经在他的著作中说过“设计时运用柱式，也只有运用这种古典模式，才是真正意义上古罗马的语言”。他所说的这句话非常具有权威性，得到了公众的认可。而且他对古典柱式理解也通过一些建筑表现出来，比如伯拉孟特1512年在罗马建造的一座宫殿，因为画家拉斐尔曾经在此居住过一段时间，所以后来一直被人们称为拉斐尔宫（Raphael Palace），不过这幢建筑现在早已不存在了，只留下当时这座建筑的一些立面图（图6-5-4）。

在拉斐尔宫上层的主要部分，伯拉孟特仅仅用了多立克柱式，成双地立于一层顶部的基座上，这些柱子的基座和窗户的栏杆有序地排列成行。建筑的上层安排着一些主要的房间，在其下面，也就是建筑的地面层，运用拱门的设计，按照罗马的惯例，这些房间一般被出租作为商店使用。伯拉孟特在下部使用了粗面效果，可以看出他依然沿用了古罗马的风格。在我们看来，它似乎是一种简单而又直接的排列方法，但在伯拉孟特的眼中，它是全新的，古罗马人从来没有这样做过。

这又是一次古罗马建筑为了适应16世纪的生活而做的延伸。并且，这座建筑在以后不同的世纪里都产生了相当大的影响，并一直延续至今。赛利奥曾写过，被埋没了很久的古典建筑在伯拉孟特手中又得以复兴。在赛利奥的书

图6-5-5　英国建筑师威廉·钱伯斯设计的伦敦萨默塞特宫
在设计这座建筑时，钱伯斯也使用了凯旋门式的分段方法，整个建筑由底部的拱券、巨大柱式装饰的中部，以及一个较薄但以雕塑装饰的顶部组成。此外，这座建筑还借鉴了一些伯拉孟特的设计手法，底部材料较粗犷，并使用古罗马式的拱券，向上则立面变得细致，直到顶部通透的栏杆和雕像

中介绍古罗马的部分中，他总结伯拉孟特的一些作品的时候，给予了伯拉孟特更加崇高的评价和赞许。

在1780年沿河滨马路的萨默塞特宫（Somerset House）的住宅中，威廉·钱伯斯（Willian Chambers）爵士在底部的店铺中设置了一些拱门的形式，这是对伯拉孟特建筑中精巧造型的沿袭，在这座建筑中，多立克式柱上被一些俗不可耐的闪亮的东西装饰着，这也是这座建筑中的不足之处（图6-5-5）。珊索维诺在水城威尼斯的考乃尔府邸上建造了一座大楼，从中也借鉴了一些伯拉孟特的处理手法。因为这幢建筑中并没有商店，所以在底层的设计中，三个居于中央位置的拱门被设计成了一个很大的入口，边拱也被窗户所代替。威尼斯人要求增加一些高度，所以珊索维诺就在伯拉孟特的样式上加以变化，又在上层的部分加倍了，从而增加了一层。这样做产生了一些细小而微妙的效果。伯拉孟特式的建筑突破了古罗马旧的建筑模式，甚至一度引导了意大利建筑的发展。

艺术家与建筑师

在文艺复兴这个伟大的时期，建筑的辉煌还与艺术家积极投身于建筑设计之中有着密不可分的关系。

拉斐尔也是文艺复兴时期著名的画家，出身于绘画世家的他在贵族的宫廷环境中长大，因而也有着广博的知识。他同时也是一位出色的建筑师，而且相较于达·芬奇对建筑的空想，拉斐尔要幸运得多，他有不少建成的作品，还被委任继伯拉孟特之后，负责圣彼得大教堂的建造工作。拉斐尔的建筑风格就如同他的绘画作品一样，是宁静而秀美的，他设计建造的罗马布兰科尼奥·德拉奎拉府邸（Palazzo Branconio dell'Aquila）、玛丹别墅（Villa Madama）等建筑就充分地向人们展示了这一点。建筑总体上来说起伏较小，线脚与窗子及各部分间都形成对应，而在外墙壁上常抹灰并以灰塑作为装饰，喜欢用薄壁柱，建筑的水平分划比较强，给人以沉稳之感，并且各部分处理得相当细致。

米开朗基罗也是文艺复兴时期最有名的人物之一，他不仅是诗人、画家、杰出的雕塑家，也是一位建筑家，是手法主义代表性的建筑师。他从小被寄养在一个石匠的家中，后来又在美术学院学习绘画，最终成为那个时代最引人瞩目的人物。他创作的雕塑和建筑都充满激情，与拉斐尔的风格完全相反，是张扬而富于表现力的。他还把雕塑和雕塑的一些手法引入建筑中，使得他既是文艺复兴时期有代表性的建筑师，以后巴洛克风格的建筑师也把他作为开创新风尚的第一位建筑师，这也使他的建筑作品引起了不少争议。米开朗基罗虽然大多数时间都为权贵或教皇工作，但仍保持着艺术家高傲的品质，不屈从于权贵的势力，而是始终坚持自己的风格，这使他的一生大都在苦闷与愤恨中度过，在其作品中就能充分感受到他的这种斗争精神。

作为艺术家尤其是雕塑家出身的米开朗基罗，往往把建筑当作他的一件雕塑作品来看待，因此他的作品大都没有很严格地遵守建筑的规则，打破了人们以往对古典建筑中比例的严格遵从。也许米开朗基罗始终认为自己是一个雕刻家而并非是一个真正的建筑师，但是还没有哪一位建筑师取得过像他一样辉煌的成就，他不畏文艺复兴鼎盛时期的权威，把古典主义又带入到了一个全新的阶段。

人们看到更多的是一种如雕塑般的建筑，他的代表作品就是赫赫有名的美第奇家族的礼拜堂（Medici Chapel）和劳仑齐阿纳图书馆（Laurentian Library）。在礼拜堂的建设中，他大胆地把壁龛、明显的线脚、贴墙的壁柱等以前人们只在建筑的外立面上使用的手法用于室内，而且大小壁柱相互组合，还设置了许多雕像。这座建筑一建成就因为离经叛道的设计震惊了当时的人们，然而这还只是开始，在图书馆的建筑项目中，米开朗基罗的这些手法运用得更加成熟，也更夸张。他在高大的墙面上设置了托架与高大的柱子，但这些不具任何结构作用，而只是为了分隔楼层和装饰，柱子之间则是他习惯设置的壁龛。他利用线脚和装饰强化了建筑的某些部分，使建筑更趋向于隧道的形象。最特别的是米开朗基罗设计的楼梯（图6-6-1）。这是一个上小下大的楼梯，像是从上面流下来的一样，逐渐扩大，最上面

图6-6-1　米开朗基罗设计的佛罗伦萨劳仑齐阿纳图书馆楼梯　作为手法主义代表性建筑师的米开朗基罗，用上小下大的不规则形状楼梯巧妙地解决了入口门厅与阅览室的高度差问题，同时又大胆地把建筑外立面的形象用于室内装饰当中。米开朗基罗以雕塑般的处理手法，将高大的双柱式与壁龛、装饰性的卷曲托架以及弧形的阶梯组合在一起，创造出了更富于艺术表现力的室内装饰手法。在这所建筑中所使用的建筑手法，也在以后普及开来，成为一种新的流行建筑样式

也是最窄的楼梯因为没有外部的栏杆而显出危楼的态势，而大理石的材质则又为它增添了很强的装饰性。这项设计也成为后来手法主义的一个基本设计范式，在很多建筑中普及起来。

米开朗基罗是一个伟大的艺术家，也是伟大的建筑师，当他开始创造建筑物的时候，他用他那神奇的、能够超越一切的力量创造了自己的建筑语法。瓦萨里（Giorgio Vasari）曾说："他在构图和比例上的处理，与其他人所采用的一些常用的普通方法大不相同。"事实看来确实如此。米开朗基罗在1521~1524年设计的美第奇礼拜堂的壁龛，已经远远地超出了维特鲁威的语汇，因为它表现出来的情感强度难以用技术角度的词汇去描述。山花、下楣、壁柱所有的这些部件也都经过了第二次创造，一些像维特鲁威之类的批评家们会说这些创造充满了荒谬和粗劣的错误。他们会指出弧形山花曲线为什么会中断，壁柱是多立克式的还是其他的，装饰下楣的线条圆滑地上升到楣间与拱的部分是依据什么先例或规则才使它尖锐弯曲地靠在上楣上。然而，这些什么都不是，这件作品完美得如同是雕刻一般。它是米开朗基罗的个人建筑语言，是与维特鲁威不同的建筑语言。

图6-6-2　意大利文艺复兴时期建筑立面 这座建筑立面充分体现了文艺复兴时期既沿袭古典又有所创新的建筑风格特点。第一层建筑使用了古罗马的爱奥尼克柱式，但柱身被一条条雕刻带分成几段，拱券高大而空敞。第二层则使用了三角形与半圆形两种山花装饰，而且山花中部断裂，加入了装饰物，两边三角形山花上还设置了人物雕像，而这些正是手法主义以及后期巴洛克建筑的特点。由众多元素组成的建筑立面由于处理得有简有繁，再加上柱式的统领作用，给人以有主有次、繁而不乱之感

在米开朗基罗的影响下，许多建筑师也将雕塑与建筑相结合，使整个建筑立面更加丰富多彩，充满表现力（图6-6-2）。

文艺复兴时期最知名也是最有代表性的建筑就是现在位于梵蒂冈的圣彼得大教堂（St. Peter's Basilica Church）（图6-6-3），是为纪念传说中的圣徒、罗马的第一位大主教彼得而建的，教堂所在地据说就是彼得殉道的地方，因此这也是罗马教廷的所在地。早在君士坦丁皇帝时期，这里就是一座教堂，虽然以后也重新修建

过，但规模不大。16世纪初，当教廷决定改建旧的圣彼得大教堂时，采用的是伯拉孟特的方案。伯拉孟特充满了雄心壮志，他设计的是一座纪念碑式的建筑，希腊十字式的平面，四角以及外侧都有十字形的建筑，鼓座和穹顶连在一起，并且四周也有柱廊，其形制很像扩大的坦比哀多。虽然伯拉孟特设计的这座教堂，还存在建成后实用性不强等问题，但仍以宏大的规模和新颖的形象得到了教皇的欣赏，并下令伯拉孟特立即组织建造。然而从1506年工程动工，到1514年伯拉孟特去世，大教堂的工程只进行了一小部分，效率出奇得低。

图6-6-3 意大利罗马圣彼得大教堂立面 这座罗马教廷的大教堂，历经多位著名的建筑大师设计并主持建造工作。由著名的建筑家、雕刻家米开朗基罗设计了大穹顶，包含文艺复兴与巴洛克双重风格，无论从结构还是设计上来说，都是西方古典建筑发展史中的重要建筑作品。在大教堂之前的广场上还矗立着远从埃及运来的方尖碑

伯拉孟特死后，由于失去了工程主持人，以及新继位的教皇并不喜欢原来的设计方案，使得大教堂的建造开始走上曲折而缓慢的历程。教皇新任命的工程负责人就是画家拉斐尔，他按照教皇的指示，将教堂的平面重新设计为旧的拉丁十字形，但由于此时教堂东面已经施工在先，所以只在西面加建了一个巴西利卡大厅（Basilica Domus）。这样教堂的正面就转向了西面，而原本要建的大穹顶则成为次要的部分。由于德国的宗教改革运动和西班牙贵族的统治，使得社会动荡不安，罗马教廷的权力也受到了威胁，因而拉斐尔的计划也搁浅了。从整体的构图上来看，拉斐尔的施工方案存在着一定的局限性，他没有把西立面与整体很好地结合起来，也幸而由于以上的原因这个方案没有完成，拉斐尔接手的这一段大教堂的建设也没有取得多大的成果。

此后，工程因为社会的动乱停了20多年。1534年，原来跟随伯拉孟特施工的帕鲁齐（Baldasssare Peruzzi）和小桑迦洛（Antonio da Sangallo the Younger）接手，虽然仍旧维持了原本的拉丁十字平面结构，但在西部却以一个希腊十字形的建筑代替了原来的巴西利卡，又维护了伯拉孟特的方案。此外，小桑迦洛还设计了中殿的拱顶，把伯拉孟特的圆拱改为双圆心的弧形拱，又增加了穹顶的高度。但是他最后的设计也只是在鼓座上加了两层华丽的券廊，在西立面上加了一对仿哥特式的尖塔，大教堂的主体工程大穹顶依然没有最后的施工方案，整个工程的进度也不大。真正为教堂的大穹顶做出贡献的人，是1547年才接手的米开朗基罗。

米开朗基罗在一开始就要求享有工程的全权决定权，只要他觉得有必要，甚至可以做主拆除已经建成的建筑。凭着此前取得的巨大成就，教皇欣然应允，而已经72岁的米开朗基罗立即全身心地投入到大教堂的建设中去。他首先回到佛罗伦萨，参照了伯鲁乃列斯基设计的主教堂穹顶，接着回到罗马开始了大穹顶的设计建造工作。由于米开朗基罗认真的态度，使得在他接手的几年里，不论在工程质量还是速度方面都有了很大的提升。米开朗基罗首先恢复的就是伯拉孟特最初的设计，仍旧采用希腊十字形。他在教堂的正立面上加建了自己设计的柱廊，并简化了原来教堂四角上的布局，还加固了中央支撑穹顶的四个柱子。虽然只是在原有方案上进行了一些改动，但米开朗基罗本人激情洋溢的风格，雕塑家所特有的对体积和整体的构思仍影响了教堂的风格。改建后的集中式教堂比先前拉丁十字式的教堂更加气势雄伟，达到了伯拉孟特最初的构想，是一座纪念碑式的建筑。

然而在1564年，当米开朗基罗为之倾注了所有心血的大穹顶刚刚建到鼓座（Drum）部分时，89岁的艺术巨匠就逝世了。但庆幸的是，后来接手的两位建筑师完全按照大师生前设计的穹顶样式，完成了穹顶部分的制作。文艺复兴晚期著名的建筑大师维尼奥拉还为其设计了四角的小穹顶。大穹顶采用与佛罗伦萨主教堂大穹顶相似的结构建成，但技术上更加成熟，使得穹顶的造型更饱满、形制更高大，一经建成就成为全罗马城的最高点。后来的教皇又在长廊上加建了巴西利

图6-6-4　意大利罗马圣彼得大教堂内部 虽然圣彼得大教堂的穹顶没有罗马万神庙的大，但却要高得多，而且教堂内部也大得多。文艺复兴时期的多位建筑师赋予教堂以庞大的规模和雄伟的建筑外观。巴洛克大师伯尼尼除加建了环形柱廊外，还聚拢了许多画家和雕塑家，把教堂内部装点得富丽堂皇。教堂本身就成为一座集中展示建筑、雕塑和绘画的博物馆

卡式的大厅以及巴洛克风格的装饰物，将教堂又改为了拉丁十字式造型，虽然大量的雕像和装饰物削弱了穹顶的主导性，但也更具观赏性。

此后，又一位雕塑家伯尼尼（Gian Lorenzo Bernini）被邀请来做最后的收尾工作，他又在教堂前加建了环形的柱廊，形成了由椭圆形和梯形共同组成的广场形式，将教堂扩大为一个庞大的建筑群。他还对教堂内部进行装修，邀请了不少知名的画家和雕塑家来打扮教堂，自己还设计了穹顶正下方祭坛的华盖（图6-6-4）。连同米开朗基罗所做的雕塑与绘画在内，圣彼得大教堂内涵盖了数不清的绘画、雕塑和艺术珍品。此后，这座建造了一百多年的教堂才真正完工，成为世界上最大的教堂建筑，它不仅汇聚了文艺复兴时期多位知名建筑家的智慧，还成就了此后巴洛克时期的伟大作品，伯尼尼所设计的祭坛华盖就是其代表作品之一。

帕拉第奥的建筑语言总结

建筑学专业的学生毕业之后，当面对社会上的具体工程时，往往会发现自己对于建筑施工图、建筑构造的节点和许多急需应用的知识还一无所知，这时便会去埋怨老师没有教自己什么实践知识。事实上，建筑师面对的上述问题，应该是在建筑事务所实习时，由建筑师来传授，而大学阶段最应学习的基础，是对于建筑的理解。文艺复兴时期，对于建筑进行归纳和总结，并写出书来指导别人的，最应该提到的就是维诺拉（Giacomo Barozzi Vignola）和帕拉第奥（Andrea Palladio）。

维诺拉与帕拉第奥是文艺复兴晚期出现的两位建筑大师。维诺拉对古罗马的建筑颇有研究，曾专门出版《五种柱式规范》一书，对古典柱式做了详尽的说明，为以后欧洲建筑建造柱式定下了规范。然而其本人创作的建筑却是形式多样的，风格前后变化很大，还是手法主义的代表性建筑大师，最著名的建筑是耶稣会教堂（Church of the Gesù），这座教堂也成为以后早期巴洛克（Baroque）教堂的标志，和以后

图6-7-1　位于卡普拉罗拉的法尔尼斯别墅 维诺拉是文艺复兴晚期著名的建筑师，还被认为是保守的学院派代表性人物，而他本人的建筑设计却是十分灵活多样的。这座建筑就体现了维诺拉的这种复杂的设计思想，虽然这是一座文艺复兴时期的建筑，但整个立面却有一种近似于手法主义的新奇面貌。通过两边对称的“之”字形阶梯，就到达了变化丰富的建筑面前，底部长方形开口的窗洞以三角形和半圆形山花装饰，第二层则采用了古罗马样式的拱券，而第三层则由两个一组的窗洞装饰。虽然整个建筑墙面粗糙、窗式简单，也没有过多的装饰，但却有着非常活泼的风格特点

教堂立面形象的主要参照建筑。此外，维诺拉在卡普拉罗拉（Caprarola）设计的别墅也同样见诸各种与文艺复兴建筑相关的书中，这就是法尔尼斯别墅（Villa Farnese）（图6-7-1）。虽然这座建筑已经在早先被小桑迦洛设计成了堡垒的形式，而维诺拉仅是完成了建筑上部、楼梯和内院的处理，但是他仍以粗石基座和平滑的石头形成了对比，并以轻巧的装饰性壁柱、内部的壁画装饰取得成功。

帕拉第奥是文艺复兴时期最有影响力的一位大师。他的大多数建筑作品都集中在文艺复兴建筑的第三个中心威尼斯和附近的维琴察地区，虽然只是一些教堂和美观而实用的郊区住宅，但却对整个欧洲和美国的建筑产生了不可估量的影响，被现代建筑师视为永恒的榜样。在1570年时帕拉第奥出版了一套叫作《建筑四书》（*The Four Books of Architecture*）的建筑书籍。他本人经常是想象多于科学，但其结构依然是合理的，就如同他的设计一样具有非常大的影响力。《建筑四书》不仅收录了罗马重要的古典建筑、古典柱式，还有他自己设计的建筑作品，以及各种不同角度的绘图和他对这些图所做的说明和评论。这本书使世人感到异常激动，在他的书中描写了复原式的建筑（图6-7-2），其影响力是巨大的。正是通过这本书，使得西方世界普遍接受了古典建筑语言，他把古典程式与艺术创造完美结合。在以后的很长时间里，甚至是现代，这本著作还被建

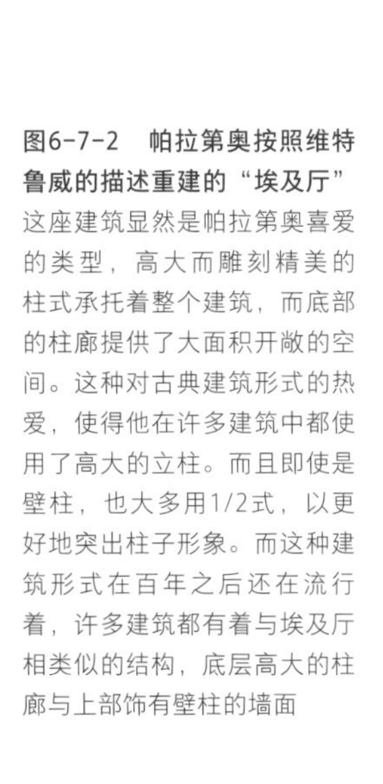

图6-7-2 帕拉第奥按照维特鲁威的描述重建的“埃及厅”
这座建筑显然是帕拉第奥喜爱的类型，高大而雕刻精美的柱式承托着整个建筑，而底部的柱廊提供了大面积开敞的空间。这种对古典建筑形式的热爱，使得他在许多建筑中都使用了高大的立柱。而且即使是壁柱，也大多用1/2式，以更好地突出柱子形象。而这种建筑形式在百年之后还在流行着，许多建筑都有着与埃及厅相类似的结构，底层高大的柱廊与上部饰有壁柱的墙面

筑师们所使用着，它被翻译成各种语言在世界上传阅，流传很广，其本人的建筑活动也被视为建筑史的转折点。

帕拉第奥出生于一个磨坊主家庭，从小给一位石匠做学徒，他从小就生活在相对偏僻的维琴察地区，直到30岁才被当地的伯爵看中，并资助他来到了罗马，甚至连这个广为人知的名字也是伯爵取的。在详细地考察了罗马的古典建筑之后，古典建筑与当时表现出的先进文化感染了年轻的帕拉第奥，也使他对古典建筑有了更加深入的理解。使他深感震惊的第一件事是那部已出版的、不完整但却令人感到惊讶的罗马废墟的测绘集，当时赛利奥的这本书还是相当新的。帕拉第奥在读这本书的时候，深深地感觉到赛利奥的这本书只是发现了一些值得人们去研究的问题的表面，而并没有去探究其内在的实际意义，并且也没有抓住那些关于古典建筑内在本质的内容和一些重要的比例。

基于这一点，帕拉第奥作为一位建筑师和研究工作者，研究过许多关于这类的书籍，尤其是维特鲁威的著作更成为影响帕拉第奥最深的建筑学著作。在罗马的这些经历也为他以后的建筑活动奠定了基础。比起伯拉孟特，他能更加出色地掌握和运用罗马的建筑语法。在文艺复兴时期，经济文化相当快地向前发展。在这样的背景下，帕拉第奥很好地抓住了机会，他在维琴察这座小城的市区及郊外，大量地、接续不断地、迅速地建造了一大批由他设计的建筑物。在他所设计的这些作品中，古罗马的建筑语言被他运用得比过去还要震撼人心并更为明晰。

帕拉第奥对于维特鲁威提出的数、比例关系非常重视，这从他日后所建的建筑中就可以看出来。他的建筑作品大都追求比例的协调，甚至精细到每一个房间的设置上，表现出对对称布局的偏爱。早年，帕拉第奥对维琴察地区的一座市政厅（Palazzo Chiericati）的改造工作，展现了他对建筑非凡的感悟力和设计能力（图6-7-3）。这座市政大厅建于13世纪，是维琴察地区行政、法庭和大会议场的所在地，到了16世纪中期急需进行修缮和加固。帕拉第奥最后被委任对这所建筑进行整修，他在大厅外围加建了双层的连拱廊，其灵感可能来自古罗马的剧场。结果不但凭借出色的设计形成了自己独特的风格，还使建筑拥有了美观和大方得体的外表，取得了成功。整个建筑高二层，柱式上方使用了檐坊，而没有使用拱券。建筑的顶部矗立了

14个雕塑，而每一尊雕塑却都有一个相同的基座，使人一眼便联想到了希腊的古典建筑风格：典雅、庄重。帕拉第奥还把底层设计成为一个开放的柱廊。二层则设计了两个阳台，在它的中间部分，被处理成了临街的墙壁。二层柱廊的柱子变成了壁柱，以便和一层的柱式相呼应。

他在这座建筑中使用了一种自创的券柱形式，由于整体原本拟采用十字拱的结构，使每一开间都有一个券，但已建成的建筑开间与拱券的大小并不匹配。帕拉第奥的解决方法就是，按原比例开券，券脚落在两边设置的小柱子上，而拱券实际的大柱子与小柱子之间的距离则架上额枋，并在额枋上开圆洞。这样处理的结果就是，建筑整体以方形的大券为主，开间里面则以圆形券为主，大小柱相间不仅解决了结构问题，外观形象也更为活泼。此外，还在上层设了一圈阳台，阳台上的栏杆与顶部的栏杆又形成呼应，每对大柱上的檐部略凸出，以承托顶部的雕像，

图6-7-3　帕拉第奥设计的维琴察附近的基耶里卡蒂宫 这位文艺复兴时期最著名的建筑师毫不避讳他对于古典建筑形式，尤其是柱式的喜爱。与伯拉孟特一样，他在古典建筑形式现代化的方面做出了极大的贡献。与伯拉孟特不同的是，他更好地理解和运用了古典建筑语言，在对古典建筑形式艺术性的创造过程中，形成了独有的帕拉第奥风格。这种风格也成为与古典建筑形式一样的经典建筑语言，流传深远

这些设计又强调了建筑的垂直感，使整个建筑水平线条与垂直线条相互调和。改建工程完工后，帕拉第奥以其创新的设计所带给建筑的新形象而受到人们的注意，同时这一新形式也被命名为“帕拉第奥母题（Palladian Motif）”，并成为以后的设计师们所喜爱的建筑形式。在这幢建筑中，柱式起到了主导的作用，从他的所有建筑中，人们可以很容易地感觉到帕拉第奥对于柱式的深厚感情。

帕拉第奥在对古典建筑形式的使用上，另一项成就是巨柱式（Colossal Order）的使用，虽然在此之前的米开朗基罗已经开了使用跨层巨大柱子的先例，但真正把巨柱式普遍使用并发扬光大的则是帕拉第奥。帕拉第奥的大多数建筑作品都集中在维琴察附近，主要原因是由于当时意大利商业经济的衰退，资本家们纷纷投资地产大肆修建庄园府邸的缘故。帕拉第奥早期设计建造了许多别墅建筑，大概受古罗马神庙和浴场的布局结构影响，大都带有圆顶、门廊和轴对称的特点。最能体现这些特点的建筑就是他为一位退休的官员所建的别墅，也就是著名的圆厅别墅（Villa Rotonda）（图6-7-4）。

这是一座双轴对称的正方形平面建筑，四面都是一样的形象。宽大的台阶直达第二层，立面正中是三个角都有雕像的山花，底部由四根巨大的柱子承托，形成一个很深的门廊。由于台阶的强调作用，第二层成为建筑的主体，而在四面山花的簇拥下，方形建筑的顶部是一个犹如古罗马万神庙的圆形穹顶。从外部的构图和建成后的形象来说，圆厅别墅有着相当完美的造型。整个建筑由方形、三角形、圆形等多个几何图形组成，由于适当的比例与排列，使建筑表面富于变化。由于横纵轴的搭配，使这些图形层次清楚，而且实墙与柱廊的组合也使得建筑立面虚实结合。但也应当看到，虽然这是严格按照构图与比例规律建造的，但其展示与示范的痕迹过重，实用性却不强，单就其四面敞开的大门来说，恐怕在日常的住宅当中也是不得当的。虽然是这样，但在当时仍旧得到了权贵们的喜爱，毕竟别墅只是他们彰显财富、偶尔休憩的场所，本身的实用功能就不大。

图6-7-4　帕拉第奥设计的维琴察圆厅别墅 这座平面为方形的建筑虽然不大，却是严格按照双轴对称的布局建造的，还体现着文艺复兴时期帕拉第奥风格建筑的特点，如建筑以第二层为主体，由巨柱式和三角形山墙组成的门廊，在建筑立面中多种形状的组合运用等。从建筑的角度来看，这座别墅的示范意义要大于其实用价值

通过这座建筑，可以看出帕拉第奥设计别墅建筑外部形态的几大特点，整个建筑横向划分为三大部分：底层作为基座，二层是主体并设置大门和柱廊，上部是屋顶和装饰性的山花。二层也是整个建筑最富于变化和特色的区域，帕拉第奥所设计的住宅别墅的立面，通常是中央由高大的圆形或方形柱子组成，并在两边开有尺度较大的窗子，同样也进行一些装饰。同时这座建筑内部各个房间的设置也很具有代表性。内部空间也以第二层为主，底层则作为杂物房使用，稍大一些的别墅建筑群也有把杂物房与主体建筑分开、置于旁边附属建筑中的方式。这些附属建筑也呈对称安排，并有柱廊与主体建筑相连。建筑第二层中央一般前后分两厅，是主要的聚会和公共活动场所。其

他的起居室和主客卧室都在这两个厅的左右，楼梯就安排在中央大厅与这些居室之间，也是左右对称设置的。

帕拉第奥设计了大量此类的建筑。虽然这些建筑作品集中在一地，但其后却影响了欧洲、俄罗斯和美国等地的建筑风格，他在这些建筑中所使用的一些处理手法，也成为以后建筑所遵循的规范之一，尤其是通层巨柱式的影响尤为深远（图6-7-5）。帕拉第奥把建筑立面按横纵分成几个部分，以中间立面为表现重点的建筑方法也是文艺复兴时期建筑的特点之一，帕拉第奥尤其喜欢使用此种构图方法，

图6-7-5 罗马拉特兰家族的圣约翰教堂及拉特兰宫（Lateran Palace） 从这个建筑群中可以看到文艺复兴时期建筑的一些特点，建筑的布局和外观显然经过严格的规划。十字形的教堂有着雕刻精美的入口。这个入口处明显带有帕拉第奥风格，通层的巨柱与三角形山花相搭配，使整个立面统一起来，显得高大而雄伟，古罗马式的拱券则增加了立面的变化。在这个古老形式的入口上方，围绕女儿墙还设置了许多人物的雕像

还在他的书中进行了理论的归纳，这也成为古典主义建筑立面构图的基本原则之一。许多建筑都学习帕拉第奥的这种建筑立面处理方法，使二层成为视觉重点，而且古罗马时期的柱式也为达到这种效果发挥了重要作用（图6-7-6）。

除了在维琴察本地，帕拉第奥在威尼斯还有两座教堂建筑：圣乔治奥·马乔里教堂（San Giorgio Maggiore）和救世主教堂（Ⅱ Redentore）。在帕拉第奥所设计的教堂里，你会更加注意到柱式的运用，因为这比阿尔伯蒂所设计得更有特点。

圣乔治奥·马乔里教堂将巴西利卡的形制与罗马风格完美结合，还建造了一个拜占庭风格的穹顶，而与外部多变的风格相反，教堂内部则只用了灰白相间的颜色进行装饰，达到了感性装饰与理性原则间的和谐统一。而救世主教堂作为对一场瘟疫结束的纪念建筑来说，其外部的组成更加复杂，形象也更加热闹。教堂仍旧由一个巨柱的立面与穹顶组成，但帕拉第奥加入了更多的图形，顶部在两座哥特式小尖塔的护卫下，是一个大穹顶。而紧接下来的古罗马式山花则由五个大小不一的三角形共同组成，重叠的山花有很强的层次感。接下来的是门口的壁柱，从内到外分别由一对

图6-7-6　意大利文艺复兴后期建筑立面　从这座建筑立面中，似乎可以感觉到一些米开朗基罗的处理方法，将雕塑与建筑融为一体。第一层建筑使用了罗马的爱奥尼克柱式、拱券形式的开窗，墙面也采用粗面石砌成。第二层则按照罗马柱式的叠加原则，用了华丽的科林斯柱式，而建筑立面则使用了希腊式的开口方式，上部还搭配希腊风格的山花和雕塑，墙面的用料也经过了细致的打磨，并进行了一些雕刻装饰。建筑的第三层则使用了简洁的文艺复兴柱式，为了突出建筑中部，这些柱子没做过多的装饰，却相对应地设置了罗马风格的雕像，这也代表了由手法主义向巴洛克风格过渡时期的建筑立面特色

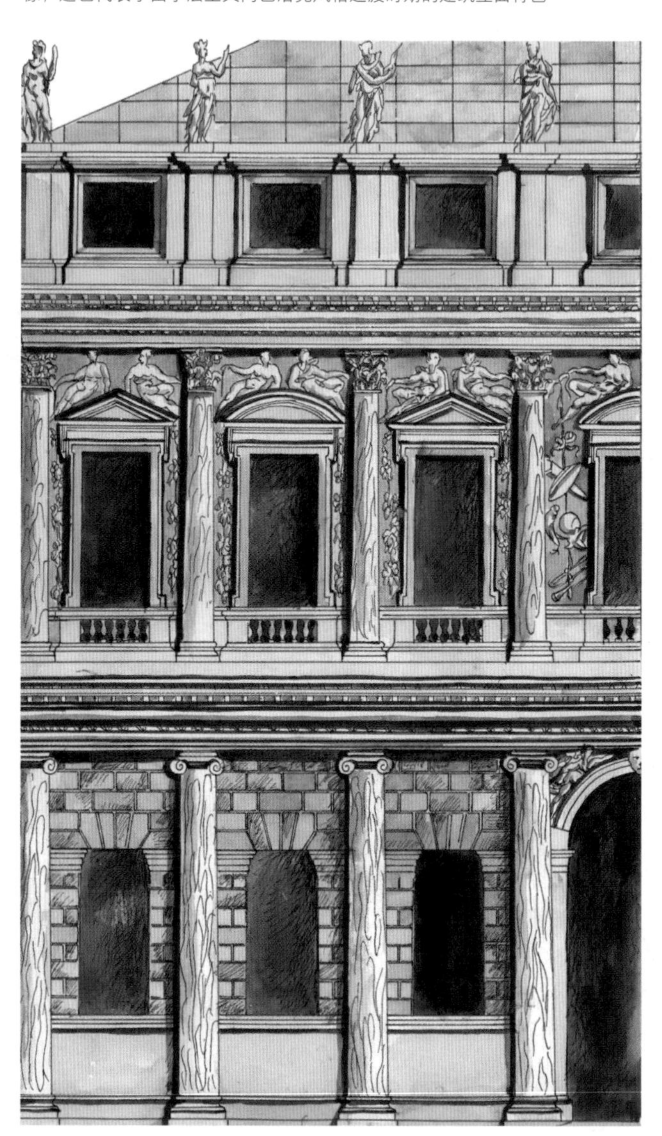

小圆柱、一对大圆柱和一对大方柱组成，在两组大柱之间还对称地建有摆着雕像的神龛。

在设计救世主教堂的东端时，帕拉第奥用高大巍峨的柱子支撑着柱子上面的楣构，而拱门和墙的作用似乎也仅仅是用于填充柱子之间的空隙，他设计的环绕在祭坛后半

部分的柱式构成了半圆形屏障，这样的设计显得更加自由。总之，所有的大小形状在帕拉第奥手中被一一调整，使得这个教堂立面活泼而不失稳重，富于变化而不显凌乱，也充分显示了这位建筑大师对古典建筑语言的驾驭能力。在帕拉第奥所创作的建筑作品中，他自豪地运用了各种柱式，并尽量地使柱式更富于变化，以展示着这些柱式的美。相比而言，帕拉第奥在维琴察对于古罗马建筑语言的复兴，远比伯拉孟特对于古罗马建筑语言在罗马的复兴要更具有实际性。

其他国家的文艺复兴建筑

文艺复兴运动虽然在意大利境内如火如荼地进行着，但对周围国家产生影响却经历了一个相当长的过程，因为就在意大利的建筑师们为开创新的建筑形式做着各种试验性的工作时，在法国、英国和北欧的一些地区，人们还在为如何将哥特式的尖塔造得更高而发愁，哥特式建筑仍旧是这些地区最普遍的建筑形式。然而谁也不能阻挡历史的车轮滚滚向前，随着与文艺复兴建筑相关的出版物、到意大利来的各国游客和工匠的流动，文艺复兴的影响还是逐渐扩大开来了。

图6-8-1 法国索米尔城堡（Château de Saumur） 坐落在索米尔的卢瓦尔河边的一处地势较高的地方，建筑一周有几个作为防御工事的高大圆柱形尖塔。城堡为法国王室成员的休闲别墅，同时也曾用作武器库和监狱。现该城堡已成为索米尔市政博物馆

法国的文艺复兴建筑

在意大利的文艺复兴运动已经发展了半个多世纪之后，才传入法国。法国这时已经成为

图6-8-2 法国罗亚尔河边的雪侬瑟堡 这是法国一座相当完整的文艺复兴风格的城堡建筑，由于修建它的建筑师很多来自意大利，因此许多意大利的建筑风格在此都能看到，城堡中的跨河长桥就是仿照佛罗伦萨的一座大桥修建的，而楼梯和通道的样式则与同时期的威尼斯建筑风格相似。在凯瑟琳王后（Catherine de'Medici）统治的时期，这里更是大兴土木，城堡周围还建有法国式的花园。作为王室和权贵们的居所，雪侬瑟堡得以在历次战争中比较完整地保存下来，其中流传着许多动人的故事

相对繁荣和稳定的大帝国了，当时的皇帝弗朗索瓦一世（Francois Ⅰ）聘用了包括达·芬奇在内的许多意大利建筑师和工匠投入到他的宫廷建造当中，也成为法国文艺复兴风格建筑最重要的资助人。由于他的大力提倡，法国先后建起了许多文艺复兴风格的建筑，而与意大利不同的是，法国这一时期的建筑主要集中在城堡建筑上。文艺复兴风格建筑在法国有其独特的发展状态，这就是与哥特式建筑的混合。可以说，法国此时的建筑就是撷取哥特式与文艺复兴式两种建筑语言中的一些词汇，再把它们杂糅在一起，形成了有法国当地特色的混合建筑语言。

这种独特的法国建筑风格以罗亚尔河畔（Loire River）的各种城堡建筑为代表。法国当时的皇帝弗郎索瓦一世就热衷于修建各种城堡建筑，他在罗亚尔河畔修建了许多结合了哥特与文艺复兴风格的城堡建筑（图6-8-1）。在这些城堡中，能明显看出哥特式的结构与文艺复兴风格细部的各种组合。以香博堡（Chambord Castle）为例，这座城堡总平面具有明显的文艺复兴风格特点，由对称的长方形内套一个规整的正方形组成。但这个平面又显然不是文艺复兴风格，因为内部的正方形并不在长方形的中心，而是偏一些，与长方形的一边相接。整个城堡的布局也是按意大利的文艺复兴风格的庭院设置，由三面围合的庭院组成，剩下的一面作为主要入口。而实际的功能

区设置又具有明显的哥特风格特点，因为其入口处的建筑大半都不是主要的起居区，而且在庭院的四角都还设有尖顶的角塔，标志性的尖塔还不仅仅出现在庭院四角，正方形的主体建筑顶部甚至满布各式的小尖塔，其哥特式风格不言而喻。

还有许多哥特时期建造的城堡，在文艺复兴风格传入以后也开始大规模地改造。以雪侬瑟堡（Chateau de Chenonceau）为例（图6-8-2），这座城堡的主体本来就是依照哥特式建筑结构兴建起来的，后来一直处于增建工作当中，而城堡的西北和西南添建的两部分就带有明显的文艺复兴风格。虽然还保持着陡峭的屋顶，但建筑底部却处理成连续的拱廊形式，以此来加强整个建筑的水平感，而这座城堡中盘旋的室外楼梯设计，更是文艺复兴时期标志性的创造之一。

在国王的带动下，许多贵族和富商也营建了一些文艺复兴风格的建筑。但当时的本土建筑师对文艺复兴建筑还不十分了解，大多都是从各式出版物中见到这种新的建筑形式。法国这时期的建筑还存在着一些问题，例如带有哥特式的影响，甚至可以说是哥特建筑与文艺复兴建筑相结合的产物，对文艺复兴建筑认识肤浅，对古典形式滥用等问题，但新的风格总算开始流行开来了。新风格还与当地的建筑文化相互融合，也产生了一些非常成功的混合建筑形象。法国以宫廷建筑为中心的建筑风格也日趋成熟，开始逐渐影响周围国家的建筑风格。

西班牙的文艺复兴建筑

文艺复兴建筑在西班牙的发展脉络也同法国差不多，也是与哥特式风格相互混合的产物，只不过又加上一些西班牙的地方特色。其代表建筑是腓力二世（Philip Ⅱ）为其父所建的皇宫兼修道院——爱斯科里尔宫（El Escorial）（图6-8-3）。这座皇宫是由米开朗基罗建圣彼得大教堂穹顶时的一位助手与他的助手合力完成的，借鉴了古希腊建筑、古罗马建筑、意大利文艺复兴建筑和以往建筑的风格特点建成。这座建筑群的中部是穹顶的教堂，还包括一个修道院和一座包含了神学院的宫殿，以及十几个庭院和其父查里五世（Charles Ⅴ）的陵墓。应国王的要求，这座建筑群以简单、严谨、宏伟的基调进行设计，虽然建成后犹如一个封闭的监狱，但也正反映了当时教廷所崇尚的禁欲主义以及皇室虔诚的宗教情结。

17世纪初，罗马教皇下令对圣彼得大教堂进行改建，这座代表着文艺复兴成就的建筑遭到了损坏，这件事也预示着意大利建筑史上伟大的文艺复兴时期的结束。这场人类历史上起始于先进的文化与思想变革，进而影响到建筑的运动，大大推动了意大利乃至欧洲的建筑进程。在这场建筑革命中涌现出了许多像伯拉孟特、米开朗基罗这样的建筑大师。同时他们把在建筑活动中所获得的经验和启示记录了下来，也为以后的建筑师留下了宝贵的参考资料。虽然这些著作中也存在着一些神学观点，有的还不甚全面，但全都是建筑师深入实践得来的结果。而且这些著作不仅将当时的建筑工作上升到理论高度予以归纳和总结，更重要的是对建筑工作做了全面的创新，使当时的建筑创作处于一个繁荣和多样化的状态，进而不断创造出新的建筑形式。

图6-8-3 西班牙爱斯科里尔宫 这座由托雷多（Juan Bautista de Toledo）与埃雷拉（Juan de Herreva）设计的西班牙文艺复兴时期最重要的一座建筑，不仅是西班牙王室的皇宫兼修道院，其中还包括一座神学院和国王的陵墓以及其他附属建筑。这座建筑的外观极其简约、规整和严肃，也难怪人们说它更像一座监狱。然而在建筑内部，不仅可以看到古罗马大浴场、圣彼得大教堂等建筑的风格特点，还可以感受到阿尔伯蒂和帕拉第奥等建筑大师的设计理念

07 巴洛克与洛可可建筑语言

巴洛克与洛可可建筑语言的发展概况

手法主义对巴洛克的影响

巴洛克建筑语言的起源与发展

伯尼尼

波洛米尼

加里诺 · 加里尼

巴洛克语言的影响及洛可可语言的产生

对法国的影响

对德国的影响

对英国的影响

对其他地区的影响

巴洛克与洛可可建筑语言的发展概况

17世纪初，意大利的文艺复兴运动基本结束了，取而代之的是两种新的建筑走向——古典主义（Western Classial）与巴洛克风格（Baroque）。这再次证明，任何艺术风格都不可能永远为人们所接受，艺术语言是会不断发展的。古典主义承袭了文艺复兴时期向古典建筑学习的传统，在形式与内容上又一次创造出了辉煌的成就，成为建造语言发展史上的另一个高峰。但是，当高峰过去，古典主义的建筑语言慢慢走入僵化的形式主义道路中。古典主义风格的建筑在法国宫廷文化的氛围中产生，虽然也发展到英、德等国，但主要还是为国王和贵族们使用。这种诞生在法国的古典主义承袭自帕拉第奥的古典建筑风格，宣扬极端的理性。体现在建筑上就是严谨、细致而规范，构图与形体上表现出沉稳的风格，用色薄而淡，给人以大气而舒展的雄伟之感。而文艺复兴时期的手法主义经逐渐演化，变成后来的巴洛克风格，在文艺复兴之后的意大利产生并流行开来。这是一种与古典主义背道而驰的风格，最基本的特点就是对传统、规则的反叛与突破。在这种风格的建筑中，就连粗糙的石头也可以变得灵动起来（图7-1-1）。巴洛克风格追求动态的、有着鲜亮颜色和极端表现力的效果，所以融合了绘画、雕刻与建筑三种艺术之所长，让人眼花缭乱似乎是欣赏这种风格的第一感觉。

图7-1-1 意大利威尼斯宫殿的粗石工外观 这种建筑立面采用没有磨平的石材作为建筑的立面，就好像是刚从采石场拉来的毛石一样。通常底层石块最为粗糙，向上则逐渐变得平整，石块间的砌缝也变小直到全都变得光滑，没有砌缝为止。这种充满乡土气息的建筑立面也逐渐发生了改变，人们开始在简单的建筑立面上加入一些装饰性的元素，如卷曲的托架、断裂的山花等，也预示着文艺复兴风格向感性巴洛克风格的转变

图7-1-2　凡尔赛宫（Château de Versailles）中的小教堂 凡尔赛宫的建筑采用古典样式，有着高大而对称的建筑布局，而内部的装饰却以巴洛克和洛可可风格为主。这座小教堂由底部连续的拱廊和上层高大的柱廊组成，虽然总体建筑风格很简洁，但在室内的墙壁和拱券上却布满了雕刻装饰和彩色的绘画，而其中的家具和各种工艺品也是来自各地的精品

巴洛克风格后来影响到法、德等周边国家，在法国还发展成为洛可可风格（Rococo）。这种天主教反宗教改革文化下诞生的新风格，主要为教皇和教廷服务（图7-1-2）。与文艺复兴建筑不同的是，巴洛克风格从意大利流传到西班牙、奥地利和德国以后，直到末期才在法国流行起来，而法国的巴洛克风格尤其以皇室建筑内部的装饰为代表，最后还发展成了专注于室内装饰的洛可可风格。此外，巴洛克风格还影响到当时的音乐，人们也越来越注意到，建筑需要给音乐一个好的传播空间，于是各种大歌剧院建筑也开始兴建起来。由此可以看到，各种艺术门类之间并不是完全独立的，它们总在某种层面上存在着联系。

巴洛克这个词来源于葡萄牙语，其本义是畸形的珍珠。就如同这个词的本义一样，巴洛克风格的建筑中包含了变形、光彩等诸多矛盾的内涵，而从它诞生的那一天开始，人们围绕它所进行的批评与歌颂也没有中止过。很多时候，人们对巴洛克风格持蔑视的态度，因为它反常规的建筑手法是对当时建筑形象的一次颠覆。当然，巴洛克风格也不乏矫揉造作之作，尤其是晚期在法国发展而成的洛可可风格更是如此，因此我们对于这两种风格需要持辩证的态度，既要看到新建筑形式给建筑带来的改变及进步，也不应该忽视它存在的弊端。我们只能说，这是一种在建筑中创造了新样式与新的处理手法的风格，是继文艺复兴之后兴起的又一次建筑高峰，而且影响深远，在欧洲建筑史中占有较重要的地位。巴洛克风格起源于手法主义，手法主义则可一直追溯到古罗马时期，而真正对其有影响的开篇宗师无疑是米开朗基罗，和以其为代表的一批文艺复兴时期手法主义的建筑大师。早在美第奇家族礼拜堂的建造中，米开朗基罗就首创了把雕刻与建筑合二为一的建筑手法，并大胆地把之前建筑外立面采用的表现手法运用到室内。

手法主义对巴洛克的影响

在建筑正立面上使用雕刻手法，主要是来源于米开朗基罗的手法主义（Mannerism）。米开朗基罗一定会对建筑形式进行一些强化处理，但他并不一定需要通过对各种类型的推断和比较来进行强调。他所运用的建筑语言是属于他自己所特有的建筑词汇和语法结构。米开朗基罗在建筑上的这种创新，也引领了文艺复兴时期的一种新的建筑语言的诞生，雕刻与建筑的关系也变得密切起来（图7-2-1）。

在米开朗基罗的一些建筑作品中，细节处并没有表现出极强的创造力，然而却运用了另外的一种手法，这使我们感到十分的惊讶。在建造罗马卡皮托尔山（Capitoline Hill）

图7-2-1　意大利米兰美丽岛（Isola Bella）上的博罗梅奥宫 是查理三世为爱妻伊莎贝拉（Isabella）营造的一座宫廷和花园。这座建于17世纪的博罗梅奥宫为巴洛克风格，包括拿破仑和约瑟芬、查尔斯王子和戴安娜王妃等名人都慕名来过这里

宫殿的时候，米开朗基罗运用了大量的、传统的、巨大的科林斯式壁柱（图7-2-2）。在这些科林斯壁柱上可以看到两个奇特之处：其中的一个奇特之处在于这座宫殿的两层建筑都是由这些壁柱来贯穿的，而与此同时，他又运用了另外一个辅助的爱奥尼克式柱来对它进行丰富，并用以支撑中间的一层。另外一个奇特的地方在于它的这些壁柱都是巨大无比的，壁柱高约13.7米，一直延伸到了圣彼得堡大教堂，它半圆形后堂的科林斯壁柱已经达27.4米之高了。而这种柱式的用法，在古罗马时期却从来不曾有过。在这座建筑中，米开朗基罗最富创造力和最有价值的创作是对下层柱子楣上部分的建造，也就是两柱之上的横楣之上填充一点

图7-2-2 米开朗基罗设计的罗马卡皮托尔山宫殿 如同所有伟大的建筑师一样，米开朗基罗在建筑中的一些处理手法，也成为一种独特的建筑语言而被后人广泛使用。在这座宫殿建筑中，米开朗基罗使用了传统的科林斯柱式，但其尺度却非常大，贯通建筑两层，这种巨大的柱子在古罗马任何一座大型的建筑中都从未使用过。除了这让人吃惊的巨柱外，每层又都设有单独的爱奥尼克式柱，以及米开朗基罗喜爱以雕刻装饰的断裂山花（Broken Pediment）。这座建筑虽然仍以古典元素构成整个建筑立面，但其处理手法已经自然地过渡到了巴洛克风格

墙体，墙体之上是一条横向贯穿的二楼楼板的凸出线。他这种把两种柱式一大一小统一在一座双层建筑中的创作，对后人产生了巨大的影响。

从卡皮托尔山宫殿到巴洛克教堂是一个比较容易的过渡。巴洛克式的建筑中运用了许多卡皮托尔式建筑的风格主题。到巴洛

克大发展期间，在意大利的建筑领域里，出现了一个名词——“手法主义”。如果是用来形容人，那么就是做作的意思。而在建筑方面，它的意思就是试着去模仿一种类型然而却模仿得十分不自然。我们所说的这种手法主义并不是一种风格，它仅仅被看成是一种情调。在它流行的时候，其他的一些毫不相干的事物也相继对它进行模仿。如果仅仅把建筑当作是一种语言来考虑的话，那么究竟在多大程度上，手法主义丰富了建筑词汇并给建筑语言增添了色彩呢？

来看米开朗基罗晚期设计的另一座建筑作品——比亚门（Porta Pia）（图7-2-3），这座建筑的立面加入了众多元素，完全打乱了文艺复兴以来理性的建筑语言，而是以一种超乎想象的夸张词汇来表达米开朗基罗多变的设计思想，和他作为一名雕塑家对建筑立面的理解。断裂的山花、镶嵌的匾额、扭曲的圆花饰，以及造型各异的窗户、柱式，这些都成为巴洛克建筑语言中主要的表现词汇。而手法主义所给予的并不仅仅在于为其提供了这些词汇，而是将其活泼而自由的表现手法移植给巴洛克风格。我们难以对文艺复兴末期的手法主义到巴洛克的转变划清界限，因为这两者之间是传承与过渡的关系。手法主义的独特建筑语言，无论对于文艺复兴建筑语言还是巴洛克建筑语言来说，都有其重要的影响，也是人们研究这两种建筑语言时不能忽视的重要组成部分。

图7-2-3　米开朗基罗设计的比亚门　作为手法主义大师的米开朗基罗，其建筑作品也有着如雕塑般的形象。同之前文艺复兴建筑师的建筑相比，这个建筑立面是混乱的，几乎没有什么传统风格可循，运用的是一种全新的、出其不意的处理方法。整个立面中圆形、弧线、三角形山花、方正的窗户都结合在了一起。山花有断裂式，也有完整的，其中还嵌入了花环等雕刻的装饰，而断裂的山花正是巴洛克风格建筑的特征。这位伟大的艺术家在他的晚年，以一种看似拼凑的写意式手法重新诠释了他对于古典的理解

另一位开启意大利巴洛克建筑新风格的设计师是维诺拉，他所设计建造的耶稣会教堂正立面相当复杂和精巧，是伟大的手法主义的代表作品之一，也被认为是巴洛克风格建筑的起点（图7-2-4）。这是一座对罗马天主教极为重要的教堂。教堂的外形十分庞大，它那高大的正立面完全采用了科林斯壁柱来装饰，共有两层。如果我们认真地、带着文艺复兴繁荣时期的眼光来分析这座建筑物，可能很快就对它产生疑惑，因为那里并没有让人很容易就能看出来的重复节奏，它的立面在升高以后两侧又向内缩，并使用“S”形涡旋装饰形成墙体。从两侧向内数第三根壁柱只暴露出一部分，这个壁柱的一部分似乎是建在了另外一个壁柱的后面，看起来是一座造型艺术气息很浓重的建筑物，然而这座教堂最有特色的也就在于此。两层楼的立面上成对的壁柱与三角形和拱形的山花交相辉映。在上层的立面两边对称地布置了卷曲的支架，其实不具任何支撑作用，而只是作为装饰。在这里，复杂的图形组合与雕刻连同弯曲的支架形象似乎在向人们说明，一个华美、繁复的装饰时代的来临。

图7-2-4　维诺拉设计的耶稣会教堂立面　这是一座突出的手法主义式建筑，再次展现了维诺拉活跃的设计理念和多样的设计风格。从整个教堂的立面来看，虽然没有断裂的山花，但双层山花的套用形式，层叠的壁柱，以及两边反卷的曲线则更趋向于自由的巴洛克风格。而事实上这座建筑也正被人们认为是巴洛克建筑的先声，因为在此后的许多国家都仿照耶稣会教堂立面的形式兴建了类似风格的教堂建筑，其影响可见一斑

图7-2-5 阿曼纳蒂设计的普若文夏拉府邸 这是一座理性应用古典建筑元素的建筑，整个立面相当简单，立面也显得清晰而简练，然而在这个建筑立面之中也包含有手法主义的装饰部分。你会注意到建筑底层拱券的入口顶部，拱券门洞与两边长方形的小门组合在一起，顶部还悬挂了两个爱奥尼克式的柱头作为装饰，而这种处理手法显然是受米开朗基罗的影响所致

佛罗伦萨的阿曼纳蒂（Ammanati）运用手法主义设计了普若文夏拉府邸（Palazzo Provinciale）（图7-2-5），它建筑于1577年的卢卡（Lucca）。阿曼纳蒂把各种造型都用在了一起，而且是非常紧密地放在了一起。在造型上它巧妙地运用了凸凹的手法来达到感官视觉上的冲击，像一些凸板、凹板和那些被设计在凹板里的凸板等。但是在一楼拱门的拱腰上有一个人为的错误，那就是把两个爱奥尼克柱头的顶部雕刻得像建筑上的一层薄片或者是被挂起来一样，而为了让位于拱门，以至于它的一部分被切断了。

古典主义建筑中运用了十分明显的手法主义色彩。建筑的装饰很快地流传。当它流传到北方，那些十分具有吸引力的雕刻装饰更加适宜在建筑上的使用。1558年加莱亚佐・阿莱西（Galeazzo Alessi）在米兰建造的马里诺府邸（Palazzo Marino）中（图7-2-6），传统的柱式几乎完全被装饰性的雕刻所替代。这座建筑最为奇特的地方是一楼多立克式柱的上面

图7-2-6 位于米兰的马里诺府邸，加莱亚佐·阿莱西设计 在这座建筑当中，各种雕刻的图案成为立面最引人注目的地方，而柱子不仅采用了最简单的多立克式，没有过多的装饰，还被设计得矮而小，更像是纯粹的承重结构，而非以前那种最富有表现力的组成部分。柱子的上楣构雕刻有动物的头像，而上层则开有壁龛，并设置整个的人像雕塑，在壁龛的左右两边，代替柱式的是成对的面具式的雕刻。这种充满雕刻的建筑立面，本身如同一个展览馆，而出于雕刻的需要，原来的柱式部分被大面积的实墙所代替，这就在相当程度上破坏了古典建筑立面的构成规则，也预示着新风格的诞生

有着十分引人注目的柱上楣件，这上面都被雕刻成水果、花卉、珍宝、人物和带有动物面具的图案。“胸像柱”代替了上层的柱式，其上部胸像的胸部被加宽了，下部底座的底部变窄了。有一些设有人像的壁龛放在了“胸像柱”之间，拱门之间是带有浮雕的镶板。

通过这些建筑的过渡，一种不同于文艺复兴时期建筑风格的新的建筑语言逐渐产生了，这种新的建筑语言更加自由和活泼，那些建筑上从未有过的组合方式就如同不断加入的新词汇，给古老的建筑语言带来生机和活力。也可以说，古老的建筑语言完全改变了，变为一种更积极和大胆的表述方式。虽然一些古老的元素，如柱式、山花是我们一直以来所熟知的，但在此时，它们仿佛又变得陌生了。经过手法主义大师精心的处理，以及出其不易的组合应用，新的巴洛克语言赋予建筑新的含义。

早期的巴洛克建筑是天主教堂，而且大多是按耶稣会教堂的模式进行建造的，只是开始采用大理石、铜和黄金来进行装饰，各式壁画与雕刻的数量也大大增加了。其主要的特点就是，对以往严整的建筑立面做大规模变形的调整：首先，在立面上大胆地使用双柱，甚至是三柱的形式（图7-2-7），建筑开间不再固定，而是随教堂立面的需要而定，柱子也越来越退化为装饰性元素；其次，建筑立面的线条更加复杂，虽然有柱子突出其垂直性，但从基部到山花却都是断裂的，这些形象也形成上下呼应，削弱了柱子带来的垂直感。而且山花不再是单个的，而是多个套用，甚至是不同形状的山花共同套用。在这些断裂处，往往还设置一些徽章或其他雕刻作为装饰。随着新处理手法的加入，教堂的立面变得更加混乱起来，再没有了文艺复兴时期那样的完整性构图。后来，人们开始兴建起小型的集中式教堂来，这种小教堂从形制到装饰上变得更加灵活，因为它们本身的纪念性已经超出了实际的用途，也许修建他们的目的就是在于展示人们离奇的想象力和本地区的富足。

卡罗·玛丹纳（Carlo Maderna）在1597年设计的罗马圣苏珊娜教堂（St. Susanna）（图7-2-8），在它身上耶稣会教堂主题被诠释得更加完善，它具有十分明显的垂直感，是巴洛克风格主义的前兆。把这两座建筑放在一起进行比较，我们会发现圣苏姗娜教堂与耶稣会教堂相比有两方面特点：一方面是更加结实、坚固，有着十分明显的垂直矩形形态，耶稣会教堂的立面，在两层衔接处的地方各有一个呈向外扩张状的涡卷，而在圣苏珊娜教堂的两层衔处则可以很清楚地看出是向内收缩的，从而更增加其垂直的立体效果；而另一方面，在耶稣会教堂的正立面上，可以看到它壁柱设计得很零散，不够集中，相比之下，圣苏姗娜教堂在柱子和壁柱的设计就显得十分集中，从而使人能够很快就把注意力放在中央大门的位置上。一直到现在，这两种对比的手法依然经常被使用到，从两者的对比上我们可以看出，圣苏姗娜教堂是很明显的巴洛克风格的建筑。什么是“巴洛克风格”？巴洛克风格是夸张的、不自然的、具有很强的修饰性，然而它却有着很强的说服力，使人能够很容易地接受它。

图7-2-7　罗马圣维桑和圣阿纳斯塔斯教堂（SS.Vincenzo ed Anastasio） 这座教堂的立面完全采用了巴洛克式的处理手法，从基部开始，在拱门的两侧设置了三柱式，而双柱式则设置在拐角处。上层明显收缩，但仍旧使用了与下层相同的三柱式，在立面就使用如此多的柱式是一项大胆的设置。与这些簇拥的柱子具有相同风格的是层叠的山花，底层由两个套在一起的半圆形山花组成，中部断裂处设置了雕像，而上部则由半圆形与三角形的多个山花组成，中部还有从窗子一直延伸到顶部的雕刻装饰。这座建筑把巴洛克式建筑奔放、自由不羁的个性展露无遗

图7-2-8 卡罗 · 玛丹纳设计的罗马圣苏珊娜教堂 这个教堂立面明显受耶稣会教堂影响，其基本组成有着惊人的相似，是一座巴洛克风格的教堂建筑。手法主义是对严谨的古典立面的反叛，力求通过复杂的构成和出其不意的设置手法打破陈规的束缚。而巴洛克作为一种新的建筑风格，也有一定的构成法则。圣苏珊娜教堂的立面中用相对简单的柱子组合方式和突出层次感的方法使立面显得更为规整，还强化了立面的垂直性，使立面更为紧凑，有整体感

巴洛克建筑语言的起源与发展

意大利的巴洛克建筑起源于罗马，这里有巴洛克风格建筑最著名的两位设计师，伯尼尼和波洛米尼（Francesco Borromini）。其实伯尼尼的巴洛克风格作品就在文艺复兴时期最有代表性的建筑——圣彼得大教堂中。在建筑内部，教堂巨大的穹顶下正对着的是由伯尼尼设计的铜铸华盖（Baldachino），还有精美绝伦的祭坛。教堂外部则是伯尼尼设计的大广场以及环形柱廊。祭坛全部采用青铜铸成，四根扭曲的圆柱支撑着上面由众多曲线构成的华盖，顶部还有一个圆球状的象征物。由于连同祭坛在内的教堂内部都由铜铸成，因此用铜量非常大，然而最终的效果也是令人惊叹的，如同来自上帝的礼物。

伯尼尼

伯尼尼的另一项设计，圣彼得大教堂外面的广场，则更能体现巴洛克建筑的风格，这是由建筑、雕塑和绘画组成的巴洛克建筑的代表作之一，还具有很深的宗教意味。在原教堂梯形广场的基础上，伯尼尼又设计了一个椭圆形广场，这是巴洛克式建筑最常用，也是最经典的图形了（图7-3-1）。广场的外围由一圈柱廊组成，柱廊上两列成对的柱子使墙面看上去要较实际宽阔得多，而粗壮的柱子密密地排列在阳光下，又显现出光影的变化。基于它

所处的特殊地位，伯尼尼借鉴了建筑法则，创作出了他个人的独特柱式，结合了爱奥尼克柱式的优雅和多立克柱式的高贵，这些柱子甚至还包括有塔斯干柱式的底部基础，要比常见的多立克柱式高，而它支撑的柱上楣构造与爱奥尼克柱式有一些形似。那么，这些柱廊带给人们怎样的印象呢？这种设计新颖的柱式引起人们广泛地关注，因为围绕着大教堂的柱廊也是人们行走的走廊，而这些独特的柱式使行走在其中的人们有了一种物换星移般的感受，也为进入装饰豪华的大教堂内部做了铺垫。当人们顺着入口缓缓进入广场，并走进教堂时，就达到了伯尼尼想要的效果，两道柱廊就如同张开的双臂，宽宏、仁慈的接纳四面八方而来的信徒。这种设计不仅使教堂平面增添了动感，也使进入教堂的人们感受到这种从细节到空间上变化的新鲜感，并在不自觉间使人们的视线聚拢到宗教中心上来。

不过这两个巨大的半圆形由于有着各自的结构特点，使我们不容

图7-3-1 意大利罗马圣彼得大教堂及广场俯瞰图 在原大教堂的一个梯形广场之外，伯尼尼又为广场加建了一个由两圈柱廊组成的椭圆形广场。柱廊虽然采用的是塔斯干柱式，但柱子细密的排布方式、平面布局结构，以及整体的组合方式却是巴洛克式的。这个圆柱廊就如同上帝张开的双臂，热情地迎接着每一位到来的人

易去理解它们：支撑它们的柱群是如何支撑着它们，而且还把它组成了一对环卫着中心广场的半圆形的建筑。这是一件非凡的作品。这座建筑完全是用柱子建造的，这也是仅有的、唯一的一座如此大规模的建筑，它成为令人们一看到就惊叹的建筑。可以说，伯尼尼也创造出了新的建筑语言，但这种语言并不像柱子的组合那样简单和让人易于识辨。

伯尼尼作为一名雕塑家、建筑师，还兼写歌剧和戏剧，并为之做布景的设计工作，甚至他设计的建筑有时也带有强烈的戏剧感，犹如一个舞台。其代表作品是他在梵蒂冈为斯卡拉教廷设计建造的，圣彼得大教堂与教皇住处之间的楼梯通道（Scala Regia）（图7-3-2）。由于楼梯两侧的墙壁与楼梯本身不对称，因此他在楼梯两侧加入了爱奥尼克式的柱廊设计。这些柱子并不是等高的，而是随着楼梯的升高而逐渐变短，加上原有随着高度的上升而缩小的墙壁，取得了非常好的效果。这种设计不仅弥补了原来地形的不足，还拉长了楼梯原有的长度，也使这个通道更具纵深感。在楼梯的出入口还设有极富寓意的雕刻作为装饰，而来自楼梯中部、上部开敞的平台与窗户上的光线则以一种非常隐蔽的方式照射进来，不仅使整个楼梯显得更加深邃，也烘托出浓厚的神秘气息。

图7-3-2　楼梯通道　伯尼尼利用楼梯所处地形本身的不规则建造这个带有透视效果的通道。而他在这座通道中所使用的不等高柱式也首开了先例，完全打破了古典主义中均衡的柱式比例关系。而且这种适应场地要求，并通过柱式、距离、光线所营造出来的建筑氛围也非常具有借鉴价值

随后，他又为一座小教堂设计了祭坛，这是巴洛克风格建筑重要的代表作品，在这项建筑作品中，他将舞台效果发挥到了极致（图7-3-3）。祭坛是一座由彩色的大理石建造而成的神龛，顶部是分为三段的山花装饰，两侧则为绿色大理石的柱子，有精美的柱头雕刻装饰。祭坛正中摆着富有动感的雕像，最具表现力的是在顶部开设了照明的窗子，这样从顶部透进的阳光直接照射在雕像上，祭坛中的明亮与教堂其他部分的暗淡形成对比，更增加了祭坛的神圣之感。尽管这座花花绿绿的祭坛似乎有悖于传统祭坛的风格，但其独特的造型、舞台似的用光以及动态十足的雕像组合在一起却是新奇而富有感染力的，它不再是板着面孔向人说教，而是亲切地将宗教的教义向你细细道来。

图7-3-3　罗马胜利之后圣母堂（Santa Maria della Vittoria）中的祭坛 伯尼尼设计的这座小教堂的祭坛和内部都使用彩色大理石进行装饰，色彩斑斓。祭坛上是伯尼尼亲自雕刻的表现天使用金箭刺穿圣特蕾莎心脏的情景，天使微笑着，圣特蕾莎则沉醉于狂喜之中。从雕像顶部窗洞照射进来的光线正照射在雕像上，渲染出舞台般的效果

伯尼尼以及他所创造的新建筑语言也成为巴洛克时期重要的范例，以后又启发了其他建筑师的灵感，创造出了许多运用伯尼尼的建筑语言来表现情感的建筑，甚至有些建筑师就是直接引用伯尼尼建筑语言中的一些修辞手法或表达方式，也仍然能创造出令人惊喜的建筑来，比如布兰希姆宫（Blenheim Palce）（图7-3-4）。

布兰希姆宫是由霍克斯默尔（Nicholas Hawksmoor）和范布勒（Sir John Vanbrugh）共同设计的，是欧洲最为复杂的古典建筑之一。建筑师在设计它时融进了两种不同的思想，一种是建筑师对于创作作品的热情，另外一种是对于中世纪的城堡和英国那些最大胆的有高大角楼建筑的喜爱。建筑师将这两种感情交织在了一起，也把两种不同的建筑语言结合到了一起，形成了一种最为独特的表达方式，建造了布兰希姆宫。

这座宫殿是安妮公主为了表彰马尔伯勒公爵（Duke of Marlborough）对于国家所做的贡献，也为了表彰英国军队为祖国所取得的荣誉而建造的。布兰希姆宫是动感、素雅、有着大块设计的作品，这座建筑是由许多构成要素组成的一组建筑，形成的不是一条长而平静的水平轮廓线，而是有着强烈动感的外形轮廓。这是一座令人兴奋的作品，它的外观看似杂乱，实则并非如此，它的各组成部分被最有逻辑、最巧妙且有序地组合在了一起。在布兰希姆宫的整体建筑中，主要运用了科林斯柱式和多立克柱式，这两种柱式的使用产生了一种十分强烈的对比。它给人留下最深刻的印象是壁柱和柱子的设计。

布兰希姆宫左、右两边的塔楼，不仅用了厚重的粗面来进行装饰，而且还运用了许多的小尖塔与支柱来做塔楼的顶部。塔楼共有四座，并没有设计古典柱式，而是由15.24米高

的科林斯柱式和只有一半高度的多立克柱式支撑这组建筑的其他部分。在入口处，这两种柱式起到了相互映衬的作用，从它们之间穿过才能进入塔楼，这座建筑的中部采用的都是科林斯柱式，以及在门廊上的柱子和它旁边的壁柱也都是科林斯柱式。这种对于柱式的应用很可能是受伯尼尼的影响，因为当时的许多书籍都在显要位置刊登了伯尼尼的天才设计作品，而两位建筑师对柱式的处理与使用方法与伯尼尼惊人的相似。这也说明了出版物在传播建筑语言方面能起到很好的作用。

在一楼每个门廊的一边都有三扇窗，我们只能在一楼的窗边才可以看得见藏在这排建筑物里面的多立克式柱。在门廊的两侧可以看到多立克式柱，然后柱廊折了两折，接着转了一个弯，继而又折了两折，最后进塔楼以后消失了。它的另外一头在两个塔楼相连接处的地方显露出来，一直向前直到成为正式的入口。布兰希姆宫远不止我们从外观上大致可以看到的这些，它那门廊上的竖杆向上一直穿过山花，与大厅的山花相连接，这样的设计令人感到十分惊奇。

我们从这三座建筑物中可以感受到巴洛克风格的建筑是多么令人感到惊叹。在这些建筑物中，古典建筑语言是多么丰富而充满变化，古老的元素被混合在一起使用，但那并没有使整个建筑陷入混乱，而是以一种自然而又出其不意的方式相结合。也许会有人说这些建筑看起来是杂乱无章，缺乏整体性，但当你仔细欣赏时，相信会很快理解设计者的苦心，并感觉到建筑的变化带给人情绪上的改变。因为表面看似松散的建筑群也有着严格的搭配与组合关系，建筑师按照严谨的逻辑思维将不同的建筑语言相融合，并使之以一种全新的方式表达出来。可以说，古老的建筑语言因为全新的修辞手法而焕发出了新的生命力，建筑中所表现出的不仅是新的形象，更重要的是通过建筑所传达出的情感。

图7-3-4　霍克斯默尔与范布勒共同设计的布兰希姆宫　这是一个大型的建筑群，主体建筑被四边带有支柱和小尖塔的塔楼围合在长方形区域里。这些塔楼全都采用粗面装饰，连同塔楼间的柱廊，如堡垒般守护着中心建筑。中心的宫殿则有着通层高的巨大科林斯式柱廊，外立面也更加华丽，但在建筑内部人们看不到的地方还有着只有科林斯柱一半高的多立克式柱。整个宫殿无论是内部建筑平面，还是外部建筑形态，都充满了变化，是欧洲最复杂的古典建筑之一

波洛米尼

伯尼尼对于建筑的处理是丰富而充满变化的，但这些同他的同辈波洛米尼的建筑作品相比却显得朴素得多，因为波洛米尼所设计的建筑或室内几乎把巴洛克艺术推向了顶点，他那些奇特的构思与手法比伯尼尼的设计更富戏剧性，更富激情也更让人难以琢磨。他以一种近乎痴狂的态度对待每一件作品，把自己的激情融入其中。他本人怪异、孤僻、特立独行的性格也成为其建筑作品所特有的气质。由于他本人崇尚自然和动感，并对几何学有深入的研究，因此他的建筑作品也更为变化丰富，各种图形的组合搭配灵活得令人不可思议。在他设计的建筑作品中，古老的建筑规律被打乱重排，形成一种最为独一无二的、只属于波洛米尼的建筑语言。

尽管有不少人认为波洛米尼的作品破坏了建筑本身的美感，甚至批评说他设计的不是建筑，但他仍坚持自我的信念。他设计的建筑以独特的面貌见长，这也为后来的新建筑师们带来了灵感。也许是太过于沉浸在自己营造的生活空间中，也使许多人对他不理解，波洛米尼最终自己结束了自己的生命，这也成为人们把他当作疯子看待的有力证据之一。但也许正是因为人们看来格格不入与不正常的性格，才使他打破了建筑一直以来的状态，赋予建筑以动感的、活灵活现的表现力。

波洛米尼出生于一个石匠之家，和同时期的许多优秀建筑师一样，也没有受过正规的建筑训练。他首先是一名石匠、雕塑家，而后才成为建筑师的。其实早在伯尼尼主持圣彼得大教堂时期，波洛米尼就曾参与其中，只是当时不过作为装饰石匠罢了。由波洛米尼设计建造的最有名的教堂是罗马的圣卡罗教堂（San Carlo alle Quattro Fontane）（图7-3-5），这是一座呈希腊十字的椭圆形小教堂，但波洛米尼凭借其出色的设计，使它成为巴洛克式建筑中最富特色的一座代表性建筑。教堂的设计主要集中在两个等边三角形组成的菱形框中，内部是两个圆形相交组成的椭圆形，这使得建筑顶部檐口也形成一个椭圆形，而在椭圆形厅的四角则各安置了一座礼拜厅。最富有激情的设计展现在教堂立面上，因为这是一个有如波涛般起伏的曲面。教堂立面充满了曲线与圆弧，每层都设有两对等高的巨大柱子、壁龛和雕像，檐口的半圆拱造型让它与弯曲的墙壁连成一体，上面还有一个带藻井的圆顶。在教堂立面顶部的最中央还设有椭圆形的镶板，底下则是两个小天使，好像在承托着镶板一样。

这个教堂的立面几乎都由弯曲的线条组成，而在教堂内部也是如此，曲线更加随意地分布于各个角落。天花布满了蜂窝状的格子，内部则超乎想象地设置了16根圆柱，这些垂直的线条强化了教堂内部的空间感，但同时也使教堂显得有些拥挤。这座教堂没有过多的颜色装饰，内部采用灰色为主色调，外部也保持着材质本身的色彩，这是同其他巴洛克建筑不同的地方，也是一座只通过多变的形象来装饰教堂的成功范例。通过这座教堂的建设，反映出波洛米尼对建筑中空间与结构的理解，这是一种不同于以往的创新，也是波洛米尼最突出的设计特点之一。

除了这座不朽的教堂以外，波洛米尼还设计了不少小教堂，他通过研究古罗马和哥特式建筑获得创作灵感，不管是有意还是巧合，他的一些做法总令人想起那两个曾经辉煌的年代。他运用比以往更开放的结构，通过拱形与其他部分的曲线形成对应关系，把壁柱作为天花与墙面的联系，还创造出一种类似于哥特式建筑中肋拱的装饰方法。他喜爱用不同的几何图形相互穿插组成复杂的图形，而这些图形无论是建筑平面还是装

图7-3-5 罗马圣卡罗教堂 波洛米尼设计的这座教堂是巴洛克风格建筑的杰出代表，也是这位擅长对建筑结构和空间组织进行创新的巴洛克建筑大师的代表作品。最富特色的是建筑凹凸的曲面，以及立面上多种图形和雕塑作品的组合运用，而教堂内部更是充满了离奇而复杂的装饰。这座小教堂虽然也使用了一些古典建筑元素，但与文艺复兴时期建筑相比要灵活得多，散发出浓烈的反叛气息

饰部分都可能运用。总之他的作品一定是最为独特的，既可以感受到传统的力量，又强烈地抒发着对传统的反叛。这种似曾相识的古典语言与全新的表现手法也影响了许多其他的建筑师设计了不少类似的建筑作品（图7-3-6）。

加里诺·加里尼

同波洛米尼一样，把夸张的建筑语言用于自己建筑作品中的人还有加里诺·加里尼（Guarino Guarini），他原本是一位牧师，后来成为一名出色的建筑师。早在神学院学习时，加里尼就学习了哲学与数学的相关知识，并且对波洛米尼的建筑作品很感兴趣。从他早期设计的一些教堂建筑中，可以明显地感受到波洛米尼对他的影响，椭圆形的平面、曲面的墙壁与壁柱设计都有着波洛米尼式的风格特点。后来，加里尼开始在此基础上形成自己的风格，然而源自波洛米尼的一些风格特点，如复杂的图形组合、建筑各部分设置的不拘一格等却被承袭下来。

最能表现加里尼的这种承袭与创新精神的建筑是位于都灵的圣尸衣教堂（Cappella della Sacra Sindone），据说在这座教堂中存放着记录耶稣逝世时样子的圣布。由于教堂有着如此特殊的功用，所以加里尼采用了一种十分特别的结构进行建造，最大胆的设计是将穹顶建成开敞式，采用锥体六边形作为骨架结构（图7-3-7）。加里尼设计的开敞式穹顶呈阶梯状，由一圈圈升高并逐渐缩小的拱组成，直到顶部的圆窗结束。在每一层拱上都设有扇形的开窗，这些窗与圆形的拱顶构成了复杂的顶部结构。不仅如此，设计者还注意到从拱顶底部到顶部材质的变化，较低的部分采用黑色大理石，向上则逐渐减轻石材的颜色，直至顶部大理石变成灰色。复杂的结构与材质的变化为教堂内部营造出离奇

图7-3-6　法国巴黎格雷斯教堂（Valde Grace）这是法国建筑师芒萨尔（Francois Mansart）主持兴建的教堂，虽然也受耶稣会教堂和巴洛克式建筑的影响，但法国人对古典主义建筑显然更有好感，这在他们对卢浮宫和凡尔赛宫两座建筑的风格取舍中已经验证过了。这座教堂立面虽然也由很多柱子组成，但其处理手法却是理性的，圆柱与壁柱的配合使整个立面主次分明。柱式与两边的壁龛、入口处的柱廊、顶部的山花等，所有设置都不由让人想起帕拉第奥的圆厅别墅，虽然这是两种截然不同的建筑风格，但却都是美观而节制的

图7-3-7 都灵圣尸衣教堂的穹顶 加里尼设计的这个穹顶呈渐渐缩小的阶梯状，在向上递进的拱上，每层都有弯弯的窗洞，互相交错的窗洞构成了复杂的图形，再加上从每层窗洞透进的光线不同，更使站在底部观看的人们有一种眩晕的感觉。在不断缩小的高大穹顶最顶端，还有圣灵的画像，真犹如天堂一般，而在天堂之下正对着的，就是盛有耶稣圣尸衣的陵墓

的效果，当光线顺着各层拱顶照射进教堂内部时，在错综的结构上投射出光影的变化，而由于材质颜色的不同，又让这些变化让人难以琢磨。与此形成对比的是，顶部绘有圣灵像的屋顶部分。由于骨架支撑的圆环又向上形成星形的图案，当光线照射进来时，就会清晰地勾勒出这里的图案，与下面迷离的光影相配合，阐释着光明与黑暗的道理。

通过对巴洛克建筑深入的了解可以看到，这种新的风格同样也包含着技术的进步，除去那些烦琐的装饰元素，巴洛克建筑还解决了一些复杂和难度较高的结构问题。这种新的风格与早期的文艺复兴风格一样立足于古典建筑之上，但并不局限于古罗马，而是将包括文艺复兴在内的、以前的各种风格兼收并蓄，取各家之所长。我们不仅在这一时期的建筑中看到了似曾相识的拱顶、尖塔、拱肋，从以上介绍的这些巴洛克建筑比较有代表性的建筑师也可以看到，其中不乏数学家、哲学家，有些人本身还是工程师，他们对建筑中美的认识突破了以往建筑师以人体比例为标准的传统，这些建筑师们不仅深谙建筑中的透视原理，还在与其他艺术形式相结合的基础上探索出了一条新的道路。

图7-3-8　放置供品的祭坛（Sacrificial Altar）　洛可可风格不仅影响室内装饰，也影响了祭坛。祭坛历来是人们大力装饰的对象，是教堂最为富丽的地方，各种藤蔓类的植物仿佛生长在祭坛上一般，肆意地伸展着枝条，组成祭坛饱满而动感十足的外观。通常这类祭坛都由金属制成，外面再镶以金箔，有的甚至是纯金打造而成

其实巴洛克式建筑的复杂并不都表现在外部形象与局部结构上，就其总体的布局与大的结构框架来说，也是充满变化的。这一点在以后发展的洛可可建筑语言中表现得尤为突出（图7-3-8）。在德国，由纽曼（Balthasar Neuann）设计的菲根曼教堂（Vierzehnheiligen Pilgrimage Church）就是这样的一座教堂，虽然从外表上看，这只是一座结构简单的希腊十字式教堂，但它有着极其复杂的布局与结构，尤其是内部充满了变化。教堂内部大体上也由大大小小的椭圆形和弧线组成，教堂内部没划分侧廊，也没有圆顶，而是由多个相互贯通的空间组成。诗歌坛与入口形成两个小的椭圆形，而在这之间的中殿（Nave）则因饱满的曲线凸出到立面之上，侧殿位置的礼拜堂却是半圆形的。

巴洛克语言的影响及洛可可语言的产生

巴洛克建筑风格同以往的各种建筑风格一样，在不断发展的过程中也流传到其他国家，并与当地的建筑文化相互碰撞，又产生出了各具地方特色的形式。

对法国的影响

法国是继意大利之后受巴洛克风格影响最大并创造出新的洛可可风格的国家，而之所以能够取得这些成就，则有赖于路易十四（Louis XIV）对建筑的痴迷和大力提倡。

事情的起因是，路易十四的一位大臣诚邀国王参观他新建成的花园，而当这位才能卓著，并对建筑颇有兴趣的国王参观完华丽非凡的大臣宅邸后，嫉妒之情油然而生。虽然这位大臣还专门为国王建造了奢华无比的房间，但与这座有着整齐规划的花园、华丽的装饰的建筑比起来，路易十四感到自己所居住的皇宫简直不堪入目。于是在借名除掉了这位可怜的大臣之后，他立即召集了所有建造这个花园的建筑师和工匠，开始了他雄心勃勃的建筑工程。若干年后，国库被挥霍一空，而在原路易十三（Louis XIII）的一处供打猎休憩的别宫基址上，却矗立起了法国乃至世界建筑史上的一件建筑精品——凡尔赛宫（Chateau de Versailles）。

凡尔赛宫之所以取得了如此大的成就，建造者的名字不应被简略，他们是建筑设计师芒萨尔（J.H.Mansart）、建筑师路易·勒·伏（Louis le Vau）、造园家勒·诺特尔（Andre le Notre）和画家勒·博亨（Charles le Brun）等。

新的施工方案是在原路易十三山林小宫殿的基础上扩建的，不仅将原来建筑加大，还在周围兴建了大规模的园林。这些仿自意大利的园林，虽然没有高低起伏的几级台地，但却有着对称和严谨的布局，以及数不清的雕像和喷泉。由于园林面积广大，被人们称为“骑马人的花园”。由于路易十四矢志要建造有史以来最大和最豪华的宫殿，所以凡尔赛宫内的装饰极尽奢华，以最为著名的维纳斯厅（Venus Room）（图7-4-1）和镜厅（Galerie des Glaces）（图7-4-2）为例就可以一窥其富丽程度。

图7-4-1　法国巴黎凡尔赛宫中的维纳斯厅　精美的绘画和令人眼花缭乱的色彩是这座小厅的主要特色，在屋顶上镀金的各式框架之中，有着各式各样的精美绘画作品，而这些油画均出自当时的名家之手。墙壁和门窗也都由富丽而考究的雕刻做装饰，而像如此美轮美奂的空间，也只是凡尔赛众多房间中的一间罢了

在这两座建筑中都以极其复杂和富丽的装饰著称，而巴洛克也发展成为洛可可。在洛可可风格装饰的室内，大多用自然中的树叶、青草、贝壳和海浪的形态进行装饰，大量的曲线与不对称的造型随处可见，室内大多用镀过金的铜或纯金进行装饰，室内的颜色也大多以象牙白、粉、淡蓝等柔和的颜色进行装饰。维纳斯厅中从地面到屋顶都布满了各种图案装饰，规则的铺地与华贵的大理石柱子，再加上屋顶上的彩画，将奢靡的宫廷生活表露无遗。凡尔赛宫中的镜厅成为以后各个建筑所争相模仿的优秀范例，因为这个长廊的设计实在是太别出心裁了。这间长廊正面向大花园，因而景色优美，拱顶上布满了勒·博亨所绘的赞颂国王伟大功绩的绘画，而最独特的设计在于，芒萨尔在正对长廊所开的17扇落地玻璃窗的基础上，又在对面设置了17面巨大的镜子。每一块大镜子都由483块小镜子拼合而成，这种设计不仅利用透视法将长廊的面积增加

图7-4-2　法国巴黎凡尔赛宫镜厅　这座镜厅长75米，宽10米，外侧有17扇大落地窗，内侧与之相对应有17面同等大的镜子，而每一面大镜子又由483块小镜片组成，镶着纯金的框。镜厅屋顶是以欢庆法兰西胜利为题材的油画，四壁则由彩色大理石和镶金裹银的各种雕刻进行装饰，厅中悬挂着晶莹剔透的水晶吊灯，两边还有镀金的仕女雕像烛台

了，同时来自花园中的美景也映射进室内来，连同四周金光灿灿的装饰、悬在空中的水晶吊灯一起，使整个大厅都闪烁着刺眼的光芒。

继这座辉煌的镜厅之后，各地纷纷效法，也建起了许多类似的大厅。由于长廊独特的平面，使得以后的镜厅也大多采用长方形，并把四角做成圆弧状，很少用柱子等其他的装饰，连家具也变得很简单。一切设置务求突显墙壁和顶部的装饰图案，而房间中的色彩也以金色和极淡的明亮颜色为主。

总的来说，法国的巴洛克和洛可可是以奢靡的宫廷风格为主要基调的，其代表作品也以皇室和贵族的宅邸为主，这种风格是当时专治统治的产物。然而令人不解的是，虽然法国接受并发展了巴洛克风格，但也大多应用于室内装饰上，而且室内的巴洛克装饰不仅无处不在，还发展成更为华美、精巧的洛可可风格（图7-4-3）。而在建筑外观形态上仍旧坚持以古典风格为基础，这也是卢浮宫（Louvre）与凡尔赛宫为什么既是古典主义代表作又是充分体现着洛可可精神的建筑的原因。关于其新古典主义的特色将在下一章详细阐述。

图7-4-3　洛可可风格的门头装饰　这种以讲究繁复的雕刻和绚丽色彩的建筑装饰风格，主要体现在对室内的装饰上。从地板到天花都有连续的装饰，而弧形、椭圆形和圆形的图案是最常见的，因为这些线条本身就有着极强的亲和力和亲切感，并且是灵活而多变的

图7-4-4　慕尼黑宁芬堡（Nymphenburg）中的亚玛连堡阁（Amalienburg） 自从凡尔赛宫中的镜厅出现以后，更加精致和优美的洛可可风格式镜厅就在各地流行起来。这座镜厅整体采用淡蓝色，四壁众多椭圆形的镜子与门窗相间，而墙壁和屋顶则布满了用银灰泥做成的藤蔓、乐器和可爱小动物及天使图案

对德国的影响

德国在这时逐渐强大起来，开始学习法国宫廷文化，不仅吸引了很多法国工匠前来建造建筑，还有许多建筑师都前往意大利学习，这样在德国和德国皇室的领地奥地利，逐渐兴起了巴洛克与洛可可式建筑。德国与奥地利的巴洛克与洛可可建筑与法国最大的不同在于，建筑外立面大多是简洁的，没有进行过多的装饰，只有一些曲线和少量的点缀，与周围的环境相协调。而到了建筑室内，则是雕梁画栋，不仅异常繁复而且金碧辉煌，毫无节制可言，这种活泼和泛滥的风格不仅体现在装饰上，连室内的布局也是连通而灵活的，如同以上所提及的菲根曼教堂一样，出现了一批模仿自凡尔赛宫镜厅的洛可可风格大厅建筑（图7-4-4）。

菲舍尔・冯・埃拉（Johann Bernhard Fischer von Erlach）就是这样一位典型的德国建筑师，他出生于雕塑之家，后在罗马学习，还深受伯尼尼的影响，回国后，即成为宫廷建筑师。由于当时德国国王对法国路易十四时期建筑的喜爱，埃拉于是被委任进行一系列相同风格建筑的设计与建造工作。他本人最令人称道的作品就是维也纳的卡尔大教堂（Kariskirche）。大教堂的西立面由一个柱廊和两边的屏风似的侧亭组成，正中上方立着高高的穹顶。最不可思议的是，建筑立面两边各设了一根与图拉真纪功柱类似的大柱子。柱子完全仿照图拉真纪功柱建造而成，底部是高高的基座，柱身上呈螺旋状刻有基督故事，柱顶出有挑台，设置代表国王的徽记和炮塔。教堂内部不仅布满了壁画，还有雕刻精美和金灿灿的装饰以象征阳光。从这个例子中，我们可以看出一种成功的建筑语言总是会被后人不断模仿和重复。

德国的洛可可装饰，因阿萨姆兄弟和他们装饰的一些教堂而闻名。他们曾经被培养成粉刷匠，但却通过合作创造了德国洛可可最辉煌的装饰风格。他们装饰的教堂内部，通过木材与石膏的组合让内部更通透，用多彩的粉饰与壁画烘托出整个教堂的氛围。

对英国的影响

在信奉新教的英国，人们对巴洛克建筑风格的运用持谨慎的态度，巴洛克的表现也更为节制一些，但并不代表这里的巴洛克风格不美观。因为人们小心翼翼地使用巴洛克语言，所以相比起其他国家的巴洛克风格来说，英国的巴洛克风格显得不那么张扬。不同于以往巴洛克热闹而繁复的风格，英国的巴洛克风格是沉静而令人愉悦的。而创造这些令人赏心悦目风格建筑的建筑师，首推皇家建筑师雷恩爵士（Sir Christopher Wren）。他出生于一个保守的英国教徒家中，受过良好的教育，同时是一位数学家、科学家、天文学家和建筑师。他一生设计的绝大多数建筑都是受皇室和教堂的委托而建造的，而且自从他到法国进行了一次访问，参观了法国的许多建筑，并邂逅了伯尼尼之后，就立志于对法国古典建筑的研究。在他以后的建筑作品中，都表现着他对法国古典建筑的喜爱，从穹顶到哥特式的尖塔，再到文艺复兴建筑和对巴洛克风格的演绎，雷恩在对以往风格的回顾与改造的同时也创造了有英国特色的新风格。

1666年，伦敦发生了大火，几乎将整个伦敦城烧毁，而同以前所有让人记忆犹新的大火一样，火灾过后人们开始建造全新的城市和建筑。雷恩此时提出了一个由广场向城市四周散射出道路的城市布局及兴建计划，但没有被保守的教皇通过，然而通过这个设计雷恩却得到了许多教堂建设委托，在新城市基本按照老城区的样子崛起的同时，雷恩的工作是在此期间建造了50多座教堂。在所有的这些教堂中，伦敦圣保罗大教堂（St. Paul's Cathedral）是最为著名的一座建筑了（图7-4-5），虽然它有着高大的穹顶、细长的列柱与尖塔，但已经可以看到巴洛克风格的影响。

这座大教堂本来是拉丁十字式，是英国国教的中心教堂，由于年久失修所以决定重建。雷恩提供的方案是一座平面八角形、中央大穹顶的集中式教堂，主要采用简洁的几何图形构成。但无论皇室还是教会，却都坚持使用原来的拉丁十字式结构，因此又在雷

图7-4-5 英国伦敦圣保罗大教堂 雷恩设计的这座大教堂的形式比起罗马城外的圣保罗大教堂要灵活得多，单从教堂立面，就可以看到文艺复兴风格的大穹顶和哥特式的尖塔，还有巨大的双柱门廊。这些虽然都是以往的建筑元素，但在整个搭配和处理上却是自由的巴洛克式，比如曲面的双塔就带有波洛米尼的风格，而在教堂的侧面则出现了巴洛克标志性的涡旋。教堂内部处理更是大胆，无论是黑白棋盘似的地面，还是巨大的壁龛，都展示着巴洛克式建筑的自由与奔放，与古典风格的教堂全然不同

恩的方案前面添加了巴西利卡的大厅，后面加了歌坛和圣坛，外部穹顶加了一个哥特式的尖塔，这些改动使圣保罗大教堂就如同一个杂和的拼盘，什么都有，却什么都不是（图7-4-6）。虽然在这之后雷恩又曾对这个方案进行了修改，但因为基础的建设已经做完，最终还是形成了拉丁十字形的平面结构。毕竟是新时代的建筑，此时的建筑材料和建筑技术都已经有了很大进步，所以虽然大穹顶的形式引自坦比哀多，但结构上却更加精简了。

穹顶依然由鼓座支撑，而底层支撑穹顶的鼓座又通过帆拱被八个墩子所支撑，分为内外两层。里层是主要的承重层，还略倾斜，既承重又与穹顶的侧推力相抵。外层鼓座则是个柱廊，利用哥特式的飞券来减弱穹顶的侧推力。穹顶也采用了分层建造的方法，总体分三大层。里面虽然也由砖砌以承接重量，但厚度减小，最外面一层改由木结构加铅皮覆顶，这样外轮廓的形象就更加灵活，可以向上拉伸形成更饱满的穹顶。穹顶最上面的采光亭则由里面两层穹顶间垒砌的筒拱承受重量。这种新的结构不仅大大减轻了整个穹顶的重量，也使外形更加美观。因为不用起主要的承重作用，穹顶柱廊上的柱子都十分细长，与饱满的穹顶相互映衬更显得整个屋顶挺拔、秀丽，有一种向上生长的态势。

穹顶建成后，为了使观赏者的视觉达到平衡，也使整个教堂的构图更和谐，在穹顶的两边又建了一对塔，形成了哥特式建筑的构图。由于加建的巴西利卡中厅高于侧廊，所以雷恩又在外侧墙上建了一圈女儿墙（Flying Facade）作为修饰，整个教堂就变成了我们现在看到的样子，长方形的平面、整齐的开间、双塔陪衬的有细密柱廊的穹顶。虽然这是一座按古典主义原则建造的教堂，但通过教堂侧立面卷曲的线条、两座塔凹凸的线条以及教堂内部对角布置的带有大壁龛的墩柱、黑白瓷砖的装饰等，仍可见带有巴洛克风格的处理手法。

如果说雷恩在这里把巴洛克风格运用得还有些保守的话，那么，在此后的又一代表性建筑格林威治皇家医院中，雷恩对于巴洛克风格的运用则放得更开了些。从建筑上的变化也同时可以感受到，一种新风格从接受到普及的过程。在雷恩之后的许多建筑师，如霍克斯摩尔（Nicholas Hawksmoor），对巴洛克风格的使用则更加开放，尤其是在一些私人府邸和别墅的建造上。凭着英国人特有绅士态度，建筑师们掌握着使用巴洛克风格建筑语言的尺度，并把它拿捏得恰到好处，既能让人感受到这种美观而亲切的装饰效果，又不显得过于夺目。

对其他地区的影响

西班牙和葡萄牙，巴洛克风格发展得更加快速和普遍，建筑

图7-4-6　英国伦敦圣保罗大教堂剖透视图 虽然这座教堂综合了多种建筑风格，但总体上还是坚持了古典主义的原则。大教堂的中央大穹顶及鼓座就完全采用了与坦比哀多一样的构图方法，从外部看它甚至是一个坦比哀多的翻版，只是更加高大雄伟罢了。此外这座教堂也是文艺复兴后期的代表性建筑，即建筑中虽然采用古典建筑元素，也遵循古典建筑原则，但却是混杂的，而且在侧面部分已经有了巴洛克风格出现的迹象，如曲面和涡旋等

师们对其运用得也更大胆。能够代表西班牙巴洛克与洛可可风格建筑的当属由纳西索·托美（Narciso Tomé）设计建造的特洛多大教堂（Toledo Cathedral）（图7-4-7），和由费尔南多（Fernando de Casas Novoa）设计的圣地亚哥·德·康姆波斯特拉大教堂（Cathedral de Santiago de Com，postela）西立面（图7-4-8）。

在前者的教堂当中，它将雕刻与绘画融入建筑当中，创造了一个亦真亦幻的世界。雕刻与绘画再现天堂之景，金色成为主色调，而各种人物、天使的雕刻更是繁复到无以覆加的地步，巴洛克风格在这里变得疯狂。而后者不但延续了这种对雕刻和装饰的疯狂，还把它扩大到整个教堂立面上，在康姆波斯特拉大教堂的西立面上，到处都是的雕像、变化的柱式、凹凸不平的立面以及横纵的划分都让人目不暇接。

葡萄牙由于有来自巴西的金矿与钻石矿的财富，因而一大特点就是在室内大多镶金裹银，而且由于建筑师大多请自法国和意大利，所以在整个风格上更接近于上述两地，而内部金碧辉煌的巴洛克装饰风格又影响了法国，在一定程度上还反过来推动了法国洛可可风格的发展。

总而言之，建筑语言的发展总是在变化中前进的。当文艺复兴时期庄重、古典、符合比例的沉稳风格达到成熟后，巴洛克这种新的带有动感、紧凑、紧张、活力的艺术便随之产生。巴洛克风格是建筑语言上的一次革新，尽管这种语言形式是奢华的、过度的，或者说是怪诞的，但这种新的语言形式充满了活力。在豪华、艳丽、多彩之中伴随夸张，与文艺复兴盛期的协调、克制、约束的语言形式形成鲜明对照，是社会经济发展、人们的思想冲破束缚的典型反映，在古典建筑语言的发展史上，是占有重要地位的一种建筑语言的形式。

图7-4-7　西班牙建筑师纳西索·托美在特洛多大教堂中建造的特拉帕伦特（El Transparente） 这是一件将建筑、绘画和雕塑融为一体的作品，很难界定它更趋向于哪种艺术门类。这是以宗教故事为题材进行的一组雕刻，带有很强的情节性，还注意了整体的构图规律。而建筑为更好地表现出这种虚幻的境界，在顶部开了天窗，雕刻也就一直延伸到窗洞处。这种连续而复杂的创造物可以说是营造了一种惊人的巴洛克效果

图7-4-8 西班牙圣地亚哥·德·康姆波斯特拉大教堂 这座教堂采用拉丁十字式平面，立面两边设高耸的钟塔，明显是哥特风格的教堂立面构成方式。但这却是一座有代表性的巴洛克式教堂的立面，因为不管是教堂立面的构成方式，还是所设置的一些装饰元素，都是巴洛克式的。整个立面充满了倚柱、断裂的山花、涡旋和壁龛，而且所有这些元素的设置都是缺乏逻辑性的，它们互相交织、堆砌着，是西班牙“超级”巴洛克建筑的代表

08 新古典主义建筑语言

法国新古典主义建筑语言
英国新古典主义建筑语言
德国新古典主义建筑语言
俄国新古典主义建筑语言
美国新古典主义建筑语言

在巴洛克建筑流行的同时，古典主义也没有退出过建筑的历史舞台。从古希腊人开始建造他们的神庙时起，古典主义建筑语言就成为以后长期统治建筑界的经典表达方式。虽然各个时期都有古典主义建筑语言，但每个时期的古典主义表现倾向是不同的，每个不同时期对古典建筑有着不同认识，也因此形成各个时期不同的、富有特定历史特征的古典主义建筑语言形式。当然，做这些努力的目的只有一个，那就是利用古典主义建筑语言及其所代表的精神为当时的社会服务。与帕拉第奥时期的古典形式复兴不同的是，巴洛克时期的新古典主义的建筑类型大多都是一些诸如国会、银行、法院、剧院等公共建筑或博物馆和纪念馆性质的建筑，而对像一般住宅这样的建筑则影响较小。

图8-1-1　法国德·诺瓦耶旅馆（Hotel de Noailles） 这是一种法国路易十四风格的建筑，这位极其热衷建筑的国王也成就了一个辉煌的建筑时代，这时期的建筑虽然在整体的构图和布局上是自由而灵活的，而且室内无比奢华，但其立面还采用古典的样式，这也是具有法兰西特色的巴洛克风格。当古典的柱式及拱券与造型奇特的屋顶结合时，建筑在拥有较强实用性的同时也拥有了美丽的外观

法国新古典主义建筑语言

对于从18~19世纪间兴起的古典主义复兴建筑又被称为新古典主义建筑，是当时人们受以卢梭（Jean-Jacques Rousseau）为代表的一批思想家影响掀起的一

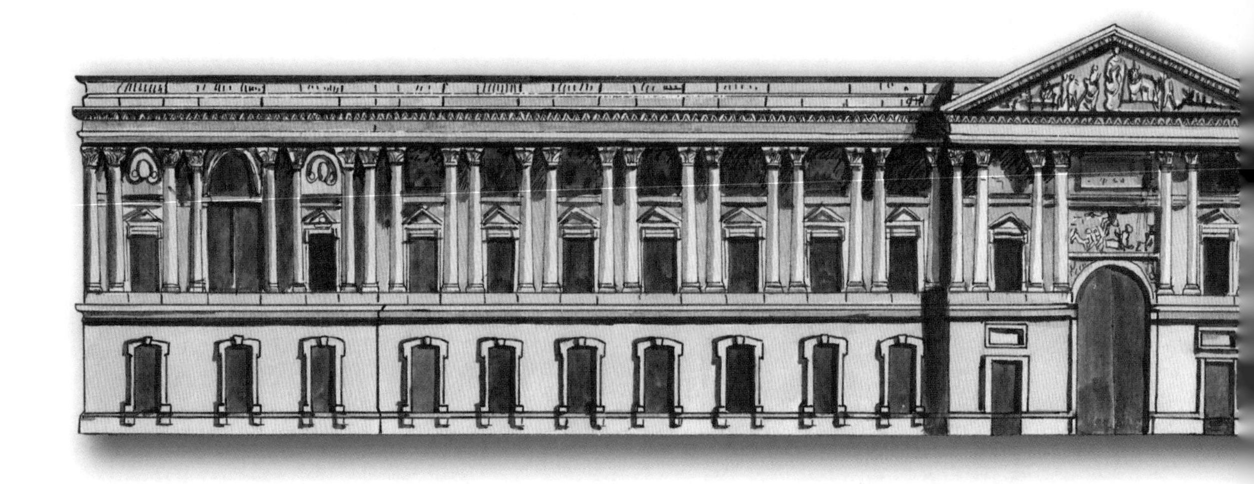

场思想启蒙运动（The Enlightenment），也是欧洲考古大发展在建筑上的表现。这场以复兴古希腊和共和时期古罗马建筑语言的建筑运动，最早发生在法国，当时正值巴洛克与洛可可风格流行的盛期。路易十四统治下的法国宫廷建筑大肆发展，然而法国人对巴洛克式的建筑立面显然并不是十分感兴趣，他们仍旧喜欢古朴、简洁、雄伟的古典样式，就是在巴洛克与洛可可大行其道的时代人们也没有放弃对古典建筑语言的使用（图8-1-1）。大概是人们认为只有古典建筑语言所代表的精神，才能与当时的法国宫廷相匹配吧，总之最后代表法国当时最伟大的两座宫殿——卢浮宫和凡尔赛宫都选用了古典样式进行修建。

卢浮宫原本就是一座按古典建筑语言展开的宫殿，以前的西立面是按照法国文艺复兴时期的流行样式所建，代表了那个时代独特的风格。而到了路易十四时，则决定对其南、北、东三面进行整建。在决定对卢浮宫的东立面进行改建时，法国的建筑师都采用了古典主义样式，但被当时处于建筑发展前列的意大利建筑师们所嘲笑，因为此时的意大利正是巴洛克建筑大行其道的时期。后来，法国国王诚邀来了巴洛克建筑大师伯尼尼，虽然他设计的巴洛克式立面也很雄伟，但终究不合异国国情。最后，还是由负责建造凡尔赛宫的三位本国设计师完成了对东立面的设计工作，这个新的立面以其古典主义的优雅和恢宏的气势，得到了一致的赞同而得以施工（图8-1-2）。卢浮宫大体上是一个四合院式的建筑布局，而东立面毗邻塞纳河，还与河对岸一座重要的教堂遥相对应，而新的设计方案不仅突出了它的雄伟，还富有层次感，构图清晰。

东立面由下至上主要由底部的基座、中部的柱廊和上面的檐部与女儿墙构成，中部两层高的巨柱廊是立面的主体。而从左至右长达100多米的立面，在中央和两端又各有一段凸起，从而将整个立面竖向分为五段，中间一段起着统领作用。这种设计使得建筑无论是横向还是竖向都形成以中段为主的构图，整个立面既对立又统一、主次清晰而又增加了立面的变化。在这个立面中，新颖的形式依旧通过古老

图8-1-2 法国巴黎卢浮宫东立面 这是一个典型的古典主义风格建筑立面，其各部分的组合也体现了古典主义的建筑原则。整个东立面由较低矮的底部基座、巨大双柱组成的开敞的中部和顶部三大部分组成，而中部与两端都略向前凸，又将整个立面分为左右五部分，有主有次。在中央山墙和巨大柱式的统领下，整个立面有很强的整体性，而通过柱式的变化、山花的组合等细部的变化，又让立面有了比较活泼的风格

的建筑语言呈现，但它又不仅仅因循着古老的建筑规则，而只是借用古老的表达方式来陈述一种全新的东西。这种立面的处理方法，也为以后许多建筑所借鉴成为一种经典立面形式（图8-1-3）。

整个立面最精彩的部分就是两面的柱廊了，柱廊采用科林斯式双柱，每柱的高度都有12.2米，将二三层连为一体，与相对低矮的底层形成对比。由于柱廊不但长度和开间较大，而且进深都在4米以上，所以密集的双柱不仅没有影响立面宽敞、明朗的效果，还显示出强劲的承托力。此外在建筑立面整体的比例、细部柱子的设置等方面还颇有讲究，基座部分的高度为整体高度的三分之一，这样既保证在视觉上有坚固的承重感又与上部高大的柱廊形成对比，而两端凸出部分的长度则为柱廊宽度的一半，并且采用壁柱的形式。中部凸出的部分呈正方形，采用倚柱的形式，还有山花进行简单的装饰。这样使立面中出现了几个简单的几何图形的组合形式，既美化了立面又不破坏总体简洁、肃穆的风格。柱式的变化使两侧的柱廊突显出来，达到了变化的统一。

此外，在这个立面中，由于整个立面以中部的柱廊作为重点，所以也抛弃了法国传统样式的高屋顶，采用了意大利样式，以平屋顶代替。这种处理手法突出了中部的柱廊，也加强了立面的整体感，是一项大胆而又成功的改

图8-1-3　中央室北外观天窗 新古典主义风格的最大特点是建筑构图单纯，以这幢建筑为例，横向分割为三段，竖向也分割为三段。中轴对称式的立面，古希腊的山花位于顶端中部。古罗马式的拱窗、拱门和古希腊式的三角窗顶饰混用。建筑的装饰不多，但装饰注重比例和构图上的沉稳

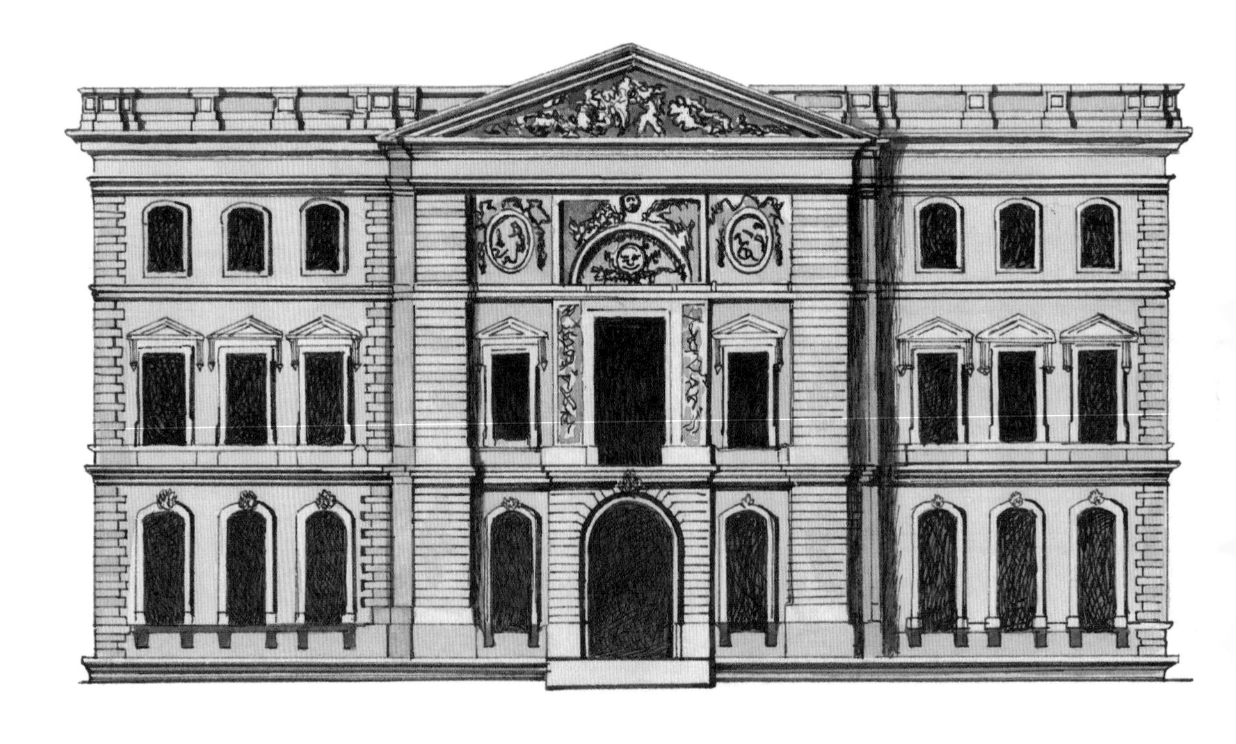

进。虽然卢浮宫东立面极有代表性地按照古典样式修建，又进行了有时代特色的改进，而仍旧取得较好效果的建筑。但也应该看到，作为一个建筑，由于使用整个底层为基座，因而其高度似乎略大，而且高大的柱廊与底部较小的门洞对比，更显示出一种封闭的、威仪的皇家之气，背离了古典建筑样式亲近人民的特点。

著名的凡尔赛宫也是由卢浮宫的建筑师芒萨尔、勒·伏等人设计和建造的，而且同卢浮宫一样也是在以前的一座国王用于打猎的别宫的基础上改扩建而成，而原来的小三合院式建筑是早期文艺复兴风格的产物。建筑师们以原三合院建筑为中心，并在此基础上，在它的周围进行扩建，虽然建筑主要的风格和处理手法仍采用古典式（图8-1-4），但在布局上也融入了一些巴洛克风格的特点，如新建筑更加开放，道路的设置都呈放射状等。尽管凡尔赛宫的施工期超长，到路易十五时期才基本完工，各段建筑的风格也互有差异，但这并不妨碍它成为欧洲最伟大的宫殿。此外凡尔赛宫最大也最有观赏价值的工程，是以意大利花园的布局为基础、采用古典原则建造的凡尔赛宫大花园。花园采用中轴对称的方式建成，而且整个花园都在以宫殿为中心的统帅之下建设，草坪、水池、道路等都采用规矩的几何图形，甚至连树木也修剪成几何形。花园中还点缀着各种主题的喷水池和雕像群。

图8-1-4　法国巴黎凡尔赛宫　凡尔赛宫整体按照轴对称的布局建造，宫殿的外观也采用的是古典建筑风格，沉稳而肃穆。在整个凡尔赛宫建筑中，最壮观的就是法式园林。园林中不仅有四时不同的景色，还设置了大量以神话故事情节为题材的雕塑作品，或单独陈列，或自成一景，还有的组成盛大的喷泉

图8-1-5 法国凡尔赛宫德阿邦当斯沙龙门上的嵌板 虽然这幅雕刻作品还有一些繁复的花饰，但总体对称的构图和人物的雕刻手法已经回归到古典主义风格，活泼的风格也显得很有节制，并且整个作品总体上来看也很简洁，已经显露出新风格的特点

伟大的建筑与宏大的花园交相辉映，建成后的凡尔赛宫立即成为欧洲各国君主争相模仿的对象。它在建筑、布局、装饰手法等诸多方面都给其后各国的建筑带来了巨大的影响,而无处不体现的古典与巴洛克风格的混合也成为法国独特的建筑风格（图8-1-5）。通过凡尔赛宫，我们可以看到当时法国宫廷生活的特点，既是有节制和理性的，又是恣意奢靡的。凡尔赛宫朴素和沉稳的外表下却藏着金碧辉煌和不加节制的装饰，所有这些都是以建设者的血汗换来的。繁华一时的凡尔赛宫创造了有史以来最为辉煌的法国王室建筑，同时也暗示着国王的统治即将走向衰落。事实也正是如此，不多久法国大革命爆发了，资产阶级连同长期被压迫的下层平民开始反抗，一起参与了推翻君主统治的资产阶级革命。

法国的封建统治，是欧洲诸国中发展得较成熟的，因此要推翻其由来已久的稳固统治，也不是轻而易举就能办到的事情。这些都导致法国的大革命起步较晚，而且革命道路更加反复。这种社会情况反映在建筑上的表现是，此时的建筑并未完全抛弃装饰性元素，甚至还带有一些巴洛克式风格的痕迹。有时在一座建筑中，几个时期的建筑语言同时出现，甚至相互混杂使用。这种建筑有时会让观者迷失方向，不知道建筑师通过整个建筑所要表达的是什么，但有时也会出现令人意想不到的效果。

由路易斯（V. Louis）设计的波尔多剧院（Grand Theatre de Bordeaux）是这时期建筑的代表，这座剧院是传统的马蹄形多层剧院的成熟之作，也是法国少数的几座自由式剧院之一。剧院平面是简单的长方形立面体，没有基座，而是由12根科林斯式圆柱组成柱廊，这个设计不仅延伸了入口的长度，也将观众们自然地引入大厅中。大厅全部由石头砌成，中央是杂糅了文艺复兴和巴洛克双重风格的楼梯直接通往二层。以上的建筑由柱网构成，门厅上是椭圆形的音乐厅，而在观众席两侧则设有休息厅和交谊厅。音乐厅里另还设有对折和圆形楼梯，构成了垂直与水平的交通网，其巧妙的设计正好能满足剧场复杂的功能要求。剧场中还遍布着各式人物雕像和少量的装饰，让平民也能感受到王公贵族般的待遇。这座剧场不仅代表了当时社会的状况，也对以后的巴黎歌剧院（Opera de Paris）建筑产生了一定的影响。

然而受革命的影响，此时的建筑更崇尚理性与纯朴的美，古希腊尤其是古罗马共和时期的建筑形式成为此时法国建筑的最佳范例，因为这些建筑是民主与理性的象征。巴黎的马德雷纳教堂（Church of La Madeleine）就是主要运用古希腊和古罗马的古典建筑语言建造的（图8-1-6），其立面中抛弃了断裂的山花、繁多的曲线和烦琐的装饰元素，而主要用柱式和简单的体块来表现对古老建筑风格的回归。这一时期表现严谨的理性思想，并对古典建筑语言进行了革新的建筑师首推索夫洛（Jacques-Germain Soufflot）和他设计的巴黎先贤祠（Pantheon，又译为万神庙）。索夫洛受当时法国蓬巴杜夫人的资助，先后到包括罗马在内的许多古典建筑所在地学习和研究古典建筑，而在此之前他受的专业建筑教育也是在罗马完成的。这些经历使索夫洛对古典建筑有了较为深刻的认识，此外，他还为哥特式教堂所倾倒，称赞它雄伟的气势。所以当索夫洛被任命修建一座纪念巴黎圣人圣吉纳维夫（Saint Genevieve）的大教堂时，他采用了前所未有的方式进行建造，可以说对以往的建筑形式进行了一次革命，创造出了一座意义非凡的新教堂形象，这座教堂也成为体现启蒙主义思想的重要建筑。

在我们认识先贤祠之前，先要了解一下当时建筑理论界的一些情况，因为这非常有助于我们理解索夫洛和他设计的先贤祠。在法国，人们学习了中世纪全部建筑的传统知识。在17世纪中叶的时候，法国人就首先提出了柱式的真实性和一些现代建筑的方法等一系列相关的问题。柱式内在固有的一些形态已经得到了人们的广泛认可，在法国的一些评论家们看来，首先被人们想到的应是古典建筑语言中柱式的完善和它的纯正性。

1706年出现了一本影响深远的书《建筑新论》（*New Treatise on the whole of*

图8-1-6 法国巴黎马德雷纳教堂 在经历了巴洛克与洛可可繁复的装饰以后，建筑又重回到古典样式，无论室内还是室外，没有堆砌的装饰，建筑一下变得干净和清爽了。高大的柱式与山花又成了主要的装饰性元素，最多也就是在建筑立面中设置几个盲窗，优雅大方的风格再次成为人们的最爱

Architecture），这部书的作者是法国的修士科德穆瓦（Abbe de Cordemoy）。科德穆瓦把柱式建造得朴素，去掉了一切修饰并改变了原有柱式的做作和变形，他把他所认为在那些建筑中的一切“虚饰”之类的建筑构件，诸如装饰用的山花、顶楼、基座、壁柱、半柱、二分之一柱、附柱等也全都去掉了。法国的另一位修士洛吉埃（Jesuit Laugier）在 1753年也出版了《建筑论》（*Essai surL' Architecture*）一书，这本书在当时产生了巨大的影响。他提出了一种不同的理论，他的这种理论不仅改变了整个建筑的体系，并且在此之后的一个世纪或一个多世纪里的建筑思想都因此改变了，有人也因此认为他是第一个现代建筑哲学家。

现在所有的建筑理论家们都认同洛吉埃的这个假说:他认为建筑的起源是经历了从自己营造原始草屋，草屋过渡到神庙，由神庙不断改进，这样创造了多立克柱式的木质原形，在此后又用石头的方式把它建造出来，从而又相继地建造出了爱奥尼克柱式、科林斯柱式、塔斯干柱式和混合柱式。洛吉埃具体地描述了垂直的柱子、一个有坡度的屋顶、交叉梁等一些建筑结构。在他的书中有一个复原模型，在他看来这个模型是最为接近真实的建筑情况的想象了，他自己认为从这个模型当中可以想象到一切的美好建筑。柱式在这里被一定程度地削弱了，不过这也是基于一个理想化的假设。洛吉埃不是想要放弃使用柱式，相反的，他认为应该创造出更多的柱式。他只要求在建筑中柱式能够具有真实感，洛吉埃认为，一座理想化的建筑应该全部采用柱子来支撑屋顶和梁。从表面上看，这个观点似乎有一些不切实际，然而在21世纪，我们生活在钢筋混凝土的柱子中间，除玻璃以外什么也没有。我们翻回头去看当时他这一观点的时候，就不会再认为那是不切实际的想法了。

先贤祠是一座平面为希腊十字式、带有中央大穹顶的

图8-1-7 法国巴黎先贤祠穹顶剖面图 由于采用了新式的结构，大穹顶的重量被大大减轻，因此设计者在底部使用了纤细的密柱对其进行支撑，使得教堂内部形成连通的大空间，改变以往教堂中承重墙带来的封闭感。虽然由于施工等原因，后来教堂内的柱子又不断加粗，但仍比同类的其他教堂要细得多。这是建筑技术和建筑结构的进步，也标志着一个建筑新时代的来临

建筑（图8-1-7）。总体形状的构成很简单，底部没有那种带门的基座，上部是圆柱形，以穹顶结束。先贤祠主要由柱廊构成，尤其以西面为代表，采用古罗马庙宇的构图方式进行建造。西立面由六根巨柱组成柱廊，上部有三角形的山花装饰，并且由于此时结构的成熟，所有列柱都比以往要细，更显得整个建筑玲珑、高挑。上部的鼓座与穹顶的建造灵感也来自罗马的坦比哀多，结构则是仿照伦敦的圣保罗大教堂建成的，分为三层。虽然都由砖石砌成，但比起圣保罗大教堂的穹顶更薄些，这也成为先贤祠在结构上的一大优点，它比以往的教堂都要轻得多。结构上的优势在教堂内部更加明显。由于支柱很细，加上简单的柱子、棱角分明的檐口、高高的穹顶以及素雅的颜色，所以内部空间更显宽敞（图8-1-8）。

图8-1-8　法国巴黎先贤祠内部　索夫洛设计的这座建筑内部同建筑的外观一样小巧，内部主要由纤细的柱子支撑，因此显得格外高敞。虽然在完工以后又对这些柱子进行了加固，但仍旧比以往此类的建筑内部要通透得多，再加上穹顶的衬托，整座建筑虽不大，但却能给人以十分高大的感觉。这座建筑也是人类在探索新式建筑的道路中迈出的重要一步，虽然没有实现建造者最初全部以柱式支撑整个建筑结构的梦想，但它仍可称得上是一座新式建筑，是新古典主义建筑的代表作品

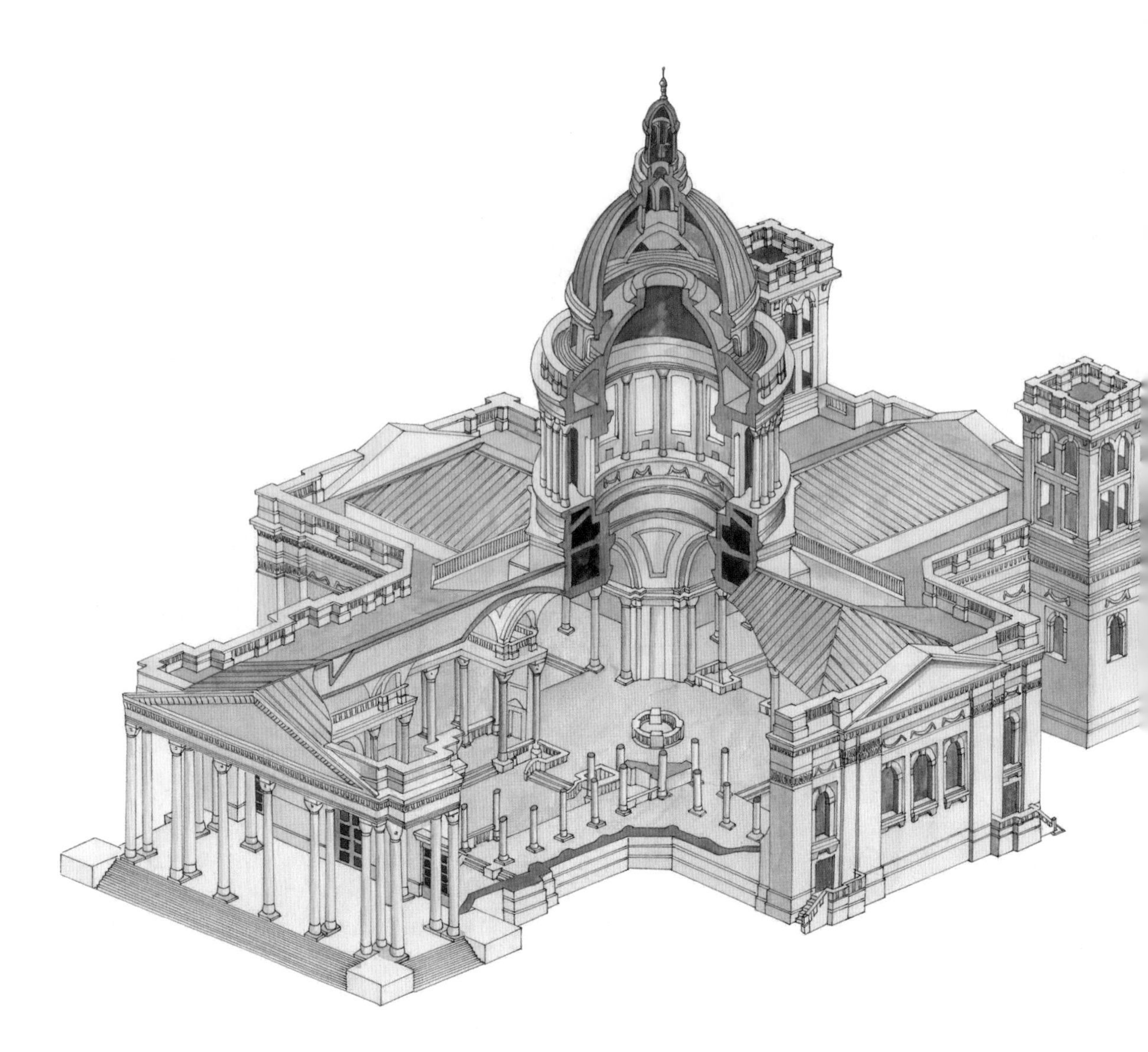

图8-1-9 法国巴黎先贤祠透视图 这座新古典主义风格的建筑虽然整体采用古典神庙的形式，穹顶的结构也是依照以往大穹顶建筑的样式修建的，但其结构却比以往任何一座建筑要轻得多。从这张图可以看出，穹顶的结构大多是中空的，而穹顶更是以木结构支撑，这就使得在穹顶本身的高度大大增加的同时，不对下面的基座造成很大的压力。而特意加长的柱式更让这座建筑显得轻盈、通透

可以看到，洛吉埃的建筑原则在巴黎先贤祠中被很贴切地体现出来（图8-1-9），这是一座由新的建筑语言缔造的建筑，试图在室内采用单一的圆柱来承重的建筑，是新古典主义的第一座重要的建筑。之所以把“新古典主义（Neoclassicism）”用以表示建筑，一个是因为它用古典主义的精神去表现柱式，另外是由于建筑已经走向了洛吉埃所倡导的理性的单纯、简单化。建筑师索夫洛在先贤祠中所使用的建筑语言和洛吉埃书中阐述的思想十分相似。索夫洛在设计先贤祠的时候，为了减轻它的重量，缩短了柱子之间的距离，并且同时将每隔三个开间上设置的扶垛也一并取消了，建立在古老建筑语言上的全新表述方式由此而产生。而在穹顶的设计上，索夫洛运用了圣保罗大教堂的穹顶来作为参照，在下方的十字形结构的长方形上，设计了一个极

为轻巧的圆，他的设计不仅简化了雷恩的设计，而且还废除了科德穆瓦在书中极力要去除的一些建筑上面的修饰。他运用的是最基本的建筑构件，却形成了全新的建筑语言，这种语言还比较复杂，以至于索夫洛自己也并未完全掌握其应用的方法。

这就是曾经看到过先贤祠的人会感到迷惑的原因。和洛吉埃所提出的观点不同的是，这幢建筑似乎完全都是墙，可当我们仔细看时，会发现在墙上有灰色的长方形补痕，这是那些填实了的窗户。我们可以从这一点上看出，索夫洛的创作实际上是窗户比墙多，然而他并没有考虑建筑的坚固性，实际上正是因为安全上的不足才导致窗户被完全堵死以起到加固的作用，原来的那些没有石头建造的部分也都采取了加固的措施。经过加固后的建筑就产生了眼前的矛盾，虽然索夫洛是按照洛吉埃的思想和新的建筑语言来诠释先贤祠，使之脱离古典建筑语言的束缚，但由于结构技术上的不成熟，却导致它更像是古老的建筑语言诠释出的神庙建筑。不过我们还是很清楚地看到了索夫洛的创作目的。一直到了现在，当人们走进先贤祠时，还可以深深地感觉到这一点：他尝试着建造一座完全由柱式、独立的圆柱来表现的建筑物，不仅外表要好看，还要能够支撑起整个屋顶，他想把柱式的精华完全表现出来。在这一点上，他几乎已经做到了，因为柱式最初想表现出来的结构特征和一些审美方面的真实感这时已经被表现出来。

从帕拉第奥使用柱式相结合的建筑语言建造的威尼斯救世主教堂（Redentore）一直到先贤祠，经历了一个非常漫长的过程。这其中建筑语言被不断丰富。帕拉第奥表现出了柱式连接的优点。如果我们把这两座教堂放在一起来进行比较的话，那么我们就可以看出16世纪中叶和18世纪中叶的观念有哪些不同。帕拉第奥尝试一切可能的方法去追求真实的古罗马建筑以恢复古老的建筑语言，而索夫洛则用哲学的方法并结合一些其他的方法试图建立自己的建筑语言，去努力达到古罗马以后时间里的真实感。

人民的战斗成为资产阶级胜利的果实，所以当拿破仑（Napoléon Bonaparte）用武力稳定了法国国内革命群众、国外封建势力，实现他的帝王梦以后，就赶紧用建筑来歌颂自己的功绩，以此粉饰他新建立的大帝国。此时的建筑大多模仿自古罗马帝国时期的建筑形式，以此表达资产阶级对自己创建的帝国的信心和憧憬。但毕竟这是一个新的时代，建筑也在原来基础上有了一些改变，这些建筑大都有着超大的尺寸，简单的外形，无基座而用巨大的柱子贯穿上下。但这些柱子的间距却不大，而且建筑上很少有装饰，就连线脚也很少，都是由简单的直线勾勒。在粗石和砖砌成的建筑上没有什么装饰，甚至连砌缝也被隐藏起来，建筑显现出挺拔、高大但冷冰冰的气质，人们习惯称之为帝国风格（Empire Style）。后来随着帝国的不断对外侵略扩张，再加上考古学的发展，人们发现原来古希腊的神庙并不是洁白的，在建成之初也是被粉饰得五颜六色的。于是这时的帝国风格有了古希腊作为理论依据，也开始向注重装饰性过渡。但这种对于以往风格的借鉴更混杂些，从古埃及的狮身人面像，到巴洛克与洛可可的甜腻之气，无所不包。在此基础上发展起来的帝国风格就如同一个暴发户般，把所有他认为美的东西都披在了身上，这种风格被定义为折中主义风格（Eclectic Style）。

最有代表性的帝国风格建筑有三座，即由维尼翁（Barthelemy Vignon）设计的古希腊神庙般的玛德琳宫（The Madeleine）（图8-1-10）、由查尔格林（Jean-Francois Chalgrin）照搬古罗马建筑样式的凯旋门（Arc de Triomphe L'Etoile）（图8-1-11）和典型的折中主义建筑由加尼尔（Jean-Louis Charles Gamier）设计的巴黎歌剧院（Opéra de Paris）（图8-1-12）。

图8-1-10 法国巴黎玛德琳宫 这座建筑依照古希腊的帕提农神庙而建，但当这种在古代非常神圣的建筑形式再次被人们注意，并加以改造予以使用时，却成为最普及的建筑样式。这从玛德琳宫自身的变化就可以看出，这座建筑开始是拿破仑为陈列战利品而建的军功庙，后来则被当作了火车站，直到近代又被改为教堂并沿用至今。建筑的形式没有改变，但建筑的使用功能却一变再变，这种高大而简洁的古典样式不仅美观实用，还代表着新兴的资产阶级对远古时代精神的向往，尤其是工业革命以后，不断地被各国新兴的资产阶级所使用

图8-1-11　法国巴黎以凯旋门为中心的城市俯瞰图　拿破仑的凯旋门坐落在著名的香榭丽舍大街上，并以凯旋门为中心形成星星戴高乐广场。12条道路以此为中心呈辐射状向四周伸展，各种建筑镶嵌其中。凯旋门也采用了一些古罗马凯旋门的样式，但其整体结构却更加简化，而且抛弃了柱子，只以大幅的浮雕作品为装饰。由于正处于地势较高处，凯旋门更显高大，统领着这一区的建筑

玛德琳宫是出于拿破仑用来陈列其战利品的目的而建造的，坐落在原来的一座玛德琳教堂基址之上。在设计师维尼翁设计之前，拿破仑就指示要以雅典帕提农神庙的形象来建造，所以这座建筑采用了围廊式神庙的形制建造。由于这座建筑坐落在巴黎市中心地区，隔一条不长的大道就是香榭丽舍大街的起点，而且为了显示拿破仑的赫赫战功，所以整座建筑体积庞大，气势雄伟，仅基座部分就高

达7米。建筑总长101.5米，宽近45米，正面8根柱子，侧面18根柱子，全部都是科林斯式柱，其高度达19米。虽然建筑形象仿自先进的古罗马，但在柱子与各部分的搭配上却远没有古老的建筑科学，这座建筑中各部分的柱间距都相等，而且与巨大的柱子相比略显狭小，因而整座建筑缺乏生气。值得注意的是，这座建筑的上部采用了三个和缓的穹顶覆顶，而此穹顶与以往建筑不同的是，它们由铸铁的骨架支撑。这种由铁结构支撑的建筑也是最早采用新材料建造的建筑之一，是工业革命所带来的建筑上的进步。但可惜的是人们当时还没有认识到新建筑材料将会给建筑带来一场前所未有的革命，而还是采用了传统的古典建

图8-1-12　法国巴黎歌剧院　这是一座纯粹的折中主义风格建筑，是在建筑风格上杂糅了巴洛克与古典的样式，但建筑本身却采用新式建筑材料和建筑结构建成，而后再饰以古典建筑面貌的“折中”之作。在这座热热闹闹的建筑背后，其实充满了对建筑未来走向的迷惘，建筑材料和建筑技术已经发展到相当高的水平，但建筑形式没有跟上，还陷在对各种古典风格的混杂尝试之中

筑外观。新结构照样被困于旧形式之中，建成后的玛德琳宫从外表上看，最为突出的特色仍是高大的柱廊与精雕细琢的山花，先进的铁架结构被埋没了。

凯旋门坐落在香榭丽舍大街的至高点上，因为所处高地，再加上雄伟的身姿，更显出雄伟的气势。凯旋门的形制直接来自于古罗马的凯旋门，只是不再用柱式来进行装饰，因而显得比较简洁，但其规模要远远大于古罗马的任何一座凯旋门。凯旋门高49.4米，宽44米，厚22.3米，如此巨大的凯旋门却只由基座、墙身和檐部构成，不仅没有装饰性的柱子，连线脚也没有。除了36米高的大拱门之外，凯旋门的两边还设有一对小拱门，四面门内刻着跟随拿破仑征战的将军的名字。在凯旋门的每一面上还都设置有以各个大战役和庆祝场面为题材的巨大的浮雕，最为有名的是由路德（Francois Rude）雕刻的《1792年志愿军出发远征》。

巴黎歌剧院是由皇室御用建筑师加尼尔设计的，融合了古典、文艺复兴、新巴洛克等多种风格，无论从外部还是从内部看，都是一座布满装饰和热热闹闹的建筑，正如设计师所期望的那样，这座歌剧院成了帝国强大、昌盛的突出代表。巴黎歌剧院所代表的又是一种新的建筑语言，从表面上看似是对以往建筑语言的拼凑之作，实则却包含着建筑的进步，只不过其外在表达方式还没有跟上技术的发展脚步而已。

由于建筑材料与建筑技术的进步，这时的巴黎歌剧院已经完全采用钢铁框架结构，但加尼尔却将它们全部隐藏起来，用大理石和其他材料进行装饰，把它重新装扮成古典建筑的样子，不露一点新风气的痕迹。巴黎歌剧院外部立面依然由拱券和双柱组成，只不过柱式采用了类似于帕拉第奥的大小双柱组合方式，其样式可能来自卢浮宫的东立面。顶部是精美的浮雕与雕像，而王冠形的屋顶则代表了这座皇家歌剧院的尊贵身份。巴黎歌剧院设置有三种类型的入口，国王专用入口、驾车来的观众入口和走路来的观众入口。每种观众都有专门的入口与配套的休息厅，互不干扰。进入歌剧院内部，会使人感到迷茫，究竟观众们是来观赏戏剧的，还是来做演员的？因为整个大厅镶满了镜子，到处是彩色大理石装饰、雕像和数不清的烛台，当中宽大的曲折楼梯更是尺度超凡，难怪曾有人质疑它的实际功用是供人使用还是供人观赏。光大厅就被布置得灿烂辉煌，如同置身于华丽的舞台布景之中。可以说这是当时巴黎一流的建筑，无论是从它的等级与装饰风格上来看都无可置疑。最重要的是这座歌剧院所采用的新结构与新建筑材料，虽然还没有引起当时普通人们的注意，但这种混乱的风格与先进的结构却预示着，新的建筑时代即将到来。

英国新古典主义建筑语言

英国是一个对古典主义始终抱有亲和态度的国家，在古典主义建筑语言的研究与发展方面也富有本国特色。早在文艺复兴时期，英国一位叫琼斯（Inigo Jones）的建筑师，就已经对古典主义的形式和基本结构做了深入的研究。他深受帕拉第奥的影响，但又通过前人的成就找到了适合本国需要的建筑形式。在琼斯深入研究之下形成的建筑风格影响了以后英国的建筑，这也就避免了对帕拉第奥思想不全面的认识。伦敦大火以后，以雷恩为代表的一些建筑师，开始把巴洛克式建筑风格引入教堂和其他的一些建筑上。但英国人显然还不是特别能接受这种矫饰的新风格，于是就有了如圣保

图8-2-1 英国伦敦齐斯克之屋（Chiswick House） 英国的古典主义复兴首先回归到文艺复兴时期，主要借鉴帕拉第奥的建筑形式，然后才深入古希腊和古罗马时期的建筑形式。产生这种情况的原因，大概是从琼斯就开始的、众多英国建筑师对文艺复兴大师建筑作品和著作的广泛研究。从这座伯灵顿伯爵（Lord Burlington）与威廉·肯特（William Kent）设计的建筑立面中，就可以明显感受到来自帕拉第奥著名的圆厅别墅立面的风格特点

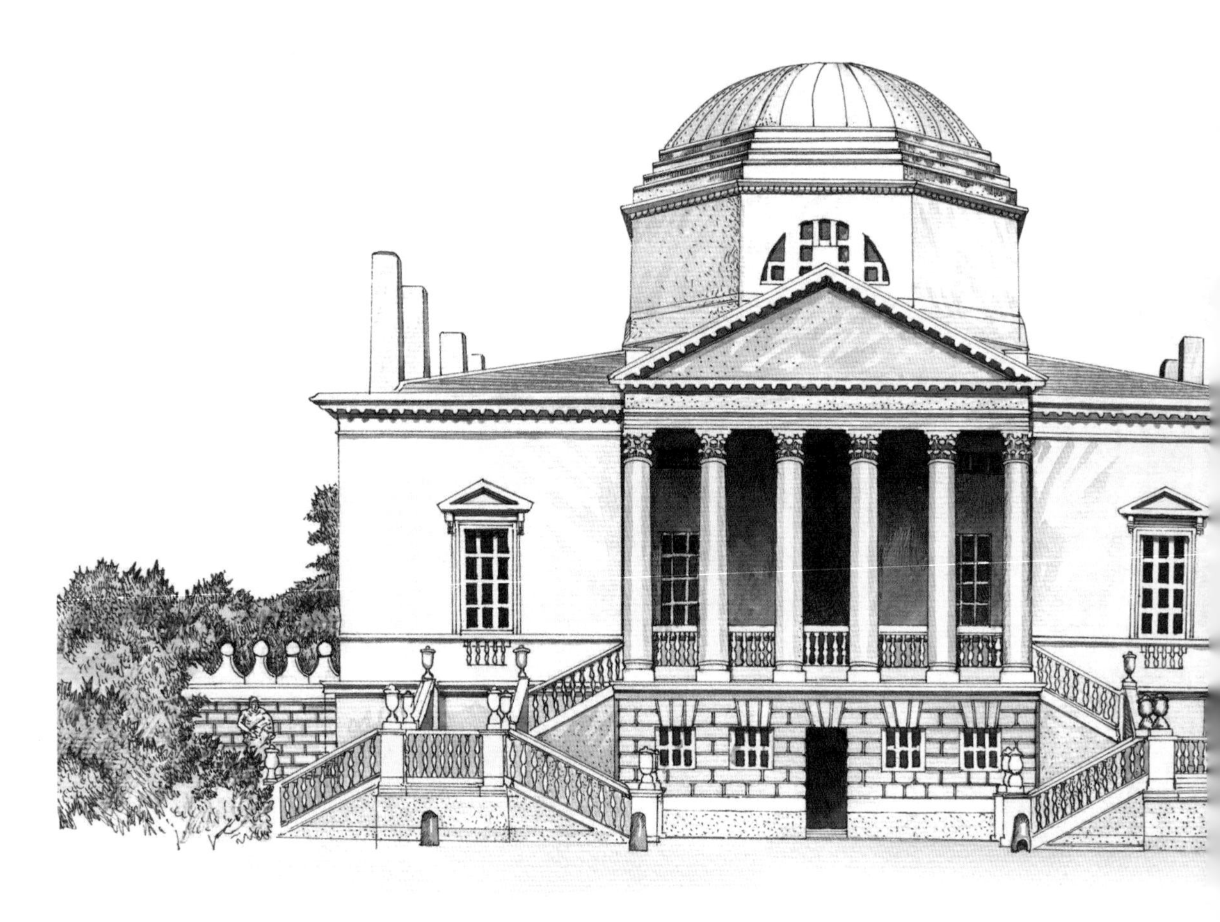

罗大教堂般兼有多种风格的形象。

进入18世纪以后，工业革命带来了社会大变革，不仅城市的规模扩大，发展速度加快，资产阶级也逐渐成为国家的主导力量，而公共建筑与城市住宅的大发展代替了宫殿和贵族别墅的发展。因为与急速增长的城市建筑相比，后者的发展几乎停止了。新兴的工业资产阶级势力日渐增大，他们开始了夺权的斗争，并把法国的启蒙思想引入英国。出于这种背景，古希腊与古罗马的建筑又受到人们的喜爱。同法国一样，英国建筑界也兴起了反对巴洛克式建筑的运动，而以帕拉第奥和琼斯为代表的，严肃而规整的古典建筑样式又受到大家的重视。各地的建筑师还纷纷仿照一些著名的建筑设计自己的作品（图8-2-1）。

其他颇有代表性的建筑师是英国建筑师勒杜（Claude-Nicolas Ledoux）和布雷（Etienne-Louis Boullee），他们的共同点是都有着革命的激情和重建新社会的理想，他们把绘画与建筑紧密结合在一起，创造出一种诗意的建筑语言，试图把建筑带入新的发展阶段。二人所设计的建筑大都有着十分简洁但却骇人的形体，完全没有各种风格的限制，以往所形成的各种建筑语言在这里被全部打乱，甚至弃之不用。如果说以前的建筑语言使用了叙述、议论等方式来进行表述的话，那么他们所创造的建筑语言在世人眼里可能只是胡言乱语，因为这些建筑完全打破了建筑组合的程式，不再有柱式等一些建筑中常见的组成部分，而只是一些简单的、纯粹的几何形体，而且这些形体是高大和伟岸的，给人以震人心魄的感觉。在那个动荡的时期，注定建筑师们的理想往往不能实现，勒杜和布雷的设计大多没有变成现实。

勒杜有些建筑被付诸实践，其中围绕伦敦建有40多座征税站，在这些小型的建筑当中，勒杜对古典风格建筑进行了不同表现手法的尝试，几乎每座收税站都有其独特的平面和立面。另外还有一个最著名的设计，就是未能完工的阿尔克·塞南的皇家制盐厂（Royal Saltworks at Arc-et-Senans）（图8-2-2）。这座盐厂与其说是一座建筑，倒不如说是一座理想城，是表现勒杜思想与理想的实现地。在勒杜的规划中，盐厂以椭圆形的广场为中心，以长轴为建筑群的主轴。广场中心建造场长住宅及左右两侧的厂房，这样把整个广场分为前后两部分，后部分作为车库。长轴上依次建有大门、市政厅，短轴上则建有法院和神父的住宅。围绕在广场周围的是职工宿舍以及单独的小住宅，而这些建筑都是成批生产的，质量与形制完全相同，以此来表示平等、独立的寓意。在住宅外侧又有一圈服务性建筑，如学校、市场和浴室等。盐厂中的建筑都由简单的几何图形组成，统一规划，统一风格。

规划严整的理想城，最后没有完全建成就停工了，它只建成了很

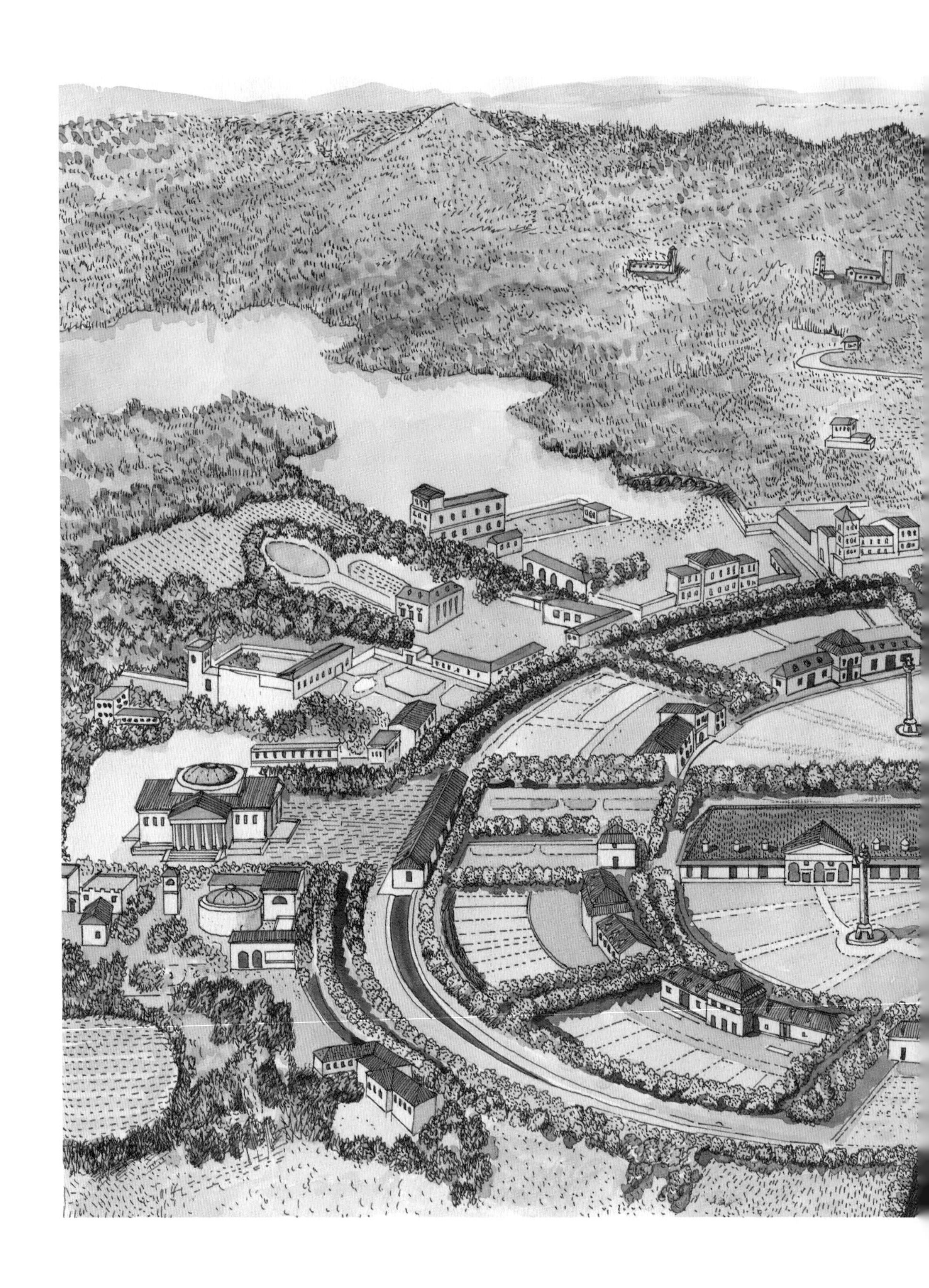

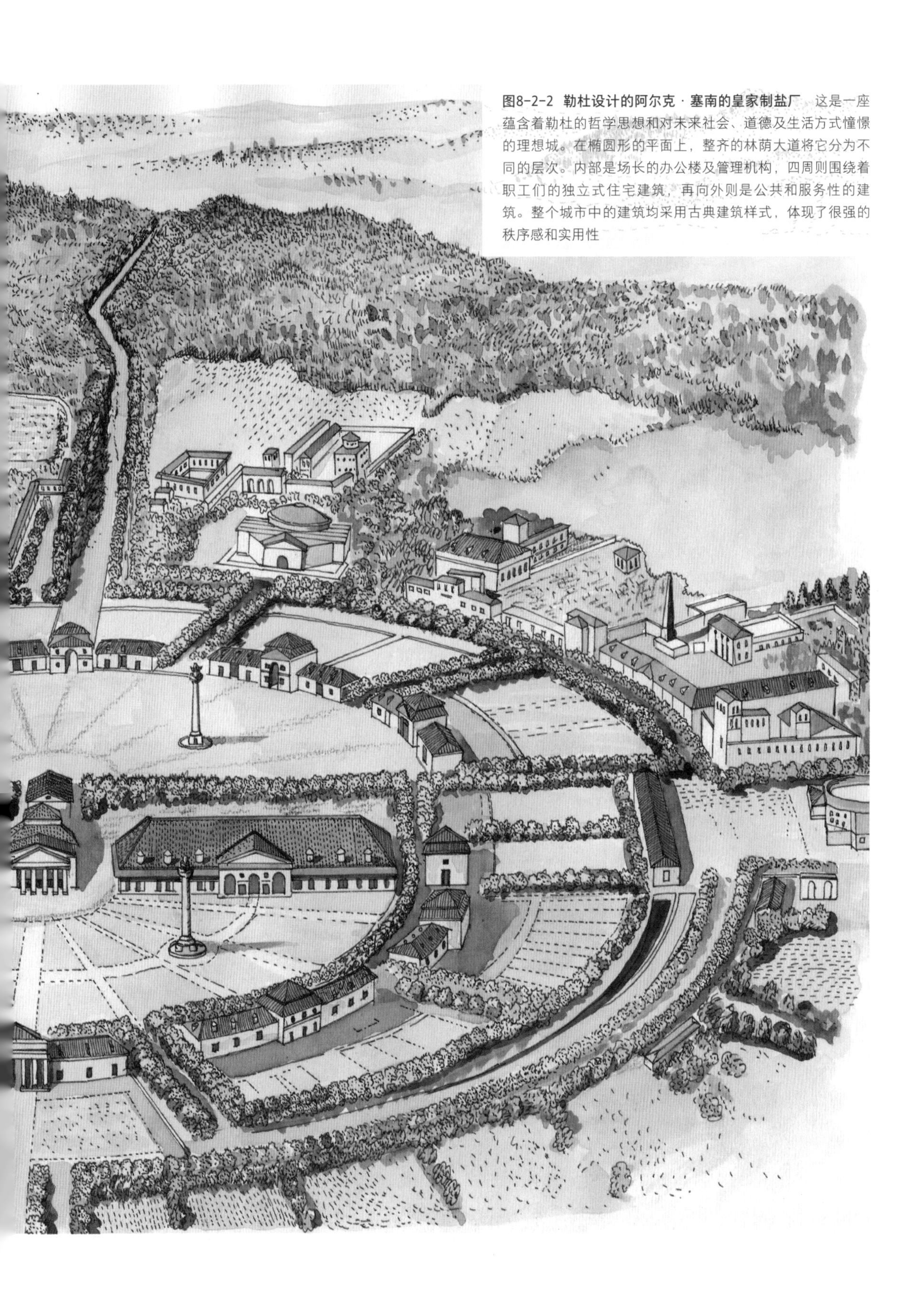

图8-2-2 勒杜设计的阿尔克·塞南的皇家制盐厂 这是一座蕴含着勒杜的哲学思想和对未来社会、道德及生活方式憧憬的理想城。在椭圆形的平面上，整齐的林荫大道将它分为不同的层次。内部是场长的办公楼及管理机构，四周则围绕着职工们的独立式住宅建筑，再向外则是公共和服务性的建筑。整个城市中的建筑均采用古典建筑样式，体现了很强的秩序感和实用性

小的一部分，一个入口处带门廊的厅。入口的门廊采用最初的古典样式建造，原始风貌的不带凹槽的多立克柱子支撑起同样简洁的檐部，而同它前面的拱门一样都是由粗糙的石材加工而成的，显现着最朴实的、泥土的颜色。

与布雷相比，勒杜还算是比较幸运的，因为布雷的设计太过于理想化了，从他设计的牛顿纪念馆（Cenotaph for Newton）就能看出这种建筑实现的难度（图8-2-3）。由于牛顿的突出贡献，纪念馆采用了完美的圆形。一个巨大的球体架在两层立方体上面，底部开有半圆的入口，立方体上种有植物点缀，圆球顶部则开有透光的孔洞。布雷所设计的这类型建筑不仅有着惊世骇俗的外观，还极具隐喻和象征意味，但遗憾的是没有建成。布雷与勒杜创造的新建筑语言没有被人们理解，但在建筑发展的进程中却留下了他们的痕迹，这种对古典建筑语言的挑战在过去其实无时无刻不在发生着，只不过有人成功，有人却失败了。新建筑语言的诞生不只是建筑师的心血来潮，而是与建筑结构和技术的发展水平，以及社会文化形态的发展状况密切相关，古往今来，建筑语言就是遵循着这样一条道路发展而来的，或许这就是为什么布雷与勒杜的设计在当时看来惊世骇俗，但在现在看来却颇有进步和借鉴意义的原因。

当然，像布雷、勒杜这种在那一特定时期、执意要在建筑语言上拼命创新的人毕竟还是少数。大多数的建筑师是顺应当时流行古典主义的潮流，在严肃和规整的幅度之内

图8-2-3　布雷设计的牛顿纪念馆方案　这是布雷两个最著名的设计方案之一，另一个是国家图书馆。这座完整的球体建筑坐落在一个圆柱体的基座之上，其本身就充满了丰富的隐喻意义，而在建筑内部的穹顶上则设计开有无数孔洞，以象征整个天穹。虽然布雷所设计的这些奇异的建筑都没能建成，但他开创出了真正意义的新形式建筑

进行创作。但社会毕竟到了新的时代，在讲求比例、严格遵循古罗马柱式的风格流行了一段时间之后，帕拉第奥主义又被罗马复兴建筑所代替了。

罗马复兴风格的建筑师以伍德父子（John WoodⅠ，John WoodⅡ）与亚当兄弟（Robert Adam，James Adam）为代表。伍德父子的建筑作品大多集中在巴斯城中（The City of Bath），这里因为有温泉，所以原本就是古罗马时期人们度假、游玩的胜地。此时作为伦敦一处历史悠久的风景胜地，人们在这里大兴土木，希望把它恢复到古罗马时期的样子。大伍德的工作是开创性的，他为巴斯城规划了广场和运动场，并十分有先见之明地在巴斯城设计建造了一个弧形的、由多所住宅组成的联排住宅——皇家新月（Royal Crescent）（图8-2-4）。这些住宅恰似现代的大型住宅楼，有着统一的面貌，由三层的叠柱构成。在基石之上的建筑，有着成排的圆柱和高大的山墙，不仅显示出古典建筑的高贵、典雅，也是将广场与建筑相结合的新尝试。小伍德继承了父亲的风格，又在这座建筑的另一面修建了更大的半圆形联排住宅，同样采用古典风格进行建造，由底部的基座与上两层的爱奥尼克式巨柱构成整个建筑立面的形象。

图8-2-4　巴斯城皇家新月住宅　这是英国建筑师伍德父子设计的新月形联排住宅，也是伍德父子将帕拉第奥式的建筑立面与新型建筑相结合的产物。建筑立面采用了白色的巴斯石建造，并以其独特的建筑形态达到了与周围自然环境的和谐统一。此后，作为一种潮流，这种新月形的联排住宅在其他地区也相继建造起来，甚至还发展成为双曲面或弯弓的形式

亚当兄弟对古罗马建筑的了解更深入一些，罗伯特·亚当曾经亲自测绘过许多古罗马遗迹，还出版过专门的著作。因此，在对古罗马建筑元素的运用上也更加大胆，他们把古罗马建筑中凯旋门、神庙、浴场的外观和结构用于私人住宅的建筑中，甚至直接仿制古罗马的一些建筑样式或装饰来对建筑进行处理（图8-2-5）。

此时还有一种代表性的建筑形式，就是将巴洛克风格与帕拉第奥风格相结合，这种建筑形式来自于风景画派运动。这种以帕拉第奥式住宅搭配精心设计的花园，又或者装饰奢华的巴洛克住宅与整齐的花园相搭配的住宅形式，被认为是最为完美的建筑形式。但这种建筑形式只适用于乡村别墅，有一定局限性，后来约翰·纳什（John Nash）将它整理并完善起来，使它得以推广到城镇当中。纳什的代表作品是位于伦敦摄政公园（The Regent's Park）内的新月形联排住宅，他设计的联排住宅与公园中的景色融为一体，虽然建筑为古典主义风格，但与周围的自然和城市景色巧妙地结合，是城镇风景画派的杰出建筑代表。

图8-2-5 罗伯特·亚当设计的位于密德尔塞克斯（Middle sex）的西昂公馆接待室 这座建筑的室内也受米开朗基罗创立的手法影响，也就是将室外建筑立面的构成形式应用于室内的装饰上去。将一些外立面的雕塑、柱子、檐口等装饰直接应用于室内，而室内多采用深色大理石进行装饰，这也是罗伯特·亚当的设计风格之一。虽然有着华丽的装饰，但使用了古典的爱奥尼克式巨柱，这些巨大的柱子是纯古典主义的，因为它们都是直接从古罗马遗迹中挖来的，室内的门也采用古希腊神庙中的简单长方形

罗马复兴风格建筑在英国流行一段时间之后，随着考古学者对古希腊建筑的认识加深，还由于对抗拿破仑的战争以及希腊独立战争，英国的建筑风格逐渐转向以古希腊风格和哥特风格为主的古典主义建筑形式上来（图8-2-6）。在此之间，英国兴建的一座英格兰银行（Bank of England）就是处于这一风格过渡时期，兼有古希腊与古罗马建筑样式特点的混合之作。英格兰银行由英国建筑师索恩（John Soane）设计，银行总体上是古罗马式的，运用了大穹顶、拱券等多种古罗马建筑的手法对各个部分进行处理。而在一座大厅外立面上，索恩则直接挪用了来自古希腊神庙中的人像柱。虽然形式是古典主义的，但这座建筑所采用的结构与建筑材料却是现代的，在当时也算得上是一座创新了的建筑。首先，穹顶采用铸铁结构，而且新结构的穹顶上覆盖的是透明的玻璃，这种设置不仅使建筑内部具有良好的光线，也使整个建筑显得通透而轻盈。索恩的这种设计使新的建筑结构和建筑材料暴露出来，而不再被小心翼翼地包裹在古典建筑形式之下，堪称建筑发展史上的一个进步。

在英国，洛吉埃的影响是很大的，他持有原始主义和回到不加修饰、天然的建筑美的建筑观点，这在英国开始盛行起来。而由此也产生了希腊的复兴和索恩那独特的原始主义这两种十分重要的建筑成果。建筑大师皮拉内西（Giambattista Piranesi）于1744

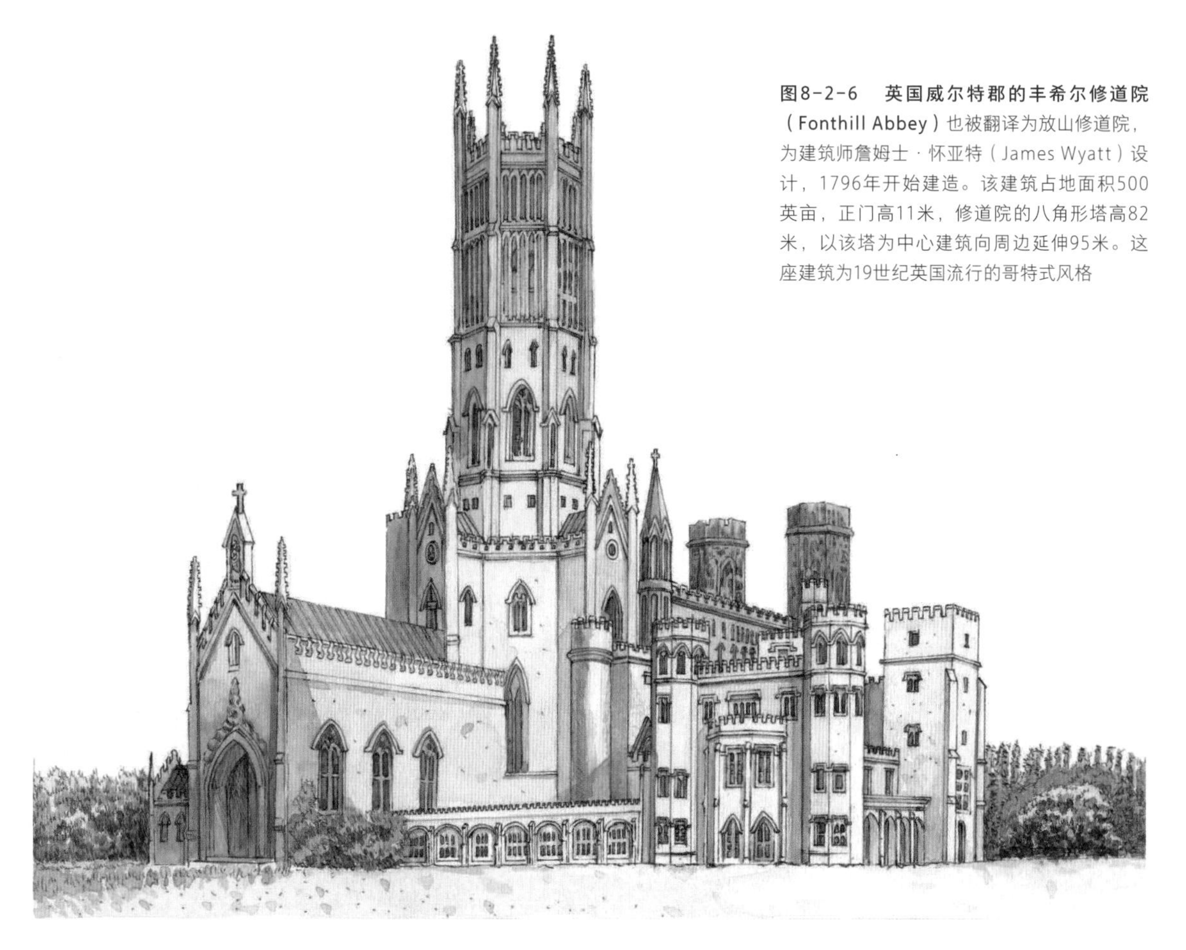

图8-2-6　英国威尔特郡的丰希尔修道院（Fonthill Abbey）也被翻译为放山修道院，为建筑师詹姆士·怀亚特（James Wyatt）设计，1796年开始建造。该建筑占地面积500英亩，正门高11米，修道院的八角形塔高82米，以该塔为中心建筑向周边延伸95米。这座建筑为19世纪英国流行的哥特式风格

年发表了《监狱场景》（*Prison Scenes*），它吸收了巴洛克剧院的建筑手法，同时它也是建筑浪漫的粗面石工的作品，虽然没有运用柱式，但从那粗糙的石砌拱门上仍然可以让人们想起古罗马建筑。一些英国的建筑师们也对此进行了一些尝试，比如钱伯斯（Sir William Chambers），他是一部18世纪建筑伟大著作的作者，他在书中展示了假设的多立克柱式从原始草屋开始的进化过程，他反对只保留柱子，也反对原始草屋的理论。还有丹斯（George Dance），由他所设计建于1769年的老的新门监狱（Old Newgate Gaol）很明显是对皮拉内西的模仿，它的外表是用粗面石建造而成的，这座建筑建造得十分严密，使人产生一种压抑的情绪（图8-2-7）。黑暗是它的基调，显得是那样阴森恐怖，这很容易使人想到它是一个惩罚人的堡垒。而在他的另外一些作品中，可以看出来虽然某些建筑基调是受到了洛吉埃的影响，但在总体的建筑格调上面还是与洛吉埃明显相反的。

图8-2-7　由丹斯设计的英国伦敦老的新门监狱　古典建筑有着严肃而沉稳的基调，这也是它为什么被广泛地运用于公共和政府建筑之上的原因。这座监狱建筑外部采用粗面石工的建筑材料以及棱角分明的外观，入口处采用了层层缩小的设置，只在门头和墙面上留有小面积的开口。通过建筑沉重而封闭的外观，给人以森严、冷峻和黑暗的感觉，使其中的人们在接受肉体上禁闭的惩罚之外，也受到精神上的震慑

在18世纪中叶的时候，古希腊建筑语言并不被人们所了解，直到有两个英国人，瑞威特（Nicholas Revett）和斯图亚特（James Stuart）真的到了希腊，并对古典建筑进行了大量细致的测量工作之后，发表了他们描述古希腊建筑的著作，书中记载着一些有关古希腊建筑精确的测绘图。当人们第一次看到了像帕提农神庙这些伯里克利时代的古希腊多立克柱式的实例时，他们不禁对古希腊建筑语言与古罗马建筑语言进行了比较，并从中领悟颇深。比如，他们认为古希腊的多立克柱式与古罗马的多立克柱式相比较而言，形状显得更加短小、粗壮，还有它的外在轮廓和线条显得更加紧密和精致小巧。这样一来，古希腊的建筑语言显然与起源更为贴近，也更加符合人们心目中的朴实纯粹形象。

在英国，使用古希腊建筑语言建造的第一座建筑，是一座使用多立克柱式的建筑物，作为当时的一个新鲜事物，它很快就被英国人所接受，古希腊建筑语言的复兴也

随即开始了。而且对于当时的人们而言，作为古典建筑语言最重要的组成部分，柱式的发展已经从原来的五种柱式发展到了八种。原来的那五种古罗马柱式是由赛利奥确立的，而后三种是由瑞威特和斯图亚特经过仔细的推断和选择出来的古希腊柱式。此后，人们又获得了古希腊雅典卫城中帕提农神庙的一些精确合理的细节，而作为卫城最有代表性的重要建筑，帕提农神庙所运用的古典建筑语言也最为成熟，因而它的多立克式神庙被英国人所喜爱。加之为了与拿破仑所推崇的古罗马风格相区别，古希腊风格的建筑成为众多的公共建筑中最受欢迎的样式。比如在利物浦由埃尔姆设计的圣乔治大厅（St. George's Hall），就是这样一座按照古希腊神庙样式设计的希腊复兴式建筑（图8-2-8）。

英国开始了古典建筑语言的回归，相继修建希腊复兴风格的建筑，在伦敦就以大英博物馆（The British Museum）这样的大型建筑为代表。由罗伯特·斯默克（Robert Smirke）设计的大英博物馆，正立面是连续的爱奥尼克式柱廊立面。整个立面两侧凸出，中间凹进，正中是带有大片雕刻的山花，而古希腊神庙风格的建筑也正好与它的实际用途相吻合。斯默克还设计有很多不同类型的建筑，尽管这些建

图8-2-8　埃尔姆设计的英国利物浦圣乔治大厅 这是英国的一座希腊复兴式建筑，其总体布局和形象是按照古希腊神庙的样式设计和建造的，主要建筑布局都采用了相同的手法，但在门廊和柱式上做了一些英国式的改变，比如在中部采用了方形的柱式。建筑又回复了简洁而典雅的古风，但其实质却已经完全改变，在人们还没为新的建筑形式找到合适的外部形态之前，古典风格成为最终的选择，此时的建筑似乎就是在实用性的空间外罩上了一层华丽的外衣

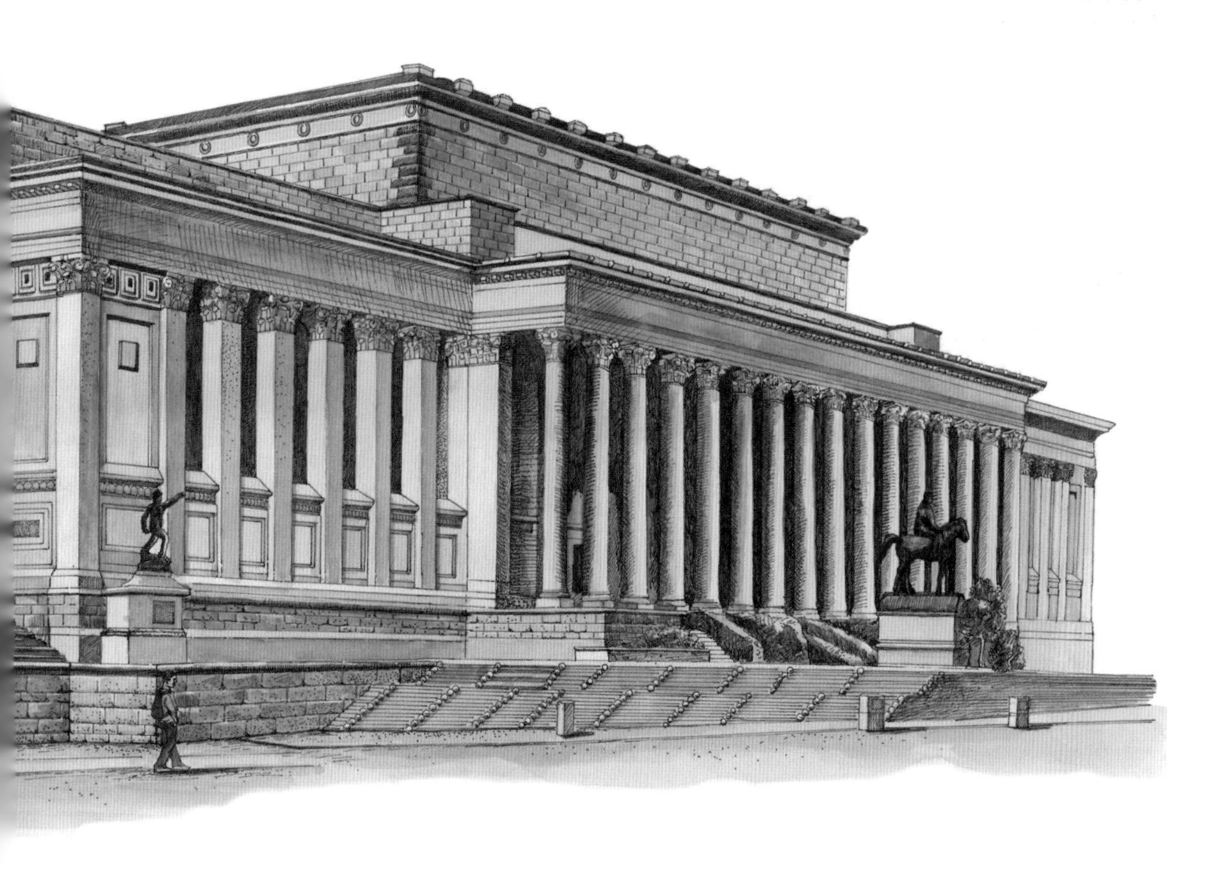

筑都运用了差不多的古典语言，少装饰重实效，但这些建筑也突出了新时代的特点，是低造价且结构简单，更易于成批建造。而且他还在建筑中尝试使用铸铁横梁，在地基的建造上也做出了原创性的贡献。在斯默克之后，由于建造技术的进步与冶炼技术的进步，在建筑中使用钢铁结构开始普遍起来。

还有像爱丁堡这样的地区，一个集中了各种古希腊式建筑的地区，还因此被称为新的雅典城。此时的爱丁堡修建了许多古希腊风格的建筑，比如仿照帕提农神庙而建的国家纪念堂（National Monument）、苏格兰国家美术馆（National Galleries of Scotland）（图8-2-9）和爱丁堡皇家中学（Old Royal High School）等。不仅如此，对于古典建筑风格的运用简直到了普及的程度，无论在乡村还是城市，是公共火车站还是私人宅第，到处都有由经典的山花、柱式元素构成的建筑，这也充分证明了古典建筑样式极强的适应性。1825年由汉弥尔顿（Thomas Hamilton）设计的爱丁堡皇家中学，建在了卡尔顿山（Calton Hill）上，它的山花、檐口、柱式在细部的处理上以及整体之间的关系都是模仿帕提农神庙而来的（图8-2-10）。有的人认为如果能把其中的一些不太重要的建筑部分去掉，只保留那

图8-2-9　英国爱丁堡苏格兰国家美术馆　这是一座希腊复兴式的新古典主义风格建筑作品，其外观来自于古老的神庙式建筑，雄壮而高大的建筑不仅为美术馆提供了足够的展厅，其自身的风格也与美术馆的基调相吻合。但这种古老形式的复兴没有流行多长时间，因为随着建筑的不断进步，建筑师必然有更开放的思想，也需要最大限度的设计自由。古老的形式只能作为过渡或被少量运用，真正意义上的新形式才是建筑真正的发展方向

些较为重要的部分，可能会更好。诸如此类的批评也用在了希腊复兴时的颇具代表性的大英博物馆上，但是这样的评论并不是很公正、客观。那些所谓的没有实际功能的门廊和柱廊全都是古典建筑语言中最重要的组成部分，而它们通常是作为带着一定文化含义的附属建筑构件，而并非起着实际功能的作用。因为无论当时建筑结构技术还是新的建筑语言都已经形成，而依旧使用旧的表达方式，是具有其明确的目的性的，在这里，古老的建筑语言更像是一种宣言性的标志物而非建筑所需要的结构。

在这一系列经典的希腊复兴风格建筑之后，英国杰出的建筑设计师科克雷尔（Charles Robert Cockerell）将英国的新古典主义建筑又推向了另一个高潮。同法国出现的折中主义风格建筑一样，科克雷尔也是一位将多种建筑风格相结合的专家。他不仅见多识广，而且在设计建筑方面颇有造诣，他不仅亲自到希腊和罗马考察，自己测量古建筑的尺寸和比例，还是一位对以往建筑风格不抱偏见的人。这使得他能够比较理智地将各种风格混合，并使之相映生辉，产生较好的效果，其代表作品有剑桥大学图书馆（Cambridge University Library）等。

在工业资产阶级积极争取其政治和经济

图8-2-10 英国爱丁堡皇家中学 这座建筑完全采用了古希腊的建筑形制，除立面做了一些凹凸的变化以外，几乎没有多余的装饰。建筑师通过这座建筑表达出了一种高度的理性，以及对那个古老年代精神面貌的崇敬之情。由入口到建筑内部逐层加高的台基，也让进入其中的人们有了一种朝圣的心情

利益，并为何种建筑风格才能最好地表达他们的思想而进行各种尝试的时候，封建的贵族们在逐渐没落的同时更趋向于享乐。他们渴望回到宗教礼法森严的中世纪，而建造田园牧歌似的庄园和府邸，过隐居的生活，成为他们不得已的选择（图8-2-11）。这时，中世纪的哥特式尖塔建筑、蕴含小情趣的中国园林等，许多外民族和古老的建筑形式成为没落贵族们崇尚的建筑形象，这种风格的建筑也开始出现在各个风景秀丽的庄园中,不仅在英国，相同的情况也出现在许多欧洲国家之中。这些建筑大多迎合建造人的心情，都建造得极其怪异，摆脱了古典建筑轴线对称和固定的建造模式，从整个平面布局到房间的设置都更加灵活，以实用性为基础。虽然这是贵族们缅怀旧体制、追忆往事的建筑，也存在着过于理想化甚至荒谬的建筑形象，还有的甚至建成不久就因结构不合理而倒塌了，但从建造本身来看，结构和灵活的处理、各不同功能房间的搭配等，都是建筑进步的表现，这也说明了建筑向实用性转变的开始，还是具有一定进步意义的。

图8-2-11　索恩博物馆穹顶间　约翰·索恩是英国著名的建筑师，以新古典主义风格的设计而著名。他喜欢采用对称的风格，能出色运用光影线条。整个乔治王时代末期，英国建筑设计都受他影响，这种情况一直持续到19世纪哥特复兴式建筑的兴起。他去世前，将自己温馨舒适的私人住宅捐给国家，便成了伦敦最小的国家博物馆之一

当法国的拿破仑为他的大帝国梦而四处侵略时，欧洲各国都深受其苦，尤其是封建势力，在轰轰烈烈的革命中日渐式微。随着拿破仑的失败，反动势力卷土重来，他们主张恢复原来的社会制度，中世纪被认为是最为完美的社会状态，而曾经被拿破仑喜爱的古罗马建筑及一系列的古典主义风格，也被认为有损国家特色。另一方面，小资产阶级因大工业化的发展在社会中的地位也日渐衰弱，他们同抱怨的封建贵族一起，几乎厌恶新时代的一切，而对中世纪的一切则抱有美好的憧憬，渴望回到原来作坊式的生活方式。而在建筑界，在古典样式流行了多年以后，建筑师们也逐渐对规矩的古典建筑失去了兴趣。所有关于古典建筑样式的创意似乎都已经想

尽，人们需要新的形式刺激建筑师的灵感。在这种背景之下，以中世纪哥特式风格建筑为模仿对象的哥特复兴运动（Gothic Revival Movement）拉开了序幕，建筑开始了新的轮回。作为一种个性鲜明而且最为独特的建筑语言，哥特式建筑语言在此时所起的作用实际上与前面提到的希腊复兴建筑一样，重要的都是其时代背景所代表的深刻意味。

英国国会大厦（Houses of Parliament）作为哥特复兴式的标志性建筑当之无愧（图8-2-12），其实这座建筑最初被设计成的是古典主义的外观，在建造过程中才应英国女王之令改建成晚期哥特式。女王希望借哥特式建筑坚定高耸的威仪气质，以反映其稳固统治。

在一次为伦敦西敏寺（Westminster Abbey）和国会大厦选定建造方案的竞赛中，对古典建筑颇有研究的贝利（Sir Charles Barry）入选，而在此之前贝利已经是英国很有影响力的古典主义建筑师了。在此之前，他设计的几座俱乐部建筑就以其意大利风格的古典立面在建筑界引起了广泛关注。然而就在贝利雄心勃勃地建造他的古典式国会大厦时，政府又应女王要求，需要他在原基础上兴建一个晚期哥特式的建筑。贝利请来了一位在英国很有影响力的哥特式建筑理论家和建筑师——普金(Augustus Pugin)。普金是一位狂热的哥特式建筑追随者，他的设计活动频繁，在英国各地散落着由他设计的上百座教堂和住宅等哥特复兴式建筑。对于普金来说，建筑不仅要靠装饰性的部件点缀，还应该表现出完美的结构；建筑不仅要满足人们的使用要求，还要给使用的人带来方便。普金也梦想回到中世纪的社会状态，而且与现代的建筑大师有些相似，普金既设计建筑，又设计哥特式家具，还出版宣扬自己建筑思想与理论的书籍。

在贝利与普金的双重努力下，有着古典建筑平面与新哥特式建筑立面的国会大厦完工了。这座建筑充分体现了权力机构的威严，贝利的设计给了建筑以整体的庞大气势，而普金用石材、铜和玻璃为建筑披上了高耸的外衣。国会大厦以稳固坚定而昂扬的气势坐落在河边，向人们展示着在这里治理国家人们的自信。由于新的国会大厦的成功，再加上政府的提倡，在此之后各种哥特复兴风格的建筑被兴建起来。从学院到纪念建筑再到法院，这种新的风格成了最适宜英国的建筑形式，也出现了一些过于追求外部形象而忽略建筑实际使用功能的建筑作品，人们再次趋向高大、雄伟的建筑外观，而把实际的使用功能抛在一边。

在这场声势浩大的哥特复兴潮流中，一些建筑师和建筑理论家对此抱有比较清醒的认识，拉斯金（John Ruskin）就是其中之一，也是对后来的年轻建筑师影响较大的一位。他发表了一系列阐述其建筑观点的著作，如《建筑七灯》（*The Seven Lamps of Architecture*）、《威尼斯之石》（*The Stones of Venice*）等，他提倡建筑师创造新风格，但新风格必须建立在哥特式基础之上，但他也指出建筑的实用功能同样重要，好的建筑是既美观又实用的，有着活泼的外形与自然的装饰。在拉斯金及其论著的影响下，英国出现了一批以设计新的哥特式风格住宅建筑为主的建筑师，他们用简洁而实用的设计开启了现代建筑的先声。

理查德·诺曼·肖（Richard Norman Shaw）是一位喜好设计住宅建筑的建筑师，他对原有的新哥特风格做了大量的改进工作，先后发明了两种新的风格，对新式的住宅建筑做出了很大贡献。在为一些富人所设计的位于郊区的别墅时，肖发明了一种“英国旧式”风格（Old English Style）。这种建筑主要利用农村的建筑技术与形象，使建筑呈庭院状，有着陡峭的屋顶和哥特式的高烟囱、拱道、垂直窗棂的大窗等，而且这些建筑中还利用一些瓦和木料以增添建筑与自然的亲近感。这些建筑大多占地很广，但整体形象活泼而热情。虽然这种仿英国旧时的建筑风格在乡下受到了业主的肯定，但显然无法将它照搬到狭窄的城里来，于是肖又对建筑的外观做了调整，发明了适合城里人的“安妮女王”风格（Queen Anne Style）。这种风格的建筑主要由红砖和木材建成，通过砖雕和木结构形成山花、走廊和阳台，既适应了城里的建筑要求又美观实用，马上成为人们争相模仿的对象。此外，肖的设计也不仅局限于哥特及其附属风格，虽然前两种新风格都获得了成功，但他在稍后却开始转向古典主义风格，从有着古罗马建筑形象的拱廊到华丽的巴洛克风格，肖对以往流行过的风格逐步进行着尝试，（图8-2-13）而凭借他对建筑敏感的感知力，几乎每次新尝试都能创造出新风格的建筑来，以至于后世很难把肖归入哪一类风格的建筑师之中。

图8-2-12　英国国会大厦　由贝利与普金合作设计。著名的古典主义建筑师与狂热的哥特建筑专家联手设计了这座国会大厦，在古典形制的建筑平面上塑造了一个新式的哥特风格建筑群。伸展的建筑平面给人以稳定和坚固的感觉，也正符合国会大厦建筑的气质要求，而哥特式的尖塔如密林般耸立着，又使这座严肃的建筑充满活力

图8-2-13 萨默塞特府 位于英国伦敦中部河岸街的南侧的萨默塞特府西邻滑铁卢桥，是一幢大型建筑，可以俯瞰泰晤士河。建筑主体于1776~1796年完成，建筑师威廉·钱伯斯爵士和理查德·诺曼·肖一样，对新古典主义建筑风格感兴趣。在萨默塞特府的南北两侧，后来又增建了典型维多利亚式的翼楼

德国新古典主义建筑语言

受工业革命的影响，德国的经济也逐渐强大起来，但整个国家还处在几大势力分治的状态下。虽然在一些开明的统治区已经实行了资本主义改革运动，但新兴的资产阶级绝不满足于此。要发展其经济，就必然要求有一个稳定而统一的社会。各地统治者们在外看到了英、法的前景，而国内又有控制国家经济命脉的资产阶级的强烈要求，于是纷纷开始改革，启蒙运动的余力也波及进来。此时的德国，各地势力不仅争先恐后地接受新思想、学习新知识，还都纷纷进行大规模的建设活动，以此来彪炳自己的实力，以吸引更多的人才。于是在各地同时出现了一批大城市，各大城市也都有大规模的宏伟建筑物被建成，而古典主义风格则是主流。同时，哥特风格也以其昂扬的气质被人们用来彰显日耳曼民族高涨的民族精神。

普鲁士的统治在德国几大分治势力中是最强的，普鲁士的统治者比较开明，不仅建立了以柏林大学为主导的国民教育系统，还大力推广像卢梭等一些启蒙运动的哲学家、思想家的人文理想，此外还对建筑十分热衷，大力投资建筑。由于此时受思想家的影响，加之受拿破仑侵略之苦，欧洲的许多国家都纷纷转向希腊复兴式的建筑。德国也不例外，此时的古典复兴风格建筑也主要以古希腊风格的建筑为主。

在柏林修建的、由朗汉斯（Carl Gotthard Langhans）设计的勃兰登堡门（Brandenburg Gate）是德国较早的一座希腊复兴式建筑，表明此时建筑师对古典建筑手法的运用已经趋于成熟（图8-3-1）。堡门主体采用简洁、有力的多立克柱式，其立面来自于古老的卫城山门。六根巨大的柱子上没有用古希腊式的山花，而是古罗马式的女儿墙，以便在上面安置一个四驾马车的大型铜雕。整个堡门有纪念碑般的立面，高大挺拔，充满了古希腊的雄浑之气。普鲁士的统治者以其开明的统治政策在各个方面获得了空前的成功，历任国王都热衷于建筑，并且提拔了许多建筑师，这其中就有德国新古典主义大名鼎鼎的建筑设计家辛克尔（Karl Friedrich Schinkel）。

辛克尔最早在柏林建筑大学的建筑学院任教，后来被国王赏识并任命他为国家工作，从此开始了漫长而辉煌的建筑师之路，同时他还是出色的绘图员、画家和舞台设计师。辛克尔先接受学院教育后又在大学里任教，还游历了英国等地对当时各地的建筑进行了深入的考察，对新的建筑材料和建造技术进行了学习。作为国家的建筑师，他还要统帅包括工匠在内的许多人一起协同工作，可以说辛克尔的工作方式更接近于现代的建筑师，但由于分工还不是很专业和明确，因此建筑师本人所要承揽的工作又要比现代建筑师量大而且庞杂得多。

辛克尔对于古希腊风格、哥特风格等所有过往的风格持审慎态度，既不全面接受也不全盘否定，而且不排斥在一所建筑中同时使用几种风格处理手法的折中主义。从他的每一座建筑中，都能感受到辛克尔对以往风格有节制

图8-3-1　德国柏林勃兰登堡门 由朗汉斯设计。这是一座仿照古希腊雅典卫城山门的形式设计的大门，堡门主体由六根粗壮的多立克式柱子支撑，顶部为了设置雕塑而采用了古罗马式的平顶，顶部只有陇间壁处设有简单的雕刻，线脚也只用了最简单的直线形式，所有装饰重点都在突出中部的雕像。古老的形式组合与富有气势的雕像相组合，更给整个建筑增添了一种恢宏、雄伟的气势

的借鉴和使用，其最重要的建筑作品就是位于柏林的阿尔特斯博物馆（The Superb Altes Museum）（图8-3-2）。这座博物馆平面呈矩形，也采用古典主义建筑风格建造。整个建筑的立面主要由18根爱奥尼克式柱子组成的柱廊构成，柱廊里有颜色鲜亮的壁画，由此使得博物馆的立面既端庄、稳重又不失美观。柱廊顶部每根柱子上都设有鹰状的挑檐，再向后中部是大厅凸起的阁楼，左右各设雕塑作品。最奇妙的结构是建筑的内部，由柱廊中的大门进入，有一个如古罗马万神庙的圆形大厅，在大厅的穹顶上，辛克尔采用了钢铁等新材料。然而这个大穹顶在外部是看不到的，因为在它

上面还有一个阁楼，这样建筑整体就形成矩形的立方体内包含一个圆球的形式，构思奇特。

此外，辛克尔的作品还有宫廷剧院、为王室所建的一些乡间别墅、城市中的公馆、学院建筑等，他不仅善于把多种古典主义风格混合使用，还加入一些富有地方特色的处理手法。对于古典主义风格建筑来说，辛克尔所做的不仅仅是承袭前人的成果和固守陈规，而是创造新的古典主义风格。在多种建筑风格的融合上，辛克尔也为后人提供了很好的范例，学习与创新是辛克尔一生从事建筑工作秉承的信念，正是由于这种不断进取的精神才使他创造出了卓越的成就，这也是自古以来每一位成功建筑师的共同之处。

图8-3-2 辛克尔设计的德国阿尔特斯博物馆 辛克尔从一开始对古典主义就采取了借鉴和吸收的态度，而没有全盘接受或仅仅进行一些复制式的设计。他有着创新性的设计思维，在博物馆建筑中，辛克尔采用了通层高的巨大爱奥尼克柱式，而且通过18根连续排列的柱子强调了整个建筑的水平线条，为博物馆奠定了稳健、庄重的风格。与建筑沉稳的外立面相比，内部则有着灵活多变的结构，古老的拱廊和穹顶形式以巧妙而浪漫的方式被重新演绎，辛克尔的设计当之无愧应该被称为全新的古典主义建筑

俄国新古典主义建筑语言

地处东欧的俄国，到18世纪中后期，由于沙皇的提倡，在一些地区的建设活动异常活跃，形成了较大规模的城市。由于此时的资本主义也在俄国发展并巩固起来，各种类型的建筑如住宅、剧院、银行、市场等公共建筑活动都很频繁。其实从很早以前，沙皇已经从欧洲各国邀请建筑师，来对俄国的建筑进行设计和规划了，从最早的拜占庭穹顶发展而来的、俄国所特有的洋葱头似的建筑就可看到其历史之悠久。到了彼得大帝（Peter the Great）尤其是稍后的凯瑟琳女皇（Catherine the Great）时期，这种传统更加被发扬光大。而且有雄厚的经济基础做保证，俄国开始了一个大兴土木的时期，尤以莫斯科和圣彼得堡为修建的重点。

拿破仑的侵略造成欧洲一些国家对法国建筑样式产生厌恶，但却促进了俄国统治者对法国建筑的注意。凯瑟琳女皇本人博学多才，而且思想比较进步，她对法国建筑尤其钟爱。她从意大利、英国等各个欧洲国家聘用建筑师，来本国进行建设工作，来自外国的建筑师对俄国的建筑做出了巨大的贡献。意大利建筑师拉斯特雷利（Bartolomeo Francesco Rastrelli）设计的冬宫（Winter Palace）与大宫（The

Catherine Palace），为俄国引进了华丽的巴洛克风格。华贵与繁复的装饰也正与日渐崛起的大帝国相配，得到了统治者的喜欢。

女皇对于俄国本国的建筑师更是重视，不仅鼓励并资助他们到欧洲学习建筑，还不论出身均予以同等的重视，而这些建筑师也没辜负女皇所望，他们为俄国建成了一大批雄伟的建筑。沃罗尼辛(Andrey Voronikhin) 就是这样一位建筑师，他原本是俄国的农奴，但是被送往法国和罗马专门学习建筑，回国后在圣彼得堡设计了气势恢宏的喀山大教堂（Kazan Cathedral）（图8-4-1）。沃罗尼辛参照了罗马圣彼得大教堂的穹顶与帕拉第奥风格的建筑立面，创造了大教堂的整体形象，而且也仿照圣彼得大教堂前伯尼尼建的柱廊，用96根科林斯柱子修建了一个半圆形的柱廊入口。这样的处理手法，就使得大教堂有了简洁而庄严的外表和比较活泼的平面形式。

另两位天才的俄国建筑师是伊万诺维奇（Karl Ivanovich Rossi），他设计了俄国新古典主义风格建筑的代表作——总参谋部大楼（The General Staff Headquarters）和扎克哈洛夫（Adrian Dmitrievitch Zakharov）设计的新海军部大楼（The New Admiralty）（图8-4-2）。这两座建筑都有着巨大的体量和宏大的气势，而且有着将帕拉第奥式的震撼力与巴洛克和哥特式相融合的立面。这种新形式的立面极具观赏力，甚至会让人觉得有些疯狂，但也表明了从此以后俄国的建筑开始有了自己独特的风格，而不再是紧随着欧洲建筑的进程亦步亦趋了。

图8-4-1　喀山大教堂　当时俄国的统治者要求按照罗马圣彼得大教堂的形象建造教堂，而建筑师沃罗尼辛的设计正好满足了这一要求。喀山大教堂前部为一个由科林斯柱组成的半圆形柱廊，柱廊中部设置了一座高大的穹顶，这也是大教堂的入口，而在这之后则是拉丁十字形教堂的主体部分

图8-4-2 海军部大楼中央塔楼 设计者扎克哈洛夫深受法国新古典主义建筑风格影响，将海军部大楼的主立面也设计为由柱廊装饰的一个横长建筑带，其形制与卢浮宫东立面十分相似，主要采用了横向的五段式构图形式。而在这个对称而平衡的建筑带中心，则别出心裁地设置了一个八角尖锥形的塔楼，塔楼采用了拱券与柱廊两种古典语言，其上还有各种雕刻，而尤其以顶部的战舰与大楼的用途十分相配，建成后即成为整个城市的中心

美国新古典主义建筑语言

从16世纪起，欧洲殖民者发现了美洲大陆，这令他们欣喜若狂，各国侵略者纷至沓来，于是在美洲各个不同的殖民区内兴建起了多种风格的建筑。这时的建筑虽然也都是按照各国原有的风格建造的，但由于美洲大陆与欧洲大陆在气候、建造材料等方面的差异，使得建筑逐渐有了鲜明的“美洲特色”。

18世纪中后期，移民最为复杂、统治区域也最为多样的北美地区逐渐发展起来。随着经济的发展，人口也急剧增加，社会开始分化，资产阶级的势力也逐渐强大起来。以富裕起来的资产阶级为代表的美洲居民，不愿再受原有国的控制，独立的呼声日渐高涨，于是掀起了独立运动。这实际上是一场资产阶级革命，他们引入法国的启蒙主义思想，力求从思想领域到国家体制上的创新，而与之相适应的建筑形式也自然发生了改变。虽然从总体上看，这时的建筑样式和风格仍旧主要来自欧洲，但也逐渐形成了一些自己的特色。希腊的复兴是从英国开始，而后即在整个的欧洲发展，最后才传到了美国，这大概持续了三十年的时间。

同历史上所有资产阶级革命后的欧洲国家一样，美国从独立战争时期开始，其建筑样式也主要来自于古希腊和古罗马。美国新古典主义风格建筑最重要的一位建筑师是托马斯·杰弗逊（Thomas Jefferson）。说他是最重要的

建筑师是因为他不仅自己设计新古典主义风格的建筑，还对新古典主义在美国的推广起到非常重要的作用。因为早年杰弗逊曾经任特使在法国居住过一段时间，而他在这段时间内考察并研究了包括法国、英国在内的诸多欧洲国家的建筑，所以对新古典主义的建筑有比较深切的认识，尤其以法国新古典主义与帕拉第奥及其追随者设计的建筑，给他留下了最为深刻的印象。

古希腊与古罗马的建筑，以优美的形象和所代表的进步精神为新建立国家的人们所喜爱。杰弗逊就结合法国建筑的模式对帕拉第奥式别墅进行了改进，为自己在弗吉尼亚州（Virginia）修建了住宅（图8-5-1）。起先他修建的是一座有法国风情的小型建筑，后来又对其进行了扩建。整个住宅有古希腊式的门廊

与山花，有古罗马样式的穹顶，外观朴素、大方。但在这座杰弗逊的自用住宅中却有几项特色的设计：首先，八角形圆屋顶的建筑有着比较复杂的结构，因为它包括了杰弗逊工作与起居双重功能的房间；其次，杰弗逊在建筑总体设计上，对原帕拉第奥式的住宅结构进行了调整，把一些服务性的空间挪到了建筑后面，还仿照原罗马式建筑的处理方法，将它们用半地下的暗道与主体住宅相连；此外，就是在这座建筑中，杰弗逊创造了由一系列不同功能的房间组成的“L形套房”，这也成为以后有美国特色的布局结构之一。

图8-5-1　杰弗逊为自己设计的美国弗吉尼亚州自用住宅　杰弗逊热衷于新古典主义风格建筑在美国的推广活动，他深受帕拉第奥建筑形式和古罗马建筑形式的影响，他为自己设计的这座住宅充分说明了这一点。在中央穹顶的统领之下，错落的房间有着极佳的采光和使用功能，而简洁的柱廊和山花则为这座小山丘上的建筑增添了几分情趣，最重要的是这座建筑中还有很多杰弗逊自己的奇特小发明

杰弗逊对美国建筑的贡献不止在他设计的个人住宅上，最重要的是他对弗吉尼亚大学（University of Virginia）建筑的设计工作。他把这所大学建成了理想中的样子，使之不仅成为美国教育的基地，还成为富有美国特色的建筑的优秀典范。杰弗逊所推崇的古典建筑形式也随着他作为美国总统，成为影响美国官方甚至全美国的建筑风格。弗吉尼亚大学最醒目的建筑，是以这位总统的名字命名的杰弗逊图书馆（The Rotunda）。这座图书馆的形象显然来自古罗马万神庙，也是由前面长方形的带山花的柱廊，和后面穹顶的圆柱体大厅组成。在图书馆的两边，则是由拱廊相连接的教学与居住建筑。

真正有美国特色的新古典主义风格建筑，是坐落在华盛顿的权力中心——国会大厦（Congress Building）（图8-5-2）。这座建筑是由众多建筑师联合完成的，主体的穹顶、柱廊两侧的部分、楼梯等由沃尔特（Thomas Ustick Walter）设计。大穹顶的形制来自于巴

黎万神庙，由底部的鼓座和上面挺拔的穹顶组成，也有细高的环形柱廊，但大穹顶的结构却完全采用铁框架，也体现了这个新国家与古老欧洲的联系。

19世纪开始，美国国内的形势发生了变化，在北方以工业资产阶级为代表的资本主义经济迅速发展起来，但为大工业服务的工人数量却远远不能满足实际需要。而在南方，经济增长还主要依靠以奴隶主庄园式的生产为主的种植业上，大批的生产力被南方的奴隶主所控制，南北方基于经济利益的矛盾越来越深，终于导致了南北战争的爆发。在这种社会背景之下，建筑界又兴起了希腊复兴运动。这场运动又分为两大分支，一支走入纯粹的复古风格当中去，盲目地模仿甚至抄袭古希腊神庙的形式，其建树不大。另一支则主要吸取了古希腊建筑优雅、明快、比例协调的优秀品质，创造出了新的建筑形式，走出了有美国特色的建筑之路，以亨利·培根（Henry Bacon）设计的位于华盛顿的林肯纪念堂（Lincoln Memorial）为代表。这座建筑平面布局为矩形，外观仿照古希腊神庙的形式，由四周环绕的柱廊构成，但没有三角形的山花装饰，而是

图8-5-2　美国华盛顿国会大厦　国会大厦是美国新古典主义风格的代表性建筑作品之一，国会大厦的整体形制是参照帕提农神庙建成的，而且在其标志性的三层穹顶上还使用了铸铁这种新型的建筑材料。穹顶两侧分设参议院与众议院，整个建筑通过采用统一的科林斯柱式与三角形山花来取得一致性。此区的总统府邸——白宫、林肯纪念堂和国会大厦都采用了古希腊的建筑样式，而且采用白色为基本建筑色调，又通过不同的建筑形态体现了整个区域既统一又各具特色的建筑特点

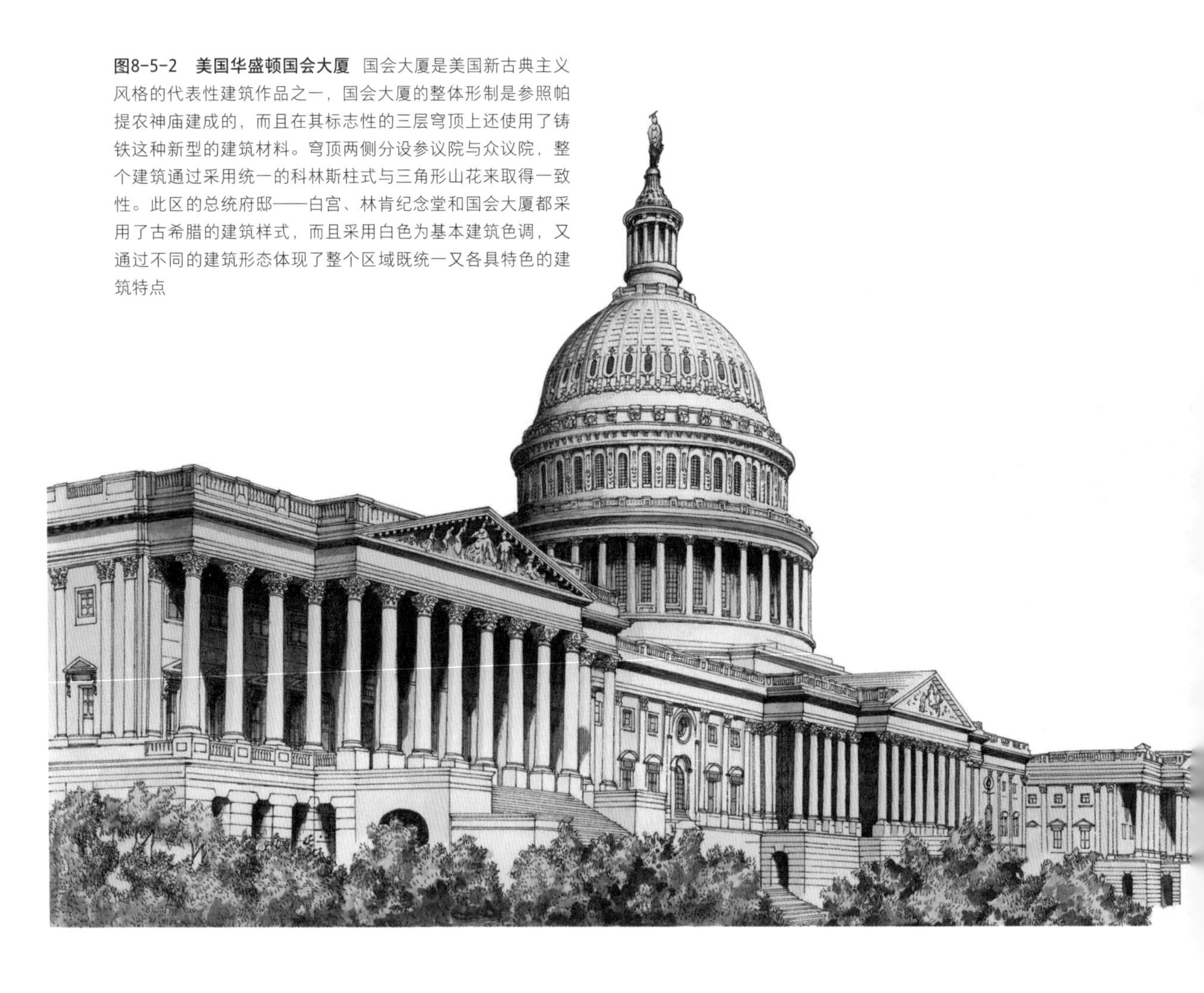

以简洁的薄檐口覆顶。建筑通体使用白色大理石建成，柱子也采用最简洁的多立克式，没有过多的装饰，庄严、肃穆。纪念堂里摆放着同样由白色大理石雕刻的林肯塑像，其走廊开口正对着国会大厦，寓意林肯为国家统一所做的巨大贡献。这座建筑没有什么装饰可言，这与林肯生前所从事的严肃的事业有关，也烘托出一种后人对他的崇敬之情，是有美国特色的希腊复兴式建筑的代表。与此同时，在杰弗逊的影响下，美国当时在全国兴建了不少古典式的建筑，尤其是以政府的议会大厦和大型公共建筑为代表（图8-5-3）。

从19世纪末期开始，由于社会经济、思想文化、科学技术水平的大发展，西方建筑开始进入现代发展阶段。虽然其发展道路也充满了反复与坎坷，但建筑的发展较之前则迅速得多，建筑形式和功能也以满足现代人的要求为主要目标，古典样式被更简洁的形象所代替。相比于流传了几个世纪之久的古典建筑形式，现代建筑以其更快速、更简单的建造方法彻底颠覆了古典建筑的地位，建筑以从未有过的轻快步伐进入了更为辉煌的发展阶段。

图8-5-3 美国加利福尼亚州议会大厦（California State Capitol） 这座建筑整体上是简单的长方形平面建筑，只是也采用了中央穹顶式的建筑方法，还在建筑入口处设置了带有三角形山花的凸出的巨大柱廊，其基本构成要素与白宫如出一辙

建筑语言进入白话时代

洛吉埃的建筑哲学中曾经提到过：他所想象的一切建筑学的起源应该是原始草屋的形态（图9-1）。可以想象一下，草屋有四根树干，没有墙，树枝在上面相互交错的搭架着起着梁的作用，还有一些枝条用来当房屋的椽子。这种原始的草屋形态不过是一座仅存在于洛吉埃想象中的建筑，这样的建筑从未在考古学上得到过认可，也许它可能从未出现过。在现实中，这种所谓的建筑没有什么实用功能，因此它并没有实际的意义，人们只能结合那些发展比较成熟的古罗马、古希腊的建筑去体会它的内蕴和含义。

图9-1 洛吉埃所著《论建筑》（*Essai Sur L'architecture*）书中的插图 图中所示的是洛吉埃认为的原始人的小屋形式，由四根木支柱支撑的交叉梁与坡屋顶组成。洛吉埃认为，在这种原始的小屋基础上才有了神庙和以后的各种建筑，而这种无墙面，而只以柱子支撑的建筑也随着建筑的发展而成为现实，现代的玻璃幕墙式建筑正是以混凝土柱起整体支撑作用的。人类最原始与最先进的建筑有着相类似的结构，而这个结构的发展却经历了一个相当漫长的历史时间

如果说建筑是要满足人们的使用需求的话，那么它确实完全满足人们的需要了吗？显而易见，它并没有做到，洛吉埃似乎是这样认为的，它只是一种所谓的“纯”建筑，包含着柱子、椽和梁这些在建筑中必不可少的构件，但是从其他方面讲，他所想象的原始草屋只是古典神庙形式最有限的简化，它很好地表现了古典的建筑语言。

另外一个方面，它所表现出的山花是一个竖起来的三角形，而柱子也只不过是一个圆点

罢了，因为建筑是从理性而不是从感性中发展而来的。洛吉埃的这个想象则是理性刚开始的萌芽。事实上，它也有着一些建筑形式上的萌芽，而它的一些造型和装饰上面的设计都是可要可不要的。以前树桩上虽然有装饰——就是那些起到美化作用的、刻在树桩上的几何图形，但是它还是建筑，在这一点上是肯定的。这种建筑与装饰的关系似乎真如洛吉埃所设想的那样，从建筑产生之初直到现在还是困扰人们的一个难题。

从19世纪中叶以后，由于欧洲和美国大部分国家都已经完成了工业革命，其资本主义制度也基本确立起来。由工业发展带动的社会大发展浪潮中，由于充实的资金支撑、新型材料和结构的完备以及强大的市场需要，西方各国的建筑首当其冲地得到迅速发展。

面对突如其来的发展，建筑在一开始并没有同工业一样迅速革新，而是还挣扎在古典建筑形式的束缚中尚未醒悟。在坎坷中发展的古典建筑语言一时间找不到适宜的诉说方式，于是各个时期的代表性建筑形式，各种富于特色的建筑语言一拥而上（图9-2）。于是，在19世纪末的时候，大多数的西方国家都上演了

图9-2 意大利罗马维克托·艾曼纽二世纪念碑（Monument of Victor Emanuel II） 由吉塞普·萨柯尼（Giuseppe Sacconi）设计。这座为纪念意大利统一和第一位国王而建的纪念性建筑，有着奇特的超大规模和混乱的风格特点。弧形的建筑平面与它围合而成的广场都采用古典风格，而大量的、随处可见的雕塑是广场中的主角。这座热热闹闹的纪念碑以一种失败建筑代表的形象广为人知，它成了混乱纪念性建筑的范例，反映了新世纪之初尖锐的建筑形式与内容的矛盾

一出建筑的大杂烩，当时从古埃及建筑风格到古典主义建筑风格，整个建筑发展史上曾经出现过的各种建筑形式同时出现了，甚至连同伊斯兰风格、印度风格等其他地区和民族的建筑语言也全都被归纳到一起，各个时期、各种风格的建筑语言交相辉映。然而看似热闹的建筑界，却暗藏着危机，旧的建筑形式强撑局面，而新的建筑形式尚未形成。比如著名的巴黎歌剧院，虽然这是一座由新建筑材料和建筑结构修造的建筑，还是采用了多种古典建筑语言来装饰（图9-3）。

到了18世纪末的时候，像这样使用新型建筑材料、采用新颖的艺术风格的建筑成为可能或是已经成为了事实，它具有一定的理想意味。人类对理想建筑的追求是永无止境的，然而就是这种本应该最顺理成章的发展，也还是让人感到惊讶。法国的建筑师勒杜在1805年也设计出了一座理想化的城市，城市中的建筑也是由当时人们不可思议的形式组成，以一种全新的建筑语言诉说着这位雄心勃勃的建筑师对未来建筑以及社会的想象，虽然这个理想从没有实现过，但却让世人都知道了这一理想城市和建筑的存在，并启发了以后的一些建筑师的思想，人们开始思考建筑所面临的问题，并在实际的建筑活动中不断创造新的建筑语言，来表达新时期的建筑思想。在这方面做得比较出色的除了勒杜外，还有德国著名的建筑师辛克尔。

图9-3 法国巴黎歌剧院内部大厅 这座由新结构、新材料建造的新式建筑还未找到与之相适应的新形式，又从里到外地用古典形式包裹了一下，因此其风格是复杂而多样的。现代的建筑结构所承载的有巨大的通层双柱式，有巴洛克风格的室内装饰，还有古典主义的雕像，这座建筑是新旧建筑交替时期的产物，也预示着新建筑时期的到来

作为一名政府的官员和建筑师，辛克尔在建筑中虽然也借助于古典建筑语言来表述他对于建筑的理解，但其中却体现出一种与勒杜类似的建筑观念。柏林阿尔特斯博物馆（柏林老博物馆）的外形主要是由一个矩形构成的（图9-4），它的正立面运用了19个开间的敞开柱廊，侧立面用了8个开间的敞开柱廊，仅仅用了一些紧凑的墩座台阶进行结构比例的调节，它的一面用柱子作为屏障，其背景是里面的一堵墙，而墙后升起的是博物馆的中央大厅的圆柱体。在博物馆的整个设计中，那些刻着各式精美图案的、优美壮丽的柱廊有着十分重要的意义。古典建筑语言有着与时俱进的生命力，而对于柱式而言，不但没有被削弱，相反它依然占据着主导地位。在辛克尔的博物馆中，几何形式的运用都是占主要地位的，但是仍可以很明显地看出各种柱式在其中的应用。虽然博物馆的外观形式很简单，可它所带来的影响却是巨大的，它表明，辛克尔对于古典建筑语言的使用并不是僵死和教条的，而且充满了一个新时期建筑师对古老建筑语言的全新使用。现

图9-4 辛克尔设计的德国阿尔特斯博物馆 这座博物馆被认为是新古典主义的成功代表作品之一，不仅是因为建筑师设置的长柱，以及建筑内部错综复杂的结构在外部一点儿也看不出来，还因为这座建筑所体现出的一种活力，长长的建筑立面符合建筑本身功能的需要，又具有庄重的格调，而柱廊后的墙面大理石贴面又使它不至死板，朴素的博物馆外立面与周围环境也十分调和，静静地矗立在河边，隐身于一片树林之中

在看起来似乎即将进入现代建筑的时代，然而我们在19世纪的大部分时间和20世纪的部分时间里都用来做准备，而这个准备期经历了一个很漫长的时间。

辛克尔的柏林阿尔特斯博物馆建成没有多久，建筑界就发生了一个重大的历史事件，这就是1851年在伦敦召开的世界博览会上展出的“水晶宫”（Crystal Palace）（图9-5）。这其实是一座依照玻璃花房建造的拱顶展览建筑，所有构件采用预制铸铁，表面镶嵌平板玻璃幕墙。建成后的展览馆内部面积空敞、明亮，让每一个前来参观的人震惊不已，同时也给当时的建筑师们以极大的提示。其实早在水晶宫建筑出现之前，西方国家中就已经有了用钢铁和玻璃等新建筑材料建造的各种类型建筑，但使用如此单纯的建筑材料来建造如此巨大的公共性建筑还属首次。而且，水晶宫的整个结构在很大程度上使用了古典的比例结构关系和柱式的组合结构。在这里，古老的建筑语言与全新的建筑材料碰撞出新的火花，而它所要传达的信息也通过其独特的形态传达给每一个关注建筑发展方向的人。

对于正处在技术和思想大变革时代的建筑来说，技术和工业化的问题逐渐取代了建筑形式上的一些难题，还有那些社会所需要的大规模计划和大批量生产中所遇到的问题也亟须思考。想要解决这些问题要从现代运动的起源中去探究，对那些在这场运动中起主导作用的一些人的思想进行研究，看看他们是如何进行这场变革的。

19世纪下半叶，以拉斯金（John Ruskin）和莫里斯（William Morris）为首的

图9-5 水晶宫 这是一种采用全新建筑结构和建筑材料建成的建筑，虽然在此之前已经把钢铁和玻璃运用于建筑之中，但这种纯粹由预制钢铁和玻璃构件组成的建筑，却是一种全新的建筑语言。虽然建筑中也出现了拱券、山花的形式，但这仅是作为纯粹的装饰要素而存在，人们也可以选择将这座建筑建成其他的形态，只不过此时人们的设计思想还囿于古典建筑形式之中，但是这座全新的建筑却预示着一个新的建筑时代的来临

一些人发起并推动了工艺美术运动（The Arts & Crafts Movement）的发展。工艺美术运动是一项旨在恢复中世纪传统，提倡精致的手工制品，反对粗制滥造的工业用品的运动。从表面上看，工艺美术运动所提倡的回到中世纪精致的手工制作年代，与机器化大工业的批量化生产是极其对立面，但本质上，工艺美术运动提倡的清新自然的设计主张，也正好清除了当时设计界存在的一种繁复装饰的风气。而这种风气，也恰巧阻碍了工业化大生产的发展。所以说工艺美术运动虽然打着反对现代机器工业的旗号，但还是有其积极的一面，也在一定程度上推动了工业化的进程。

比如莫里斯为自己设计的“红屋”（Red House）（图9-6），这座建筑是莫里斯设计的一座哥特复兴式的自用住宅，但在这座建筑中所反映出来的已经不再是对旧时代建筑形式的怀念，而是更多地体现出新时期建筑的特点。首先，红屋的平面并没有依循旧的建筑形制，而是根据平时的使用功能呈现“L”形；其次，建筑采用了当地的一种红砖，而且完全按照实用简洁的外观建造而成，表面没有多余的装饰，甚至没有粉刷，显露着材质本身自然的色彩。而这些特点也正是大工业化社会的建筑所必须具备的条件。

工业革命完成之后，在各国都引起了很大的变化。在建筑方面，由于钢铁的应用，使得建筑得以快速和大规模地建造起来，而其外形，大都还保持着古老的外立面。此时建筑中所使用的古典语言不再是举足轻重的部分，而只是现代建筑尚未找到适合的表达方式前的过渡性装饰部分。保留古典建筑语言的原因很复

图9-6 红屋 整个建筑以当地所产的一种红砖建成，因此被形象地称为红屋。虽然莫里斯打着哥特式复兴的旗号修建了这座建筑，但整个建筑却是本着便利的使用功能而设计的，而且大胆地抛弃了古典的柱式及一些无关紧要的装饰性组成元素，这也是向现代建筑迈进的重要一步

杂，这里面既有技术的原因，也有人们思想观念上的原因。

贝伦斯（Peter Behrens）是20世纪初德国工艺美术运动的领导人之一。1908年他又被邀请为柏林的一家工厂设计一个透平机车间（图9-7），在当时他陷入了两难的处境，是使公司获得所希望达到的声誉呢，还是要严格遵守工业性的目的而设计厂房呢？按照当时德国的主流思想来设计，贝伦斯就应该按照德国新古典主义和辛克尔时代的风格来设计这座厂房。但是贝伦斯显然要使用新的钢铁结构，所以他设计了一座革新性的建筑作品。这个新形式的厂房完全采用新的建筑结构和建筑材料建造，也具有新的外观形象。在贝伦斯的设计中，他并没有采用古典建筑中传统的“内倾”结构，因为如果那样做，建筑侧面的窗户就与倾斜的实墙出现在同一个水平面上。但古典建筑语言并未被完全抛弃，一些古典建筑的词汇被以一种隐晦的方式表达出来，在它的上面依旧可以看到一些隐约的山花、柱廊和粗面石等古老的修辞痕迹：贝伦斯的透平机车间的“古典柱廊”，实际上是运用钢柱通过建筑物侧面那没有变化的垂直线来表现的；它的有柱门廊被设计在了一个“山花”下面的大窗户里，山花并没有被设计为三角形，是呈多角形，这样做的目的是为了用来适应屋顶的结构；壁角的设计是一些带有水平线条、装饰得很平滑的墙壁，看起来倒像是退化了的粗面石工。在它所

图9-7 贝伦斯设计的德国柏林通用电气公司（AEG公司）的透平机车间 经过了巴黎歌剧院的混乱之后，新的建筑形式终于产生了，贝伦斯设计的这座建筑使用全新的钢筋混凝土结构建造，其外观也使用了新的形式，以大面积的开窗使内部结构显露了出来。这座初期的现代建筑中，虽然也有着变形的半圆山花和钢拱的设计，但在很大程度上是从实际使用功能出发，多余的装饰与造型都被抛弃

有的地方都没有看到用华丽手法雕饰的痕迹。

在这座新形象的建筑中，古典的建筑语言似乎完全消失了，没有柱式，没有山花，更没有各组成部分之间彼此紧密的关系。然而事实并非如此，处于时代转折点上的建筑大师只是用另一种方式来表现古典建筑语言，贝伦斯在这方面做出了有益的尝试，并为以后的现代建筑师该怎样运用古典建筑语言做了一个出色的示范。

后来的建筑理论家认为贝伦斯设计的这个透平机车间是一个影响力很大的作品，然而它又是一个不可经常重复的作品。对于钢铁这个新的建筑材料来说，它需要人们直接和从经济上去认识它、接受它。现代运动中渗进了如此多的古典建筑的东西，那么此时古典建筑语言所起的作用又是什么呢？19世纪70年代维也纳的现代主义者们认为，新时代的建筑会放弃使用一切的装饰，他们觉得那些都是堕落和多余的，而将来的建筑应该是建筑本身结构和功能上所必需的，是通过外部造型与结构材料形成的和谐来处理的。在这个时候，这个看似无情的建筑准则却起到了十分重要的作用。

另外还有一位设计师也取得了非凡的艺术成就，他就是法国人佩雷（Auguste Perret）。佩雷在设计海军工程兵站时运用了主柱式和附属柱式的手法，主柱式从地面一直连接到了上、下楣的地方，另外的一个隐约的柱式——第二柱式的柱上楣被建在了二楼窗户的上面，他所设计的“柱式”是如此隐秘，只是以一种暗示性的形象出现，以至于经常被一些粗心的欣赏者所忽略。但就是这种蕴含在形式中的柱式，却在为整个建筑奠定基本的比例关系和建筑构架的同时，没有显现出一丝装饰性的功能来，这不能不说是佩雷对柱式全新的注解，是一种喻义很深的古典建筑语言。佩雷的这座建筑与早先的巴黎歌剧院有些相似之处，它与歌剧院相比较，并没有实质性地增加一些要素，而只是在细微之处添加了一些东西。它在设计上虽然并没有雕刻以及各种线脚，然而它却有着与歌剧院差不多的“浮雕”与一些建筑节奏中的变化。

对于现代建筑中的这两位大师而言，古典建筑语言的描述可以有两种：一种是贝伦斯的钢铁材料，另一种是佩雷的添加一些建筑构件的具体细节。正是由于他们的这些建筑才使得他们的时代放弃了特定柱式的使用，而去追求一种新的风格，但这个时期的建筑依然同古典建筑在节奏和一些处理方式上有着紧密的关系。然而这种古典主义建筑的外观造型的立面构成形式，有一些外观特征并不能够作为新的建筑构造手段而一直被应用下去。

继工艺美术运动之后，在19世纪末20世纪初的时候，又兴起了另一个新艺术运动（Art Nouveau）。新艺术运动是现代建筑发展过程中一个很重要的过渡时期，是20世纪现代建筑的一个良好开端。新艺术运动与工艺美术运动有些相似，都是既反对之前流行的繁缛的装饰，又反对工业化粗糙而单一的风格，这两种运动都旨在重新掀起传统的手工技艺，以干净、清新的风格净化杂乱的设计风格。而新艺术运动又与工艺美术运动不同，它只崇尚一种自然的风格，以优美的弧线和曲面为主要表现手法，力图通过对自然形态的回归来与以往的矫饰风格和机器化的死板风格相区别（图

图9-8 塔赛尔旅馆（Hotel Tassel）内部 这是新艺术运动中的建筑师所设计的一座旅馆内部，由于使用了金属作为室内支柱，所以其形态也更加多变，古典的柱式形态已经完全不见踪影。而且由于墙面、地面、栏杆等与柱式的配合，使得建筑更具有一种整体感

9-8）。新艺术运动也同工艺美术运动一样，席卷了多种设计门类，而建筑的设计也包含其中。

其实在现实中，很多的建筑在其表现的手法上仍和20世纪20年代佩雷的一些设计十分相似，只不过是换成了另外的一种方式出现罢了。比如，在建筑思潮中最具创造性的人物，同时也是最有古典思想的建筑师之一，现代主义大师柯布西耶（Le Corbusier）。

柯布西耶在法国巴黎的佩雷事务所工作过一段时间，也曾在德国向贝伦斯学习建筑。他于1923年的时候出版发行了那本著名的《走向新建筑》（*Vers une Architecture,Towards an Architecture*），这本书可以说是在当代建筑中影响力最大、流传最为广泛的一本建筑方面的著作。柯布西耶的建筑成就可以说是完全颠覆了现代建筑。在他看来贝伦斯和佩雷以及其他一些建筑师们把建筑归纳到了古典主义设计中去，从而避免了那些工业化建筑和土木工程要以经验为依据而造成的混乱不清。

柯布西耶摆脱了这种束缚他的东西，他要通过工业化的外在形式来表达属于他自己的建筑语言。这主要是通过运用了他自己创造的“控制线条”（Trace Regulateurs）来实现的，这远比贝伦斯和佩雷运用柱式所取得的效果要好得多。与此同时，柯布西耶还采用了另外的一种控制手段，这种手段基本属于文艺复兴。这种控制的基本观点认为，建筑中的和谐关系是肯定可以保证的。只要整座建筑物中的一切构成成分都能有一个合适的比例关系，例如各个墙面的开口、各个房间的式样等都有一个比例关系，而这些比例又都与建筑物中的一些其他的比例相互联系、相互影响着。不但如此，它还和柱式的使用有着十分密切的联系。就柱式的本身来说，它就可以很明显地表现出建筑的和谐。在柯布西耶看来，使建筑物表现出和谐，是十分重要的。在他的著作《走向新建筑》中的一个章节中也曾经提到过“线条”，虽然只是在其中粗浅地提到过。

第二次世界大战早期，柯布西耶终于形成他的“设计基本模数”（Modulor）（图9-9）。这个也是在他以后的所有作品中使用的体系。“设计基本模数”是在模块（Module）这个词的基础上而产生的，它是一个度量单位，也叫黄金分割（Section d'or），即在一条线上分割成一个较长的部分和一个较短的部分，而较长部分和整条线长度的比例与较短部分和较长部分长度的比例相等。设计基本模数可以描述成人体的尺寸与中间段之间的关系，它最小可以是精密仪器上的细小部件，最大则可以是大型城镇的整体设计与规划。这种设计的模数制不免让人觉得似曾相识，因为早在古希腊时期人们已经这样做了，那比例严谨的柱式，以及在此基础上形成的建筑各部分比例、搭配关系、组合规则等。古希腊时期，人们已经开始将人体的比例应用于建筑中，并努力使之形成一定的规划以使用得更广泛些。

这种复杂的模数制当然不是对古老建筑法则的重复，而是结合现代建筑发展总结出的建筑程式，它所应用的范围和领域要比人们想象中广泛得多。比如说他设计的朗香教堂（La Chapelle de Ronchamp）（图9-10），外形的设计十分自由，可以看出是完全发挥了他的想象，是与模数制迥然不同的一个抽象化的建筑，但是在它里面却蕴含着严格的模数制规范，其内部就很明显地展示出一种极其理性的秩序。

柯布西耶大力主张：设计基本模数，即被规范化的东西，应该被广泛地使用，它会在许多工业化标准方面解决很多的问题，从而会令我们整个社会的物质环境更加和谐美好。这个

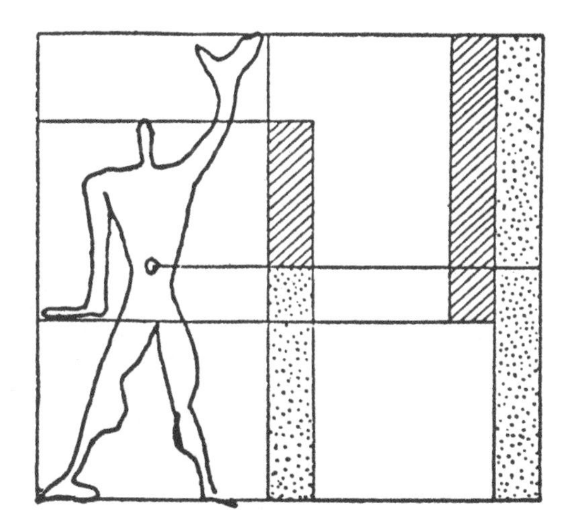

图9-9 柯布西耶对他提出的“设计基本模数”的解释图 这种建筑中的模数制是在第二次世界大战时，柯布西耶加以完善后成为一个完整体统的，与古典建筑中严格的比例规范颇为相似。他以黄金分割比例和理想化的人体比例为基础，提出了一种具有广泛适用性的设计尺度。这个基本的模数制可以同时适用于城市的规划和钟表齿轮的设计上，是柯布西耶所大力推荐的一种工业化社会的设计生产模式，但没有得到人们的重视

理论看起来有助于规范当时的建筑，应该大力推广和普及，建筑与环境还有与人的和谐似乎是可以实现的，然而事实上它自1950年在世界上发表以后，人们的反响却并不大，很少人对柯布西耶的这个所谓可以应用到任何领域的模数制感兴趣。

如果说古典建筑的目的是为了要达到能够表现建筑各部分之间所产生的和谐，这句话是基于一种特殊的、能够有所参照的建筑法则来进行描述的，并且它完全地符合古典主义本质。那么，柯布西耶和他的模数制也正说明了只有作为作者思想内容的一部分才是它的重要性所在，也是建筑师设计更具独特的创造性所在。这种独特的创造性是需要一种建筑语言予以表述的，而新时期的建筑变得更加复杂多样，并不只依赖于某一种或某一时期的建筑语言而发展。概括地说，这些类似于模数制系统的使命似乎就是与它的作者及使用者一同存在或消亡，而很少有比其作者及使用者存在时间更为长久的时候，之后又会出现一位新的建筑天才去创作出属于他自己的建筑语言，但是他们在建筑史上所占据的重要地位却是不容置疑的。

图9-10　柯布西耶设计的朗香教堂　这是柯布西耶在模数制的设计理论基础上设计的一座小教堂，表现了设计者独特的设计思想，同时也说明在模数制基础上不仅能够建造标准化的建筑，同时还可以适用于灵活的建筑形式，并起到重要的把握作用。从古典建筑的演变到现代建筑的不断改革运动，建筑一直处于变化的发展当中，各个时期的建筑都有其共同的特点，但越是向后发展这种特点就将越分散，也更混杂。我们坚信，古典建筑的影响不会消失，而随着建筑的发展，人们对古典建筑的理解将会更深入，不知以后又会出现怎样的建筑形式

同建筑发展史上所有出现过的、有特色的建筑语言一样，现代建筑也有其内在的一整套规则，只是这种规则外在的表现形式太过于多样，变化也日益加快，所以并不能被人们清楚地感觉到而已。相对于古希腊、古罗马和文艺复兴时期所形成的建筑语言，现代建筑语言的词汇显然更丰富，这是因为现代建筑语言是建立在以往所有建筑语言的基础上发展起来的，它吸收了各个时期建筑语言的营养。

现代的材料和建筑技术，使古老的建筑形式焕发出新的生机，同时古老的建筑语言似乎也离我们越来越远了，现代建筑只是偶尔或部分借用古典语言中的一些词汇或修辞方式作为修饰的手法，却很少运用古老的语言规范来作为主要的表现形式。但从现代建筑的发展过程中可以看到，即使在日新月异的时代里，人们也从来没有放弃对古典建筑语言的挖掘(图9-11)，在现代建筑发展的短短历程中，甚至已经出现了几次古典建筑的复兴运动。或许我们不能确定现代建筑将向何处发展，又会发展成什么样子，但我们可以肯定的是，古老的建筑语言并不会随着新建筑语言的涌现退出历史的舞台，而是会不断地被赋予新的内涵和表现形式，同新的建筑语言一起创造出更为丰富多彩的未来。

图9-11 文丘里（Robert Venturi）设计的母亲住宅（Vanna Venturi House） 即使是在现在建筑的发展过程中，古典建筑语言也从未消失过，它若隐若现，不时以某种新的形象出现在人们眼前，提醒着它的存在。在这座建筑中，建筑师将古老的三角形山花、拱券，以一种明显却抽象的方式加以变化，使人们觉得既陌生又熟悉

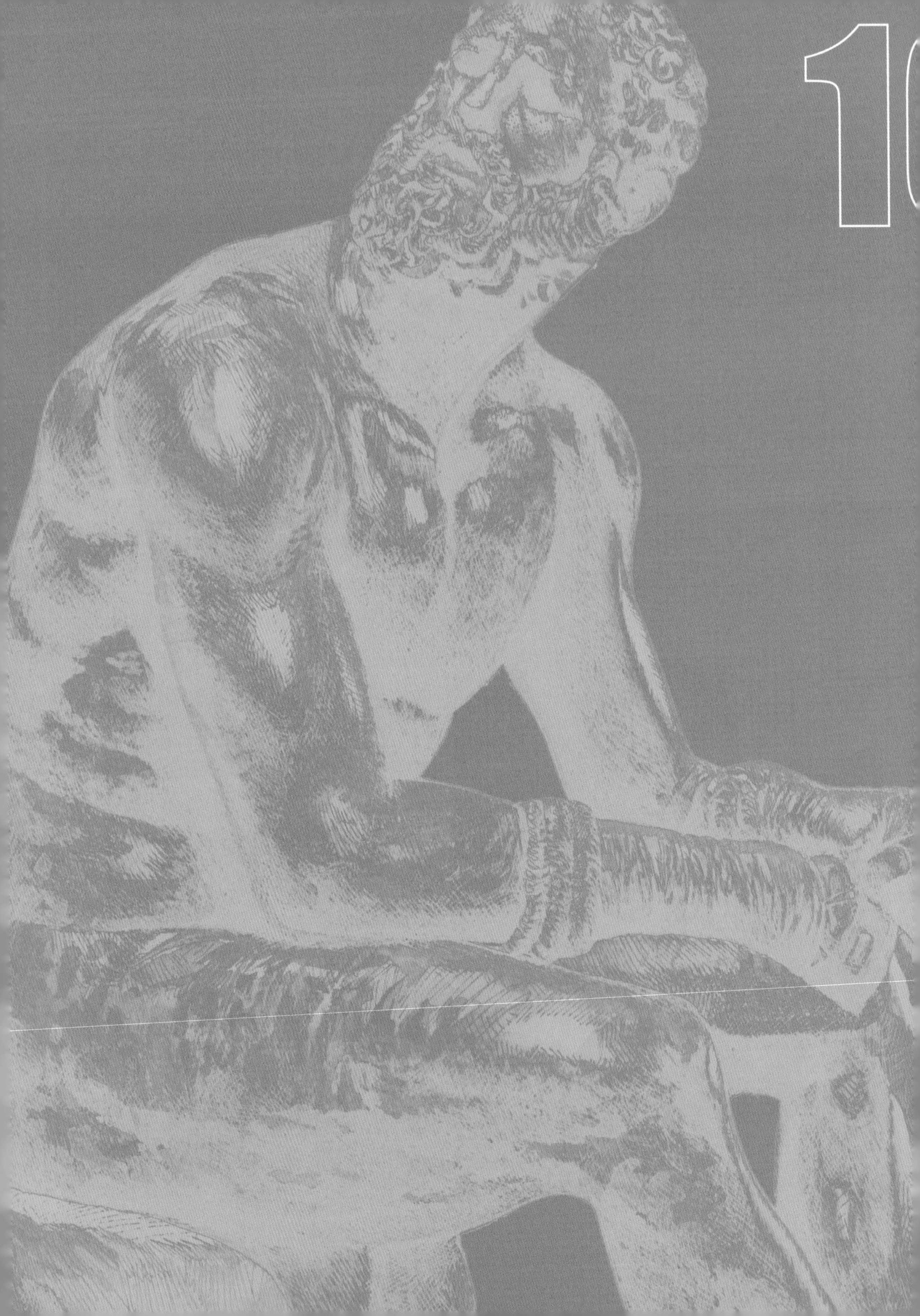

古典建筑语言的构成规律

比例

细部

雕塑

古希腊时期的雕塑

古罗马时期的雕塑

中世纪的雕塑

文艺复兴时期的雕塑

巴洛克与洛可可时期的雕塑

新古典主义的雕塑

比 例

古典建筑之所以有优雅的外观，是因为无论总体还是各个组成部分，都有着严格的比例与搭配关系。而从古至今，人们对其研究和模仿的重点也在于这种严谨的比例关系所产生的独特美感上。早在古希腊最先出现三种柱式时，人们便已经开始发现在大型的建筑中，需要依照具体建筑的立面形式在柱间距和柱子本身的直径与高度比例之间进行一些相应的改变，对柱子排列的间距和柱子本身的形体进行一些改造，来获得视觉上的平衡。

和中国古代建筑一样，早期的希腊建筑也主要以木结构为主，分为两种建造结构：一种是底部立柱支撑上部横梁的建筑结构，这种形式简单，主要用于一般建筑；一种是柱梁混合式的建筑结构，这种结构形式复杂，主要用于神庙、山门等重要建筑，具体方法是底部的柱子通过木垫板承接纵梁的重量，而纵梁则托起上部的椽。由于柱子所承担的顶部非常沉重，所以在柱子顶部设过渡性质的石质檐，并在柱子底部加上柱础，以使其更稳固。因此完整的柱式就由基座、柱身和檐部三大部分组成。人们在建筑实践中不断摸索，发现不同形式的基座与柱身和檐部的搭配能产生不同的美感。因此，选出最能体现不同柱式美感的不同搭配方法之后，人们就把这种习惯固定了下来，也就形成了以后制作不同柱式的规则。而且这种规则并不是一成不变的，它只是一个相对的比例关系而已，在具体的建筑中，可随着建筑规模和体量的变化而变化。

古希腊时期，人们的数字和美学研究已经达到相当的水平，对于柱式运用当中涉及的比例、光影变化，以及大型建筑中观赏者视差的矫正、建筑中透视的效果等问题都已经有了相当的了解和把握。古希腊人把这些经验予以总结，并在实际的建筑活动中逐渐形成了固定的处理方法。首先，柱子的粗细与柱子的底径及高度的比例关系有关，柱径与柱高的比值越小，柱子便越细长；相反，这个比值越大，则柱子越粗壮。其次，为适应人视觉近大远小的规律特点，各种柱式通常都向上逐渐缩小，称为收分。柱子的轮廓也不是直的，而是随着柱子的向上而逐渐变成曲线或折线，称为卷杀。而在大多数情况下这种变化的幅度都非常小，甚至不为人所察觉。最后，柱式还与建筑类型、建筑开间数量等因素有着密切的联系。比如，柱子与开间的关系是：在由一列柱子组成的多个开间的建筑中，每根柱的距离大多是三分之一柱高，也就是在一个三开间的建筑中，其柱高与面阔长度相等，整个立面形成正方形。这种比例关系在历史进程中又不断发展，在以后古罗马建筑中的拱券上也有所体现。

随着建筑的发展，木质的结构逐渐被石材代替，但木结构的造型特点却没有被完全抛弃，它们经过适当的改造，又成为古希腊石制建筑的突出特征。如在建筑立面中不可缺少的三陇板，就是早期木结构建筑中伸出的横梁。后来建筑改由石材建造以后，结构上发生了一些变化，虽然伸出的横梁被取消了，但作为立面的装饰元素之一——三陇板的形象却被保留了下来。由于古希腊文化是在两个民族的文化基础之上发展而来的，反映在建筑中自然以代表这两个民族的两种柱式为主，即多立克柱式与爱奥尼克柱式。后来，又在爱奥尼克柱式的基础之上发明了更加华丽的科林斯柱式，再加上一种在神庙中常使用的人像柱，就形成了古希腊时期比较完整的柱式系统。

人像柱是古希腊时期创造出来的最为独特的一种柱式，就是把整个柱子雕刻成不同姿态的人像，既保证了承重结构又对建筑本身起到了很好的装饰作用(图10-1-1）。而且，由于整个柱子都变成雕像，对雕刻技艺的要求更为严格，不仅要在保证足够的承重面积的同时有较高的艺术性，还要注意所雕刻形象与建筑本身风格的协调。最为著名的古希腊人像柱，是位于雅典卫城中伊瑞克提翁神庙的六根女像柱。这些雕像不仅形象逼真，还具有一定的情节性，少女微屈腿的细

图10-1-1 人像柱 人像柱最早的起源可追溯到古埃及时期，虽然此后的各个时期几乎都有人像柱的形式，但尤其以古希腊伊瑞克提翁神庙中的女像柱最为著名。人像柱的设置也有一定的规定，一般位于建筑底层起主要承重作用的人像柱都雕刻成男性形象，而位于建筑上层的人像柱则多雕刻成女性形象，还有的人像柱不起承重作用，因而可以使用透雕等手法，是建筑中的一种独特的装饰

节，衣服被风吹起的褶皱都表现得相当细腻。此外，在一些神庙当中还有体格健硕的男像柱，用协调的比例和发达的肌肉表现出强劲的力度。人像柱的形式也被后人继承下来，在以后的建筑当中也常有出现，一直用到新古典主义时期，还成为窗间柱的一种形式。

多立克式柱子大多没有柱础，直接被设置在建筑的基座上，柱顶端有方形的柱头。多立克式柱子本身也没有太多装饰，只有三联浅槽装饰的中楣和檐口柱间壁飞檐托块。这种柱子造型简洁、粗壮、结构坚固，其风格朴素、雄伟，最适宜在神庙中使用，雅典卫城的帕提农神庙就主要采用此种柱式。多立克柱式也可以说是最能诠释神庙建筑雄伟、崇高、神圣气质的柱式了。由于多立克柱式本身的风格，在制作上其各部分比例也注意要塑造出高大、壮美的形象。多立克柱式柱底径与柱高的比例大约为1：5.5，柱身上有突出的棱角凹槽。柱子顶部有弧形的曲线线脚作为过渡，通过柱头垫石转变为柱头。多立克式柱的柱头没有装饰，直接通过柱头顶板与上面的檐部相连，而柱头顶板的形式就来自于木结构。檐部底层的额枋正面也不做装饰，以免破坏了多立克式柱子的坚固感。中部的檐壁形象也来自于木结构，由相互穿插的三陇板构成，还起着一定的结构作用，上面做一些简单的凹槽，以模仿木质梁头。在陇间壁上方通常设有雕刻或绘画的装饰。再向上则是同样简洁的檐口部分，由泪石和托檐石组成。

此后，随着对多立克柱式的不断改进，古希腊时期已经出现有柱础的多立克柱式。古罗马的多立克柱式不仅已经把柱础结构固定了下来，而且又有了新的发展，主要集中在檐部和柱头上。古罗马的多立克柱式除檐部用托檐石外，又增加了一种檐部带锯齿形装饰的类型。古罗马时期的多立克式柱子其柱底径与柱高的比例扩大到1：8，因此柱身更加高大、利落。而且柱身上的凹槽增加到20条，凹槽的断面也更加圆滑，不再是棱角而是呈弧面。柱头上的三陇板此时完全退化为装饰元素，在泪石和托檐石之间也设置了圆形和方锥形的加贝（Quttae），用来做复杂的线脚装饰，从而使多立克式柱子更具美感和观赏性。

古希腊的爱奥尼克式柱子要比多立克式柱子秀美、轻巧一些。爱奥尼克式柱子的圆形柱础坐落在方形的垫石之上，柱身的收分没有前者明显，而且从柱身的三分之一处才开始略向内收。但比起多立克式柱身，爱奥尼克式柱身上的凹槽要更深一些，而且在凹槽间还有细细的夹条。爱奥尼克式柱子最为美观的是柱头，因为在柱头上设有饱满的涡旋形装饰、簇生的柱顶线盘和连续的中楣，以及齿状装饰的檐口。有时在涡旋形装饰之下还有以忍冬叶为原型的雕刻作为装饰。与多立克式柱子不同的是，爱奥尼克式柱子顶部的额枋没有多立克式柱子的高，而且不是由一块石头构成，是由两三个长条的石材组成，并挨个出挑凸出。檐壁上的三陇板被省略掉了，各种植物和人物的雕刻更加丰富，檐口上的层次也更加轻巧、多样。多立克式柱子与爱奥尼克式柱子形成了鲜明的对比，一个粗犷、豪迈，一个清秀、俊美，也分别形象地代表了男性美与女性美，人们也按照这两种柱式的不同风格，将其运用于不同类型的建筑当中。

由于古希腊爱奥尼克式柱子已经发展得相当成熟，因此古罗马时期没有对原有柱式做大的改动，只是将这种优美柱式的形制固定了下来，柱底径与柱高的比例为1∶9，柱身更加挺拔，柱身上带有窄条的凹槽为24条，而且凹槽断面为半圆形。柱头上设置两个相反方向的卷涡，卷涡中心的小圆面称为“涡眼”，柱头侧面为忍冬叶装饰的弧形线脚，而且此时爱奥尼克柱式的额枋部分比例也固定下来，额枋与檐壁、檐口的比例为5∶6∶7。

古希腊的科林斯式柱子是由爱奥尼克式柱子发展而来，只是柱子更加细长，柱头也加入了更加复杂的装饰，犹如一个插上了各种花朵的花瓶。到了古罗马时期，由于当时社会稳定、生活富裕，科林斯式柱子受到了人们普遍的喜爱，于是变得更加华丽和美观。为了增加其装饰性，柱底径与柱高的比例被拉大到1∶10，因而柱身更显纤细、轻巧。爱奥尼克式柱子的柱础与柱身凹槽都被承袭下来，只在细部加入了一些更为复杂的线脚等装饰性的元素，使之更加美观。柱头由错综的莨苕叶和卷涡组成，卷涡不是平面雕刻而成的，而是越向中心就越向外凸，以使之具有立体感。

此外，古罗马时期除了在古希腊三柱式的基础之上对其进行了发展以外，又新创了两种新柱式，塔斯干柱式和混合柱式。塔斯干柱式比多立克柱式更加简单也更加粗犷，柱底径与柱高的比例仅为1∶7，从基座到柱头都相当简单，而且柱身没有凹槽装饰。但在一些细节上，如柱础、柱头等处也有曲线与直线的变化和过渡，既突出了石材所特有的风格，又达到了美观的要求，是一种自然风格的柱式。而混合柱式则是既有爱奥尼克柱式的涡旋，又有科林斯式柱子的繁复柱头装饰的、一种最为华丽和繁缛的柱式。这种新的柱式其他部分仍与科林斯柱式相同，只是柱头更加复杂，增加了装饰性元素的种类，也是当时社会奢靡风气在建筑上的反映。

细部

建筑的细部包括各个组成部分，总的来说分为屋顶、外立面与建筑内部三大部分。屋顶以山花和檐口为主，外立面由门窗、拱券、栏杆、壁龛等组成，建筑内部则由各种装饰、楼梯(图10-2-1）等构成。

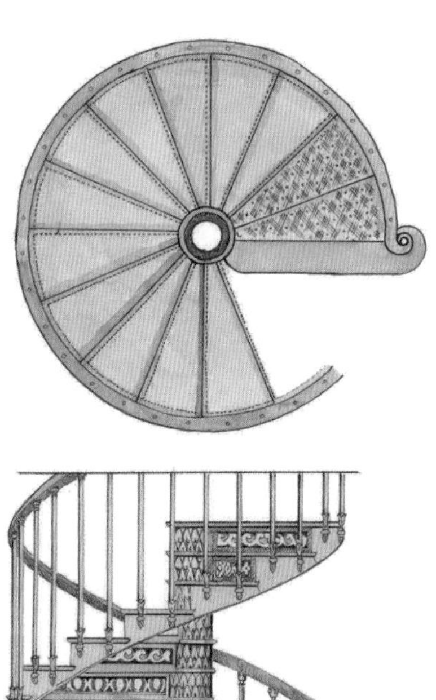

图10-2-1 旋转形的楼梯 旋转形的楼梯是一种极其美观的楼梯形式，适用范围很广，多用于圆形平面的建筑中。楼梯的装饰多集中于栏杆、扶手和支柱上，但为了增加表现力，楼板的台阶也可以进行装饰。最简单的装饰是在阶梯上铺设装饰性的地毯和雕刻上各式各样的图案。有时楼梯在建筑中不只是纯粹的楼层间通路，还起着重要的结构作用；有时楼梯则没有多少实际的功能，而只是作为一种装饰罢了

西方建筑中屋顶的材料也经历了茅草、木材、石材等不同的阶段，相对于变化多样和装饰精美的屋顶内部天花（图10-2-2），屋顶外部形态似乎变化较少。其基本样式有坡屋顶和平屋顶两种形式。最有特色的当属古希腊与古罗马时期的带有山花装饰的屋顶，而技术含量最高的则是中世纪时的哥特式屋顶。对于山墙的设置最早是由木质屋顶演变而来的，古希腊的山墙多为三角形，常见于门廊和建筑上方。山墙上的三角形山花由水平檐口和倾斜的檐口围合而成，也因此被称为山花线脚。与中国古建筑不同的是，从古希腊时期起，西方建筑中的山花都是以正立面的重要组成部分而存在的，它总是以正立面出现，并与下面的柱廊一起形成完整的典型古希腊式的正立面。因此山花在西方建筑中不仅是十分重要的结构部分，也是重点的装饰部位。早在维特鲁威的《建筑十书》中，就对山花的设置有过详细的记载：在挑檐石（Cantilever Stone on Eave）前面的混枭线脚总长分九部分，中间的一部分为山花的中央顶部，山花上下的挑檐石应该相等，转角处屋顶的混枭线脚应该与山花是同一高度。挑檐石的线脚则应比挑檐石的总高多1/8，中央屋顶的混枭线脚也比转角处高1/8。这样才能保证山花总体比例的平衡与均称。此外，为了保证观赏的视觉效果，山花与柱子顶部的所有细部还应该各自向前倾斜其高度的1/12，这样处理后的各部分才能看起来是垂直的。

此后，从古罗马时代起，山花的形状发生了变化，曲线形、钟形以及台阶式的山花都出现了。山花也出现了弓形、断裂的三角形等

图10-2-2 凹进的天花装饰 这种天花是用平顶镶板的形式制成，平板凹凸的部分本身形成花纹和丰富的变化，上面还有一些绘制和雕刻的图案，这些图案大多还施以鲜艳的色彩，最后就形成了非常华丽的天花形式。小块的镶板很富于表现力，还有的屋顶使用大面积的镶板，这样就可以在镶板中形成较大面积的空间，再以宗教和神话故事为题材绘制精美的画面

多种形状。山花的线条也更加多样，不仅有直线，弧线也加入进来，大大丰富了山花的形象。巴洛克时期，山花普遍是断裂的，底部或顶部缺少一部分，其用意是增加山花的变化，而且在这些断裂处还可以设置各式雕像。从此之后，对于山花的装饰更加丰富起来，成为立面重点的装饰部分之一，而真正的屋顶侧面却被忽略了。

哥特式屋顶则是工程技术达到一定高度的表现（图10-2-3）。因为此时教堂建筑中，屋顶上都有高高的尖塔，建筑结构和立面上也多是尖拱的形式，因此尖拱、扇形肋穹顶、外部飞扶壁也就成了哥特式教堂中最突出的特点。由于哥特式教堂大都追求庞大的体量，因此建筑中都包含着复杂的拱网结构，早期的拱网是主要的承重结构，后期则逐渐成为主要的装饰性要素了。哥特式的拱顶也是由最简单的筒形拱发展而来，当两个

图10-2-3 法国巴黎圣母院尖塔木结构示意图 为了让高高的尖塔更加坚固，其内部的木构架也有着复杂的结构，以使得各部分均匀受力的同时，还能保持良好的外部形态。在底部有了坚固的结构以后，尖塔上每层还都可以设置尖拱窗，更增加了尖顶的空灵之感。此外，由于屋顶主要是由木结构组成，因此还具有一定的防雷击功能

筒形拱垂直相交时，就形成了棱（Groined Rib），后来这种结构应用于石制的建筑当中，棱的位置和承接点也固定下来，成为一种新的结构，称为肋拱。再往后由简单的十字肋发展成为由主肋、中肋、三级肋以及众多枝肋组成的肋拱系统。在这个系统中，也不再是每种肋拱都承担重量，有一些肋拱只是单纯地起装饰作用，以形成复杂的肋网美化屋顶。除了单纯作为装饰的肋拱网以外，在肋拱相交处也设置雕刻，还有专门下悬的悬饰拱，甚至对承接重量的肋也可以通过表面的雕刻来进行装饰。飞扶壁最开始也是作为单纯的承重部分，后来也逐渐与建筑分离，并借助在飞扶壁上建的尖塔起到承接侧推力和美化建筑的双重作用。

拱券结构是古罗马在建筑方面取得的最大成就，从古罗马时期拱券结构被普遍运用以来，拱券的结构与形式就开始发展起来。由柱子和拱券所组成的各种券廊也成为古典建筑最基本的组成部分。随着人们对其结构的不断完善，其高度、跨度都在不断地增大，拱券的形状也从较扁平而发展得越来越饱满，在哥特式建筑中还出现了尖券的形式。这也说明了拱券技术的进步，因为尖券的结构与圆券结构是不同的。圆券通过逐层向内收缩的方式砌筑而成，最后由中心的一块拱心石结束，组成圆券的各块石头相互支撑并分担重量。而尖拱则没有拱心石，全部的推力都向四周和向下传递。圆券和尖券在古典建筑中是最常见也最成熟的建筑形式，形成两种不同美感的结构形式与外在形式。各个不同的时期对它的形制也有着不同的规定，而且对拱券的装饰也不尽相同。

图10-2-4　哥特式圆窗　圆窗是哥特式建筑的标志性组成元素之一，通常都设在教堂入口立面的山墙上。这种轮辐形的石窗棂间镶嵌着彩色的玻璃，随着教堂结构的成熟其规模不断扩大，圆窗也越来越大。各式圆窗多以三叶草和玫瑰花的形状作为外观，尤其以后者居多，因此又称为玫瑰窗。此外，各式的窗棂还是分辨不同哥特式风格的重要参考之一

门与窗是一座建筑所不可少的两个组成部分，在玻璃尚未发明之前，窗只是在墙上的一个开口，以透光和通风。真正具有装饰性的玻璃窗最早由古罗马人发明，但由于当时制作玻璃的技术还相当不成熟，玻璃还是非常珍贵的材料，因而只在一些教堂等公共建筑中才使用。最富于特色的玻璃窗是从哥特时期开始的（图10-2-4），由于哥特式建筑所特有的高大形象，使建筑上的窗框也是细高的尖拱形式，而这种窗上大多带有装饰性的花窗棂，让窗户的形象变化起来。早期的铅条作为窗格被用来固

定小块的玻璃，这时的玻璃窗有如马赛克似的镶嵌画。人们用五颜六色的玻璃组成各种图案，不仅美化了建筑，同时还有一定的教化功能。哥特式建筑中还有一种美丽的圆窗，由于这种窗子是在石制建筑上雕琢而成，所以其石制窗棂更加复杂，镶嵌上彩色的玻璃后也更加绚烂多彩。后来，随着玻璃制作技术的进步，玻璃窗也变得越来越大，越来越薄，然而其艺术性也大大降低了。此后，随着木制窗框的出现，玻璃窗的用处也越来越大，窗棂的形式也固定下来，虽然可以自如地开启，但其形象开始变得统一和单调。

门有着多种类型，由于它一般都位于建筑的中心部位，并且是人们进入建筑主要的通道，所以其形制更加多样。早在古希腊时期，神庙中的门就会由不同图案的线脚进行装饰。而且作为与外部公共场地的分界，几乎世界各国都有用雕刻的人物或动物来作为守护大门的装饰的传统。在西方古典建筑中，门历来是装饰的重点，而通过门的装饰也大致可以了解当时建筑的基本构造、装饰风格等情况。

图10-3-1 阿尔特弥斯（Artemis）女神像（复制品） 这尊神像原位于土耳其西部以弗所（Efes）神庙之中，是古希腊传统性与非传统的外来性文化结合的产物，可能是用包括木材、石头等几种材料制成。现在这尊神像是用雪花石膏和青铜制成的，它的意义在于其古典式的表现方法和雕刻手法，一直以来都是人们模仿的对象。这尊神像中最为奇特的是女神胸前像乳房一样的附加物，它使得整座雕像具有了一种神秘感，并引发人们的诸多猜测

雕塑

在西方古典建筑中，各式各样的雕塑是不可或缺的重要建筑语言，这些雕塑不仅仅是为了装饰建筑物本身，或给人观赏，还蕴含着丰富的寓意。各个不同时期建筑上的雕塑也是当时社会生产技术水平、思想文化水平、社会宗教信仰等各个方面的综合体现。

古希腊时期的雕塑

古希腊被认为是西方文明发展的源头，其雕塑作品也对后世影响很大。从那时起，人们已经摸索出雕刻各种形象尤其是人像时所应遵循的比例关系。虽然此时雕刻的作品大都以神话故事为题材，但在其中也蕴含着深刻的寓意

（图10-3-1），同时通过对人物强健体格的表现，不仅反映了古希腊文化在比例、透视上的发展水平，也体现了古希腊人对于自然之美的崇敬。古希腊的雕塑可分为古风（Archaic Greece）、古典（Classical Age）和希腊化（Hellenistic Age）三个时期，从各个时期不同的代表作品之中，可以看到古希腊雕塑的发展。

古风时期的雕塑作品大都以直立的男像与女像为主，早期的古风雕塑作品还明显受古埃及"正面律"的影响。男像一般都是裸体的，显露着强健的体魄，但对于人体肌肉的表现手法却比较稚嫩，整个人形态显得僵硬，胸部与背部都很高，略显臃肿。此时对于人体各组成部分的把握还处于初级阶段，脊柱是垂直的，面部也只是在平面上，缺乏立体感。对于肉体的表现虽然已经开始注意肌肉的变化了，但对其基本构造还缺乏认识，只是用一些简单的线条来加以区分。古风时期人物的形态也是固定的，双臂紧贴在身体两侧，左腿向前跨出一步，脸上带着僵硬的笑容，这种雕刻方法显然是当时雕塑作品的一套程式，被以后的人们称为"古风式的微笑"。

与形式较单一的男像相比，女像的形象要更富有表现力一些。由于女像大多作为供奉神明之用，表现的往往是节日中盛装欢乐的女子形象，因此所有的女雕塑都着装。女像所穿的衣服大多都是当时社会服饰情况的真实写照，可以看到当时的纺织技术已经相当高超，妇女所穿的衣服大都表现出轻盈的质感。虽然女

图10-3-2 系鞋带的女神像 这座胜利女神庙栏板上的浮雕作品几乎比它所在的胜利女神庙还著名，其主要原因就是对女神所穿宽大衣裙的细致表现。在这幅浮雕作品中，女神似乎穿着一件轻薄如纱的衣裙，而在她弯腰的一瞬间，对衣服褶皱的表现尤其生动，这幅浮雕作品充分展现了古希腊时期高超的雕刻水平，也是为后世所模仿的经典图案

雕像仍然严守“正面律”，但由于紧身的衣裙装饰，通过飘逸的衣褶变化表现了女性凹凸有致的身体（图10-3-2），因而较男像更具表现力。虽然还停留在雕刻的初级阶段，但可以看出，古希腊时期的雕刻手法已经较古埃及时期有了很大的进步。这时的雕像已经独立出来，成为单个的雕塑作品而存在了，而且已经开始注重于对真实人物的表达，而不再像古埃及时期那样予以抽象和夸张的表现。希腊古风时期，每个不同的人物开始有了不同的形象，在表现上也力求有所创新，已经开始在人面部加入了微笑的表情、注意用线条表现肌肉的起伏和衣服的纹理等（图10-3-3），总的来说这时的雕塑已经发生了飞跃。

到了古典时期，古希腊的雕塑完全摆脱了古埃及雕塑的束缚，开始向着更加写实的风格和更加复杂的雕刻手法方向发展。而且，这时

图10-3-3《尤利乌斯·恺撒像》盖乌斯·尤利乌斯·恺撒（Gaius Julius Caesar），是古罗马共和末期的军事家、政治家，史称恺撒大帝，因才能优越成了古罗马帝国的奠基者。恺撒出身贵族。公元前60年与庞培、克拉苏秘密结成前三头同盟，出任高卢总督后，用8年的时间征服了高卢全境，还袭击了日耳曼和不列颠。公元前49年，他率军占领古罗马，集大权于一身

期已经对人体比例有了比较深入的认识，确定了头部与身长的比例为1∶7，而且人物的形态也更加多样，开始以表现动态中的人为主。由于科学的发展，人们通过解剖加深了对人体各部分与肌肉分布规律的认识，因此表现得更加真实。早期的古典风格雕塑仍以英雄和神话人物的形象为雕刻对象，着力表现雄健、优美的人体，所以此时期的人物都有着健美运动员般发达的肌肉，充满力度。此时期最著名的雕塑是《波赛冬像》（*Poseidon*）（图10-3-4），反映的是这位海神驾驶战车，手持三叉戟（Trident）驰骋在大海上的情景。虽然雕像的其他部分已经遗失，仅剩波赛冬的雕像，但通过他伸展的双臂和向前跨出的左脚，仍能让观者感受到很强的力度。而且此时对于人体的表现也更加接近真实，脊柱变为S形，对手臂、身体和腿部的肌肉变化表现得也相当真实。《休息的拳击手》是雅典雕塑家阿波罗罗尼奥斯的著名作品，这尊雕像不仅注意人物头发、胡子及神态的表现，连诸如锁骨的凹陷，手指的变化、膝盖的不同方向、脚部的表现等细部都非常到位（图10-3-5）。

图10-3-5 《休息的拳击手》 雅典雕塑家阿波罗尼奥斯于公元前1世纪创作的这件青铜原作，现藏于罗马国立博物馆。作品表现了一位上了年纪的老拳击手在激烈的比赛间隙坐下来休息片刻的情形。雕塑家高度的写实技巧，塑造了这位疲惫的拳击手关注赛事，但力不从心的形象。作品再现了一位有血肉、有情感的人

图10-3-4 《波塞冬像》 希腊古典时期的雕像已经注重对人体的真实再现，这尊波塞冬雕像就是表现海神波塞冬手握三叉戟的形象，人物不仅比例准确，而且对身体，肌肉的表现非常真实，另外从人物充满动态的雕像中，也可以看到古希腊人在掌握雕像重心方面所取得的进步

此外，这时也出现了一些有影响力的雕塑家和雕塑作品。由于人们对于雕塑本身重心的把握更加成熟，人物的形态、动作也越来越舒展。米隆（Myron）所雕刻的、著名的《掷铁饼者》（*Discobolus*）就是此时的作

品，整个雕塑以右腿为轴心，重力主要由右腿承担，但同时右手向后伸出，取得了平衡，而翘起的左脚与坚定的右脚又形成了点与面的分力。同时运动员全身绷紧的肌肉与略向后的头部都显现出强烈的动势，仿佛马上就要掷出铁饼一样（图10-3-6），无论从受力的分布还是人物的表现上看，都是代表当时雕塑水平的佳作。可惜原作被毁，现存的是后人的仿制品。

古典时期后期，雕塑受当时社会战争的影响，开始将注意力转向平民，先期在人物雕塑中庄严的神化形象也开始被更加写实的人性化雕塑风格所代替。通过这些新风格的作品，雕塑家本人的情感与个性得到了充分的展现，雕塑作品也因此越来越富于个人特色，不同雕塑家的作品差别也逐渐加大，先前那种统一的、雄壮的风格被打破。在古典时期后期，古希腊的雕像向着更加秀丽的风格方向发展，人物头部与身长的比例被加长至

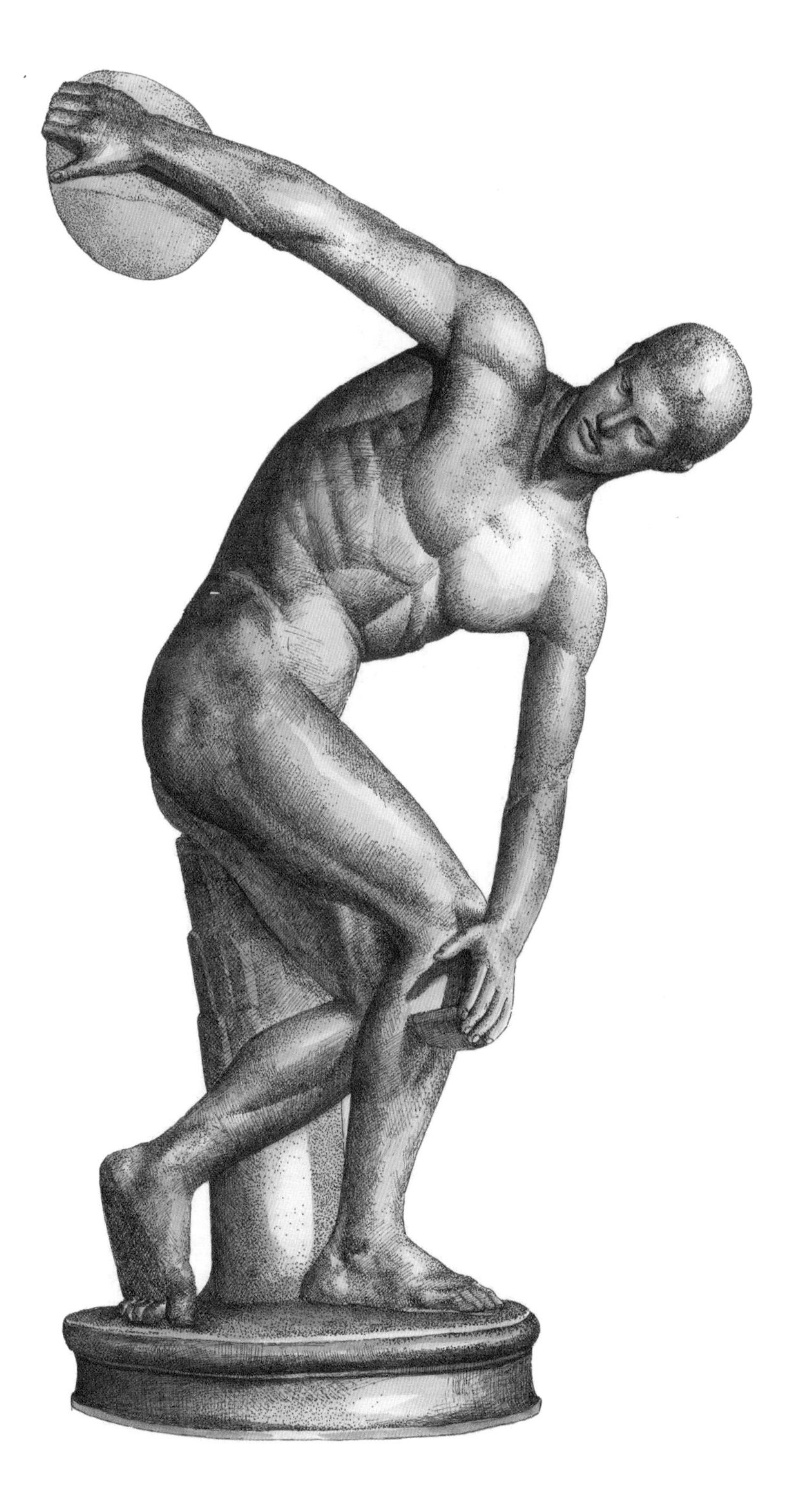

图10-3-6 古希腊米隆所雕刻的作品《掷铁饼者》（复制品） 在古希腊的雕塑作品中，常见裸体的人物形象，而且造型逼真。这不仅说明当时人们对于人体构造的充分了解，而且通过以人体比例作为建筑标准来看，古希腊对于人体的态度是非常严肃而认真的，他们认为人体是自然界中最美的事物，是神圣的。从这尊结构相对复杂的雕塑中可以看到，当时对人体比例、重心的分配以及肌肉的处理方式都已经相当成熟，表现了一种成熟、稳健而充满力量感的形象

1：8，而且更加注重对头部尤其是面部的刻画（图10-3-7）。到了希腊化时期，人们更加注重对于人体美、戏剧性情节的表现，并且裸体的女性雕像大量出现。此时期也出现了像《米洛斯的阿芙罗狄德》（*Aphrodite of Milos*）、《萨莫色雷斯的胜利女神像》（*Victoire de Samothrace*）、《拉奥孔》（*The Lao Coon and His Sons*）这样的传世之作。

《米洛斯的阿芙罗狄德》就是著名的《断臂的维纳斯》（图10-3-8），这是古罗马人的称呼。这尊半裸的女神像以其优美的体态与传神的人物神态举世闻名，表现了古希腊女神崇高、神圣的气质，其作品本身格调高雅、清丽脱俗。更让人称奇的是，这尊女神像的双臂遗失了，虽经后人的众多修复，但都无法与原作的风格相匹配，因此就留下了现在这尊断臂的女神像，给后世的人留下了永远的谜题，也留下了无尽的想象空间。

图10-3-7 后人仿制的帕提农神庙的雅典娜（Athena） 传说原作是由黄金和象牙制成，像高12米，可见用金量之大。雅典娜是雅典的保护神，她头顶战盔上的装饰由两边的狮身鹰头兽和中间的斯芬克斯组成，右手托着胜利女神像，左手扶着盾，是智慧、法律、丰产、艺术的化身。可以看出，此时古希腊雕塑力求通过一定的形象表现某种象征意义，除了对衣服的表现非常细致外，女神的身体还没有较强的线条和透视感，面部雕刻也一般，从裸露的胳膊看，人身体肌肉还没有被表现出来

图10-3-8 《断臂的维纳斯》

图10-3-9《萨莫色雷斯的胜利女神像》

《萨莫色雷斯的胜利女神像》（图10-3-9）是古希腊雕塑中珍贵的原作，虽然女神头臂都已经遗失，但通过其动态的造型与飘逸的形象却可以看出当时雕刻工艺的高超水平。雕塑表现的是女神伸展着巨大的双翼迎风站立的瞬间，背部拱起，舒展着的双翼充满力度。雕刻得最为传神的是女神的衣服，轻盈的长裙被风吹起，缠绕在身上、飘荡在空中，仿佛一下子凝固了一样，让观赏的人也仿佛感受到了迎面吹来的风。

最富有戏剧性的作品是《拉奥孔》（图10-3-10），这是以古希腊神话故事为题材创作的一组群雕，表现的是雅典娜派两条巨蛇惩罚特洛伊城（Troy）祭司拉奥孔和他两个儿子的场面。画面上的人正经受着被巨蛇缠绕至死的惊恐和痛苦，全身的肌肉绷紧，脸部也因为巨大的痛苦而扭曲，观看这座雕像的人仿佛能听到拉奥孔父子的尖叫一般。通过这座雕塑，可以看到古希腊这时的雕塑水平已经相当高，但又不免陷入一味地追求复杂表现以及重技法、轻思想的道路上去了，所以虽然后期对人物的表现更加逼真，却有失先前对情感和思想

图10-3-10 《拉奥孔》拉奥孔是公元前1世纪中叶古希腊罗得岛的雕塑家阿格桑德罗斯（Agesandros）和他的儿子波利多罗斯（Polydoros）和阿典诺多罗斯（Athanodoros）三人合作的一个大理石群雕，高184厘米，现收藏于梵蒂冈美术馆。雕塑表现的是古希腊神话中特洛伊之战的故事，拉奥孔识破了木马计，劝说人们不要将木马拖入特洛伊，古希腊保护神就派两条蛇把拉奥孔父子咬死。作品呈现的是父子三人惊恐痛苦的场景

的表达。

古罗马时期的雕塑

古罗马人继承了古希腊人高超的雕刻技艺，但古罗马人注重实用的性格，也使得这时期的雕塑形成了写实与叙事的风格。古罗马人与古希腊人性格上的巨大差异反映在雕塑作品上表现为，古罗马的雕塑作品以反映现实生活中的人物肖像和纪念性的雕塑为主，而且对于作品追求形象与思想性格上的双重再现。

对于家族和祖先的崇敬，使得古罗马时期为先人和皇帝造像成为一种流行性的雕塑活动，而且着重对人面部的表现，人物也大多以着服饰的形象为主，但通过其写实与精细的雕刻手法可以看出，当时人们对于透视规律已经有了相当深入的认识。

古罗马时期最具有写实风格的雕像是《一个罗马贵族和他祖先的头像》，因为在早期，古罗马人有为祖先造像的习俗，每逢大的宗教活动，则把祖先像拿出来供奉的传统。在这个雕塑作品中，雕塑者通过极其写实的雕刻手法，反映了一个手持其祖先头像的古罗马人的形象。从三个极其相像的头像就可以看出他们之间的血缘关系，雕塑者对这座雕像进行了极其细致的处理，人物的皱纹、衣褶表现得都很细腻，从三个人像严肃而宁静的面部表情，也可以感受到雕塑者所要传达的一种神圣、威严的风格。

当古罗马由奥古斯都统治开始进入强大的帝国时期以后，虽然仍旧保持了古罗马雕塑的写实风格，但此时的雕塑在写实的基础上也加入了一些夸张的表现手法，尤其是在对帝王形象进行雕塑的时候。例如此时期非常有代表性的雕像作品《奥古斯都像》表现的就是身穿盔甲的奥古斯都英勇、仁爱的形象。首先，这尊雕像用现实主义的雕刻手法再现了这位伟大皇帝的形象，身体高大而健壮，面部虽略显清瘦但双目炯炯有神，表情庄重而肃穆。此时的奥古斯都似乎正在对他的臣民讲话，左手执权杖、右手抬起，为他的臣民指向强大帝国的未来。也许是帝国美好的未来感染了他，奥古斯都略显激动，右脚向前跨出一步，左脚跟抬起，形成很强的动势。由于这个巧妙的处理，使得整个雕像的重心正好落在右脚与身体的中心上。从奥古斯都面部的神态到腰间满是褶皱的布裙，对于这位皇帝的雕刻都相当细致，真实地再现了当时社会人们的着装。奥古斯都所穿的盔甲则与这些温柔的线条形成对比，通过较硬朗的雕刻手法展现了金属特有的质感。此外，盔甲上雕刻的神话故事以及奥古斯都脚边可爱的天使，则以希腊化雕塑的风格出现，用以隐喻古罗马对世界的统治，和奥古斯都本人君权神授以及对人民的慈爱之心。在这一座雕像之中用写实化的雕刻手法和极具象征意味的形象，来表现人们理想化的追求，无论从技术价值还是艺术价值上来看都是相当成功的作品，同时也标志着古罗马雕塑艺术的成熟。

在此之后，古罗马的雕塑风格转向轻松和活泼，雕刻手法也更加细腻，其代表作品是《妇女肖像》（*An Ancient Roman Woman*）（图10-3-11）。这尊头像表现的是

图10-3-11《妇女肖像》

古罗马贵族妇女的形象，女子头部略倾，表情平静，但头上却有着蓬松的卷发，雕塑者对卷发的表现尤其细致，用钻孔的方法将卷发的发丝雕刻得充满动感，而温文尔雅的人物表情与踊跃的卷发正好形成对比，将一个时尚而优雅的贵妇表现得淋漓尽致。除了对人物外貌真实的再现以外，古罗马的雕塑还追求通过细节的处理来表现人物性格特征以及人物的心理状态，由此来塑造富有个性的形象。《卡拉卡拉皇帝像》（图10-3-12）就是这种表现手法的成功之作，为了表现这位有名的暴虐皇帝，雕塑者用了一些夸张的手法，让人物威严、残暴的性格展露无遗。在这件作品中，皇帝本人有着大而深陷的眼窝，然而却眉头紧锁，可怕而多疑的眼神凝望着什么，又像在思索着谁会背叛他，连同紧闭而下沉的嘴角、额头上的额纹都表现出一种气势汹汹的威仪。

除了众多雕刻细致的单件肖像作品外，古罗马还有很多大型的纪念性浮雕作品（图10-3-13）。这些作品主要集中在祭祀场所或是皇帝的广场建筑上，表现的题材也以反映当时人民祭祀活动、记录皇帝取得胜利的战争场面为主，其中心思想就是歌颂当时社会的繁荣昌盛、皇帝的威武与英明统治。古罗马时期最伟大的浮雕作品，是位于古

图10-3-12 《卡拉卡拉皇帝像》

罗马城中的图拉真纪功柱。在这根巨大的纪功柱上，螺旋上升地布置了一条长度约两百多米的浮雕带，记录着图拉真皇帝在一次对外侵略战争中，从出征前的准备到凯旋的全部场景。这件浮雕作品也以其包含的场景及人物之多、形象之丰富、雕刻之生动细致，成为古罗马不朽的雕塑作品。在众多的人物和场景之中，每个人物都有着生动而具体的形象，连面部表情都非常真实。这些雕像不仅向人们展示了当时社会的服饰、民族特点，也展示了当时雕刻艺术的发展水平。

图10-3-13 奥古斯都大帝祭坛上的浮雕 这块位于和平祭坛一侧的浮雕板高约1.6米，排列着数十个人物。其性别、年龄、形象、穿着各有不同，应该表现的是奥古斯都的家庭成员，他们以列队的形式正在向前行走。每个人的脸上都呈现出笑容，塑造出了一组喜乐融融的美好场景

中世纪的雕塑

自古罗马帝国灭亡到文艺复兴之前的这一段时间，在历史上称为中世纪时期（Middle Ages）。此时的欧洲基督教兴起，教会成为统治西方世界的力量。而由于教廷对神性的强调，人们都有虔诚的宗教情结，雕塑及雕刻作品也大都以宗教故事为题材，对人物的真实性、比例关系都不甚重视，主要以抽象的作品来表现深刻的教义，有些作品甚至是古怪的，意在以震撼人心的画面给教众以警醒（图10-3-14）。此时期的雕塑作品还有一大

的关系变得更加密切了。

中世纪早期的雕塑作品又回到古希腊时期的朴素、写意的风格上来，同时各地的作品也加入了各地的民族与地方特色。在这些作品中虽然还保留着古典风格的气息，但真实性却被大大忽略了，或精美或质朴的作品反映的都是神话般的宗教故事。中世纪的雕塑发展高潮出现在哥特风格流行的时期，在各地建起的高大教堂中，遍布着各式的雕塑作品，而这些作品也同哥特式教堂的发展一样，经历了一个不断发展变化的过程。

早期的哥特式雕塑仍带有古罗马式雕塑的风格影响，但人物大都是瘦而高地耸立着，僵硬的姿态连同毫无表情的神态表现着对人间的漠视。此时的雕刻手法也不大讲究人体比例和组合关系，一切都力求表现高高在上的宗教情结。后来随着哥特式雕塑的发展，人们开始注意作品的比例和造型，人物的表现上也生动起来，神圣的人物也开始变得不那么高高在上，而是在形象上有了一丝让人亲近的改变。再向后发展，随着哥特式建筑技术的成熟，雕塑也越来越精细，由行会和普通工匠雕刻的作品已经带有很强的世俗感。此时教堂中的人

图10-3-14 路易斯·弗兰克斯·路比里亚克（Louis Francois Roubiliac）的雕塑作品《约瑟夫·加科涅斯和他的妻子伊丽莎白·南丁格尔》 这是一组坐落于英国伦敦西敏寺内的墓藏雕塑，而这个教堂正是以名人墓地及各式墓藏雕塑而闻名。这尊雕塑中人物均着古典长袍，但对长袍下的人物身体表现得相当真实，同时通过人物动作与表情的对比还渲染出一种恐怖与反抗间的紧张气氛。此外，这组雕塑作品人物所处位置不同，因此形成很强的情节性，而在这组雕塑当中也已经流露出现代雕塑的气息

特点，即单独的圆雕作品减少，而以大面积的浮雕组合为主，主要出现在教堂建筑之中，而且单独的圆雕作品大多以铜、镀金等金属作品为主，与石雕的作品一起大多依附于教堂或壁龛之中，而雕刻的形象也以宗教人物为主。欧洲的雕塑艺术始终没有离开过建筑。而此时，雕塑与建筑

物，无论表情还是姿态都开始变得生动起来，其表现手法也逐渐突破了教会的束缚，随着对人物写实性的加强，人文主义的思想对雕塑的影响逐渐显露出来。

在基督教当中，耶稣作为上帝的儿子被派往人间以自己的肉体来赎人类的罪过，因此有关基督受难的情景就成为雕塑最普遍的题材。而在这些题材的雕塑中，耶稣的形象也大多是形容枯槁、面部表情痛苦，表现着生命即将枯竭前的惨烈情形（图10-3-15）。此外还有一些表现地狱与天堂景象的雕塑，以天堂中纯真、美好的事物与地狱中荒诞而恐怖的场面形成对比，向目不识丁的教众展示着他们死后将要面对的世界。当哥特风格的雕塑开

图10-3-15 皮埃特罗 · 托里贾尼 · 德安东尼奥的彩绘赤陶作品《圣 · 哲罗姆》 在基督教中，一些生前有德行或有奇迹的人去世后被宗派认可为具有尊荣地位的人物，被称为“圣人”。圣人的数量很多。表现圣人的雕塑作品往往都是以现实生活中的人为参照，因此往往都更具有世俗性。皮埃特罗 · 托里贾尼 · 德安东尼奥的彩绘赤陶作品《圣 · 哲罗姆》就是这种典型作品之一。托里贾尼在这尊塑像中将西班牙民族写实主义的彩绘与意大利奇异的瘦长表现手法相结合，创造出了这尊人物塑像，而这种将写实主义与绘画结合起来的方法用于木质和陶制塑像可以让作品十分逼真地再现事物原貌，使作品具有一种既虚幻又真实的感觉。这尊塑像也因为出色的表现力得到了公众与业界的双重肯定

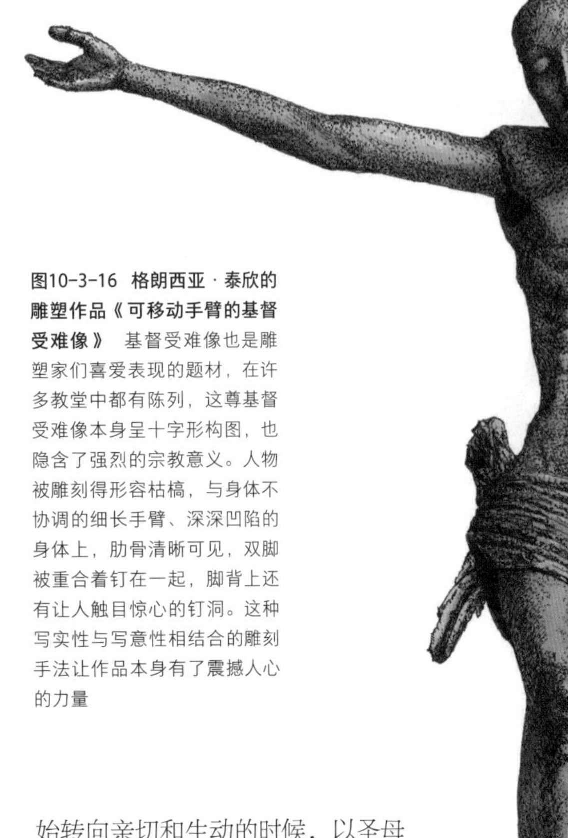

图10-3-16 格朗西亚·泰欣的雕塑作品《可移动手臂的基督受难像》 基督受难像也是雕塑家们喜爱表现的题材，在许多教堂中都有陈列，这尊基督受难像本身呈十字形构图，也隐含了强烈的宗教意义。人物被雕刻得形容枯槁，与身体不协调的细长手臂、深深凹陷的身体上，肋骨清晰可见，双脚被重合着钉在一起，脚背上还有让人触目惊心的钉洞。这种写实性与写意性相结合的雕刻手法让作品本身有了震撼人心的力量

始转向亲切和生动的时候，以圣母子形象为题材的雕塑逐渐多起来。此时的雕塑已经开始注意整体作品的构图，以及对人物细部的真实再现，如神态、动作、衣服的皱褶等（图10-3-15）。此外，雕塑也逐渐摆脱了浮雕的形式，从背景中分离出来，发展成为单独的圆雕作品。到了中世纪后期，哥特式雕塑也发展成熟，不仅构图严谨，还大多仿照古典人物的姿态来处理人物肖像，对于各种形象的表现也显示出雕刻技艺的成熟，几乎能够准确而真实地再现生活中的原貌。对于人物的表现也呈现出前所未有的朝气和亲切自然的风格，开启了文艺复兴时期自然、清新雕塑风格的先声。

文艺复兴时期的雕塑

从14世纪开始，里程碑式的文艺复兴运动开始了，这场从思想文化领域开始的运动涉及绘画、音乐、建筑及雕塑等各个艺术门类。雕塑在此时期的重大进步在于摆脱了中世纪必须依附于建筑的传统，

而成为一门独立的艺术。而由于人文主义思想的影响，以及科学的进步，此时的雕塑不仅在比例和透视规律方面更加成熟，对人体美的表现也更加大胆，而且风格更加真实和贴切（图10-3-16）。虽然文艺复兴运动中人们标榜以古典复兴风格为主，但新时代的思想已经形成，这也造就了文艺复兴时期源于古典主义而又高于古典主义的雕塑艺术，这时期所形成的一些表现手法和风格也成为以后西方雕塑的传统。此时的雕塑作品充分表现了文艺复兴时期所推崇的个性、理性与人性的结合，以及那个充满了理想的年代所特有的昂扬精神，达到了雕塑艺术发展的顶峰（图10-3-17）。

文艺复兴时期，人们大力宣扬人性以及真实和自然，中世纪时的那种神性的、抽象的雕刻手法被抛弃，取而代之的是对万物真实的表现，雕塑家们在新的科学背景之上，用古典造型和古典的审美精神，结合当时人们的雕刻手法及技巧创造出了客观、自然、充满古典美的雕塑作品。文艺复兴时期最伟大的一位雕塑家是米开朗基罗，他创作了大量的雕塑作品，也

图10-3-17 尼科劳·达·科尔特的雕塑作品，西班牙阿维拉大教堂唱诗堂浮雕《屠杀无辜》(*Slaughter Innocent*) 这是一幅描述帕维亚战役的浮雕中的一部分，描述的是野蛮的得胜者大肆屠杀城中老幼无辜的场面。这组浮雕打破了单一表现方法的传统，画面中虽然人物众多，但由于采用了不同的雕刻手法，从浅浮雕到圆雕，因此整个画面有主有次，自然划分为远景与近景。而画面中人物表情各异，但都相当传神，令观赏者能感受到当时那种惊恐和恐怖的气氛

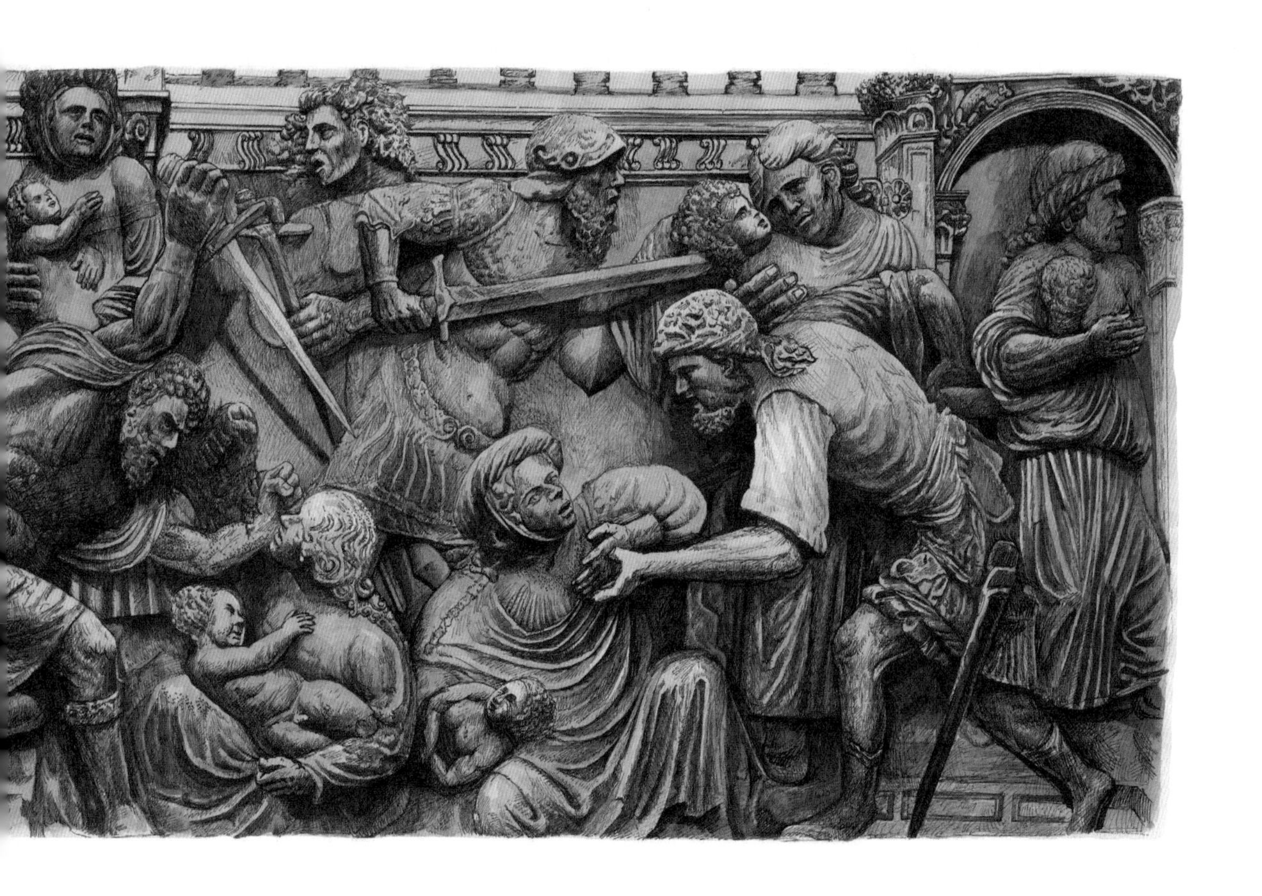

使此时雕塑艺术达到了顶峰，其优秀的才能无人能及。米开朗基罗早在年轻时就以《哀悼基督》（*The Pietà*）而成名（图10-3-18），这件作品也被认为是当时最优秀的雕塑作品。这块由云石雕刻而成的作品采用三角形构图，为了让身体纤弱的圣母能够承托耶稣的身体，米开朗基罗为圣母设置了厚重的衣袍。而圣母子的面部表情都是克制而沉静的，

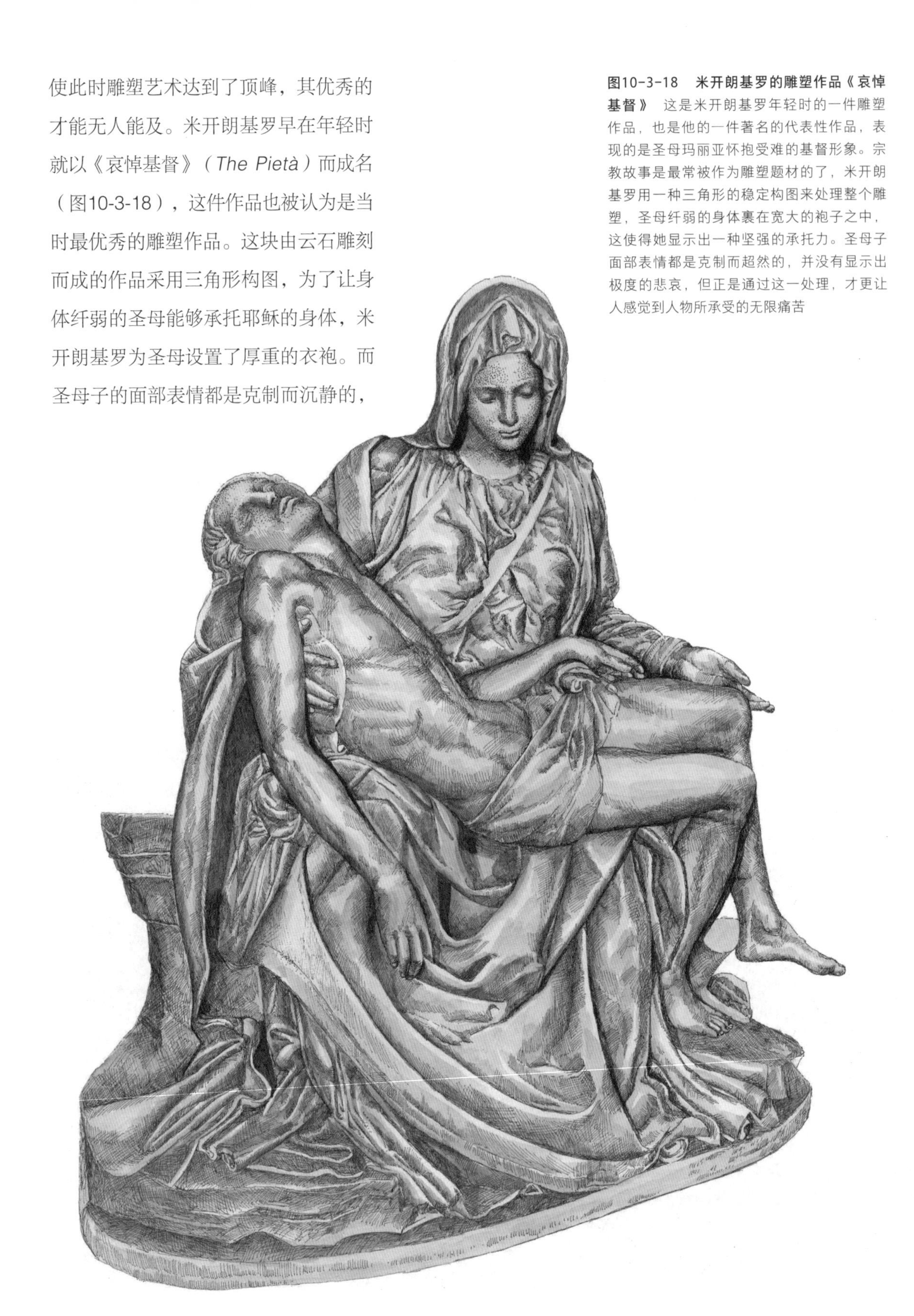

图10-3-18　米开朗基罗的雕塑作品《哀悼基督》　这是米开朗基罗年轻时的一件雕塑作品，也是他的一件著名的代表性作品，表现的是圣母玛丽亚怀抱受难的基督形象。宗教故事是最常被作为雕塑题材的了，米开朗基罗用一种三角形的稳定构图来处理整个雕塑，圣母纤弱的身体裹在宽大的袍子之中，这使得她显示出一种坚强的承托力。圣母子面部表情都是克制而超然的，并没有显示出极度的悲哀，但正是通过这一处理，才更让人感觉到人物所承受的无限痛苦

耶稣并没有十分痛苦的表情，圣母的悲痛也表现得极为适度，只以人物的动作表现了一个母亲对儿子无尽的爱，比悲伤欲绝的处理更能给人以震撼。同另一座表现圣母子雕像相比就可以看出作品中寓含的情感（图10-3-19）。米开朗基罗对人物的理解是独特的，他认为圣母永远不会衰老，因此塑造的圣母是一个年轻的女子形象，而且人物肌肤和衣饰打磨得非常细致、光滑，使整个作品都泛着柔和的光芒，更增添了一种神圣的表现力。

首先恢复古希腊雕塑风格，并在此基础上加入了新时代特色的雕塑家，是意大利人多纳泰罗（Donatello），他最著名的代表作品是《希律王的宴会》（*Herod's Feast*）。在这个浮雕作品中，他虽然运用的是古典风格的雕刻手法，但在对整个画面的处理上，则采用了此时期刚刚兴起的远近透视法。这也是较早使用这一

图10-3-19 另一座《圣母子》雕塑作品 文艺复兴时期的雕塑具有极高的水平，是西方雕塑史上的一段辉煌的历史。此时的人们开始注重对人类自身感受及人性的表达，这座圣母子的雕像就是此类风格的作品。圣母与圣婴不再是高高在上的，面部表情也不再是漠然的，而是更贴近于真实的母子形象，显得平静而安详。为了突出圣母子的特殊身份，玛丽亚的头顶部有皇冠一样的饰物，再加上飘逸的长袍，使得作品在让人感到亲切的同时，也具有一种与生俱来的神圣感

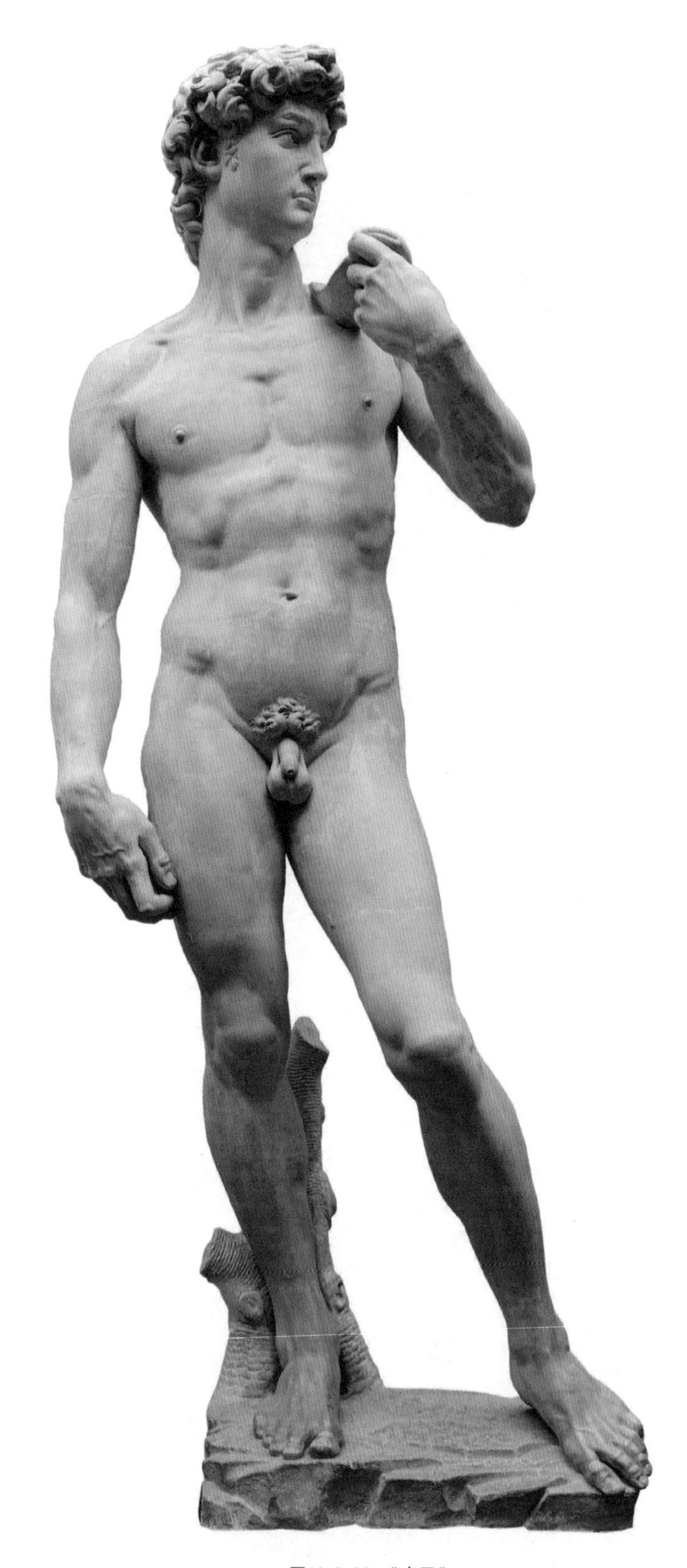

图10-3-20 《大卫》

处理手法的艺术作品之一，多纳泰罗把近处宴会中的诸位人物塑造得尤其细致、逼真，还利用空间的转换和向后人物的缩小处理来获得一种纵深的画面感。从画面的整体构图上看，主要人物大都集中在画面的两边，而在中间的主要位置留出了大片的空白，再通过人物动作的表现给人一种画面向浮雕框外延伸的感觉，从而获得了比真实画面更大、更深的空间感。

多纳泰罗还开拓了雕塑的新领域，突破了中世纪以来以浮雕为主的传统，创作了独立的圆雕作品，代表作品是《大卫》（*David*）和《加塔梅拉塔骑马像》（*Equestrian Statue of Gattamelata*）。前者是真人大小的一尊裸体像，塑造的是杀死巨人的英雄大卫的像。这件雕塑作品不仅与真人大小一样，而且对身体各部分结构及肌肉变化的表现都非常准确。雕像的左脚略抬起，踩着被他打败的巨人的头像，左手叉腰，右手拿着武器，身体呈S形，全部重心都落在右腿上。多纳泰罗对于大卫面部的处理也非常巧妙，年轻的大卫头戴牧羊帽，插满花朵的帽子似乎显得过于繁复，遮住了大卫的脸，而仔细看来，年轻的大卫还沉浸在胜利的喜悦当中，他凝视着自己的身体，似乎从刚才的战斗中发现了自己的力量。这一处理手法也隐喻了文艺复兴时期提倡的重视人自身的思想与感受的精神。

由于《哀悼基督》作品的成功，年轻的米开朗基罗一举成名，开始接受大量的雕塑委托。此后他创作了另一件非常成功的代表作品《大卫》（图10-3-20），这是由一整块巨石雕刻而成的，米开朗基罗花了数年的时间才完成这座比真人大几倍的大卫像，但完成后即成为文艺复兴时期最有代表性的一件作品。米开朗基罗采用了古希腊化的雕刻风格，表现了一个精神高度紧张、正随时准备投入战斗的年轻男子形象。大卫全身肌肉绷紧，右腿直立，左腿自然弯曲，上部则左手和左肩抬起，拿着投石器，而右手有力地握着手中的石块，因此手及臂上青筋暴出。整个造型大体呈古希腊雕塑的S形，但在细部又充满变化。大卫的头部稍倾斜，有着棱角分明的面部，但双目圆瞪，好像在注意着战争的发展情况，好随时投出石块。其实从比例上来看，大卫的头部略大，这样处理的原因在于，当人们处于巨大的石像脚下观看时，由于头部离参观者的眼睛最远，因而可以取得视觉上平衡。因此，无论从雕塑技法还是人物的表现力以及科学的比例关系上来看，这都是一件完美的艺术品，代表了文艺复兴时期雕塑艺术的最高水平。这种不对称的构图方式也为许多不同时期的艺术家所借鉴，创造出了一些富于地方特色的作品（图10-3-21）。

图10-3-21　阿隆索·贝鲁格特（Alonso de Berruguete）雕刻的、位于西班牙奥梅多圣约翰教堂中的雕塑作品《你们看这个人》　贝鲁格特出生于艺术世家，是西班牙乃至整个欧洲的一位颇有成就的艺术家。这是一座木髹金着色的雕塑作品，作者使用了西班牙传统的髹金着色技术，他的雕刻作品人物都被刻意拉长，并有着戏剧性的动作，而且人物形象真实生动，再加上着金色的处理，使人物具有一种人文主义与宗教情结相融合的风格特点。贝鲁格特曾师从米开朗基罗，并受到大师的器重，也被认为是少数能继承大师作品精髓的雕塑家

此外，米开朗基罗还完成了一些举世瞩目的雕塑作品，但因为他一生都处于愤懑和被压抑的生活状态里，因而其作品成了米开朗基罗排解情感的最好途径，他后期创作的如《垂死的奴隶》（*Schiavo Morente*）（图10-3-22）和为美第奇家族礼拜堂所做的《昼》《夜》等一系列雕塑作品中，都有着奇特的处理手法。从将死奴隶那陶醉的表情，和在家族礼拜堂的群雕中对人物面部的模糊处理，对女性身体的男性化处理中，我们可以看到米开朗基罗在雕像中隐含的矛盾与冲突，在这些作品中都饱含着一种受困的激情，平静的外表下却暗藏着汹涌的情感，这也成为米开朗基罗作品独特的艺术魅力之所在。

图10-3-22 《垂死的奴隶》

由于文艺复兴时期一大批优秀的雕塑家及其作品的诞生，到了文艺复兴后期，出现了单纯模仿大师作品外部形式的风气。此时的雕塑者大都追求对复杂雕刻手法的表现，尤其热衷于对各种人体的表现，这些人物雕塑大都有着发达的肌肉和很强的动感，以及与本身并不协调的健硕的体形。后来，这股以表现瞬间动作为主、经过繁复雕琢的风格慢慢趋于华丽，并打破了古典主义雕塑作品均衡、平静而优雅的形象，而以表现动感和不对称的形象为主，最终转变为巴洛克与洛可可风格的雕塑（图10-3-23）。

巴洛克与洛可可时期的雕塑

伯尼尼是巴洛克风格代表性的雕塑家，由于他的一生大部分时间都是为教廷服务，所以其作品也带有贵族之气。伯尼尼早期的雕塑作品是为罗马的圣彼得大教堂所做的华盖。这座由青铜制作的作品外表镀金，极其华丽，伯尼尼采用了四根扭曲的柱子支撑华盖，通身都充满了涡旋和球形的花纹，华盖顶部四个小天使的设计更是与华盖融为一体，表现了早期巴洛克风格的特点：繁复、华贵、极具装饰性。伯尼尼创作的最为知名的雕塑作品是《阿波罗与达芙妮》（*Apollo And Daphne*）（图10-3-24），这座雕塑作品表现了阿波罗追逐达芙妮，而达芙妮化身为月桂树的瞬间。作品中的两个人物，达芙尼与阿波罗都有很强的动态，表现了两人你追我赶的情形，而对达芙尼的刻画则更加传神，那惊恐的表情、已经变成树枝的手脚以及被树皮包裹的身体，都体现着一种生长中的态势。而阿波罗则单脚着地，显然刚刚到达芙尼身边，看着心爱的人变成大树，阿波罗的表情惊讶而绝望。这座雕塑作品最突出的特点就是极强的动态以及两人生动的表情，显示出巴洛克艺术独有的细致与生动的特点。

此后，伯尼尼还创作了很多优秀的巴洛克风格雕塑，如著名的《圣特蕾莎祭坛雕塑》，表现了圣特蕾莎修女被天使之箭刺穿心脏后沉醉其中的场面。其繁复的雕刻手法，让天使与修女的表情都极其真

图10-3-23　波洛尼亚（Giovanni Da Bologna）的雕塑作品《战胜比萨的佛罗伦萨》（*Florence Defeating Pisa*） 波洛尼亚的雕塑作品是从米开朗基罗的手法主义向巴洛克风格的过渡。这尊雕塑作品是波洛尼亚的代表性作品之一，也是当时著名的雕塑作品。以优美的女性姿态象征着胜利了的佛罗伦萨，而以被征服的、年迈的老人形象象征失败的比萨，通过两种截然不同的形象来说明正义战胜邪恶的主题。波洛尼亚首先使雕塑摆脱了建筑，成为独立的艺术作品，这也就使得在雕塑过程中要注意从各个方面观看雕塑的效果，使雕塑作品具有极强的观赏性

图10-3-24 《阿波罗与达芙妮》

实。但伯尼尼也有过于追求雕刻技法的作品，如《路易十四胸像》（*Bust of Louis XIV*），把国王卷曲头发和飘逸的衣服表现得极其逼真，而与此相比的国王面部表情处理得则过于一般，缺乏内在的精神表现力。此后随着洛可可风格的出现，雕塑则更趋向于细腻而真实的雕刻手法，其雕塑题材也大多以神话故事和裸体的女子、天使等形象为主，追求一种轻松、愉悦而华丽的格调。而且，此时的雕塑作品还出现了鲜艳的色彩装饰，用金、银等贵重金属与之搭配，更显得绚丽夺目。此时期最有代表性的作品是由法国雕塑家阿森姆（Egid Quirin Asam）创作的大型雕塑《圣母升天》，整个祭坛上由底部惊讶的圣徒、中部天使簇拥的圣母和顶部众神组成，不仅各种人物动态十足，还被饰以黄金和彩绘，充分显示出洛可可风格豪华、繁复的特点。

新古典主义的雕塑

洛可可流行的后期，雕塑大师们又开始注重起古典雕塑中和谐、稳重、优雅的风格来，由法尔孔奈（Etienne-Maurice Falconet）为俄国国王彼得大帝所创作的青铜像，就是这一转型期的代表性作品。虽然法尔孔奈也是当时一位颇有成就的洛可可风格雕塑家，但在这尊青铜像中，法尔孔奈没有用他习惯的细致手法，而是用一些简洁而明快的雕刻手法，用以表现这位开国君主的英勇和重建国家的魄力。完成的作品中，彼得大帝稳坐在马上，远望着他的国家，而身下的马儿则前蹄离地，仿佛正要向前跳跃，全部的重心落在马的后腿及落地的马尾上，连同马上的彼得大帝一起，整个雕塑充满了昂扬的斗志和必胜的气势。而马尾下压着的蛇又象征了一切阻碍历史前进的势力必将被征服的意义。古典主义的雕刻手法，在这里成为再现英雄人物所特有的硬朗气质的最好手段，而不稳定的构图和动态的风格则来自于洛可可风格活泼的形式。

随着建筑上对古典主义形式的回归，雕塑也进入到新古典主义风格之中。人们又开始以古典的雕刻手法来进行创作，而古典神话故事也成为最能与之相配的雕刻题材。法国新古典主义雕塑大师乌东（Jean Antonie Houdon）是一个例外，他的作品兼有洛可可真实而细致的表现手法，又有古典主义大气和优雅的风格，而且他主要以为当时著名的人物塑像为好。曾

图10-3-25 霍雷肖·格里诺（Horatio Greenough）雕刻的《乔治·华盛顿像》 这尊雕像明显是古典主义的表现方法，作品中华盛顿身着古典长袍，摆着宙斯式的姿势，还拥有完美的运动员般的强健身躯，唯一露出现代气息的是华盛顿的面孔和他的现代发式，这种用古代雕塑风格来表现现代主题的艺术作品从绘画影响到雕塑，直至建筑领域。从当时欧洲和美国建筑之中，也可以归纳出类似以上的特点来

先后为伏尔泰、狄德罗和华盛顿等人造像，这些作品不仅真实地再现了当时的社会特征，还通过细腻的刻画和巧妙的搭配反映出人物内心活动和性格特点。他为法国启蒙思想家和哲学家伏尔泰所做的《坐着的伏尔泰》（*Seated Voltaire*），突出地表现了这位睿智的老人。人物身着古希腊时的长袍，坐在一把宽大的椅子上，但通过头部及手部的刻画，以及略显肥大的衣服表现了这位老人的瘦弱，而与此形成对比的是老人的头部处理。宽大的额头是智慧的象征，而消瘦的面部则有着深陷的眼窝，眼神慈祥而凌厉，嘴角稍向上扬，带着洞悉一切世事的微笑。通过古典主义风格的表现手法和各部分的对比，表现了这位法国历史上最伟大的思想家坎坷而崇高的一生。

另一件他为华盛顿（George Washington）所做的立像，花了五六年才制作完成，在此期间乌东按原大复制了华盛顿手表、皮靴等各种模型，以致最后完成的作品成为最精确记录华盛顿本人的作品，但华盛顿的左手则不可思议地按着一束由13根木棒组成的支撑物，表现着美国最初成立的13个州，而且华盛顿本人的姿态完全是古典主义样式，可以看出雕塑家在古典主义风格与真实表现手法之间的平衡。在另一座雕塑作品中也体现了这个特点（图10-3-25）。

在乌东之后，雕塑则向着注重写意的浪漫主义和注重再现事物的写实主义两个方向发展下去，雕塑家们的雕刻手法也更加多样。随着现代思想与现代技术的进步，绘画、建筑、雕塑等艺术领域形成了更多的分支和流派，都向着现代主义迅速发展。以再现性为宗旨的传统雕塑艺术，转向了以表达情感和个性的非再现性风格，随着历史转向新的世纪，雕塑也同其他艺术门类一样，掀开了新的历史篇章，走上了现代雕塑的发展之路，而之前出现的那些杰出的雕塑大师和他们不朽的雕塑一样将永载史册，是人类宝贵的艺术财产，也许在不远的将来，它们又将给新一代的雕塑家们以启迪，从而焕发出新的活力。在新的世纪刚刚开始的时候，谁也无法预料未来社会的发展方向，建筑、雕塑、绘画等艺术又将向着什么样的方向发展呢？古老的形式是会继续影响我们的未来，还是真的一去不复返，都是尚待解开的谜，等着我们去创造。

现代西方建筑已进入了一个新的时期。在20世纪60年代以前现代主义建筑的基础之上，西方有些建筑师，开始注意适当融合一些西方古典风格和传统装饰，并应用其比例关系，或构图规律，或造型特点，设计出一些具有古典神韵、易于使人接受的新的建筑形式。

建筑作为一门艺术，其形式的发展难以准确预测。但就艺术发展的规律来看，复古永远都是行不通的。艺术永远要不断变化，不断朝前进。同时，文化是一种积累，传统是一种摹承。没有传统根基，艺术形式有时会显得十分单薄并流行短暂。因此，学习传统是永远需要的。而艺术的发展又是以螺旋形的轨道前进的。传统在新的形式中，以不断地循回往复的形式出现。尽管有时传统被打散后重新组装，或被诙谐地模仿，但毕竟传统在起到影响的作用。

中国正处在一个建筑发展的黄金时期。随着民众艺术欣赏意趣的提高，不少欧陆风的建筑在各地兴建。欧洲古典样式的室内装饰风格也屡见不鲜。作为学者，我们可以评判出“俗”与“雅”，但是我们不能干预市场的商业行为。既然有群众喜爱欧陆风的建筑，那么开发商必然会去满足这部分市场。不过，在设计时，中国的设计者也会遇到柱式的比例、数字规范等具体问题，也会感到手头上的参考资料过于贫乏。

我在国外生活了多年。在加拿大多伦多大学建筑系从事教学工作，以及在英国格拉斯哥美术学院工作期间，就注意过西方出版的建筑图书中的种类比例。从目前西方大学建筑学院图书馆的藏书，以及西方国家的一些建筑书店中展示的图书来看，除了最大宗的建筑师的个人作品集，不断推出新作品外，介绍欧洲古典建筑的图书一直占到相当大的比例。

我一直有一个想法，就是编著一本适应中国读者的参考资料。于是我便从国外一些优秀图书中，选出一些精华要素，参照我在国外拍摄的大量的照片资料，回国后带领学生予以重新绘制，以弥补一些16~17世纪欧洲出版的图书中古代铜版画插图不清楚的不足。

设计者对于西方经典的古代建筑形式有了一个初步的了解，知道为何从卓越的古代艺术典范中吸取精华，对于提高建筑艺术的修养将会大有裨益。

参考文献 Reference

[1] 伦佐·罗西．金字塔下的古埃及[M]．赵玲，赵青，译．济南: 明天出版社，2001.

[2] 西班牙派拉蒙出版社．罗马建筑[M]．王洪勋，等译．济南: 山东美术出版社，2002.

[3] 贝纳多·罗格拉．古罗马的兴衰[M]．宋杰，宋玮，译．济南: 明天出版社，2001.

[4] 陈志华．外国古建筑二十讲[M]．北京: 生活·读书·新知三联书店，2004.

[5] 陈志华．外国建筑史[M]．3版. 北京: 中国建筑工业出版社，2004.

[6] 王其钧．永恒的辉煌: 外国古代建筑史[M]．北京: 中国建筑工业出版社，2005.

[7] 罗伯特 · C. 拉姆．西方人文史[M]．张月，王宪生，译．天津: 百花文艺出版社，2005.

[8] 派屈克·纳特金斯．建筑的故事[M]．杨惠君，等译．上海: 上海科学技术出版社，2001.

[9] 亨德里克·威廉·房龙．房龙讲述建筑的故事[M]．谢伟，编译．成都: 四川美术出版社，2003.

[10] 大卫·沃特金．西方建筑史[M]．傅景川，李军，张喜久，等译．长春: 吉林人民出版社，2004.

[11] 中国大百科全书总编辑委员会. 中国大百科全书: 建筑园林城市规划[M]. 北京：中国大百科全书出版社，1988.

[12] 维特鲁威．建筑十书[M]．高履泰，译．北京: 知识产权出版社，2001.

[13] 萨莫森．建筑的古典语言[M]．张欣玮，译．杭州: 中国美术学院出版社，1994.

[14] 王文卿. 西方古典柱式[M]. 南京: 东南大学出版社, 1999.

[15] 彼得·默里．文艺复兴建筑[M]．王贵祥，译．北京: 中国建筑工业出版社，1999.

[16] 埃米莉·科尔．世界建筑经典图鉴[M]. 陈镌，等译．上海: 上海人民美术出版社，2003.

[17] 汝信. 全彩西方雕塑艺术史[M]. 银川: 宁夏人民出版社，2000.

[18] 李宏. 西方雕塑: 三维的旋律[M]. 合肥: 安徽美术出版社, 2003.

[19] 李浴. 西方美术史纲[M]. 沈阳: 辽宁美术出版社, 1980.

[20] Cyril M Harris，Illustrated Dictionary Of Historic Architecture[M]. New York：Dover Publications, Inc,1983 .